# 地球剖分时空数据库导论

程承旗　陈　波　童晓冲
曲腾腾　王　林　阳梦珂　著

科学出版社
北　京

## 内 容 简 介

空间信息剖分组织是以地球剖分网格为基础，通过建立空间数据与其所对应的地球剖分网格之间的映射关系，实现“集装箱”模式的空间信息网格化编目、存储与检索，从而提高多源空间信息的整合和综合管理能力。本书围绕空间信息数据库剖分存储与检索体系，系统论述了地球剖分时空数据库的概念与定义、时空编码、体系架构、存储结构、索引模型、时空关系计算、查询策略、时空引擎，展望了地球剖分时空数据库与时空引擎的应用前景。

本书适合作为地球信息科学、测绘等相关专业高年级本科生的选修课教材，特别适合作为研究生的专业课教材，也可供地理、测绘、遥感、GIS 等领域的科研与教学人员参考使用。

**图书在版编目(CIP)数据**

地球剖分时空数据库导论/程承旗等著. —北京：科学出版社，2023. 2

ISBN 978-7-03-074865-2

Ⅰ. ①地…　Ⅱ. ①程…　Ⅲ. ①地理信息系统–数据库系统　Ⅳ. ①P208. 2

中国国家版本馆 CIP 数据核字(2023)第 024736 号

责任编辑：彭胜潮　赵　晶/责任校对：郝甜甜

责任印制：吴兆东/封面设计：图阅盛世

科学出版社 出版

北京东黄城根北街 16 号

邮政编码：100717

http://www.sciencep.com

北京九州迅驰传媒文化有限公司印刷

科学出版社发行　各地新华书店经销

*

2023 年 2 月第　一　版　开本：787×1092　1/16

2024 年 1 月第二次印刷　印张：13　1/4

字数：311 000

**定价：120.00 元**

(如有印装质量问题，我社负责调换)

# 前　言

随着对地观测技术和信息技术快速发展，空天地一体化卫星传感器设备普遍应用，以及无所不在的物联传感器网，产生了反映自然和人类活动的百万兆（TB）级到十亿兆（PB）级、万亿兆（EB）级数据。其中，80%以上的数据都与位置、时间相关，天然汇聚成时空大数据。如何高效存储与管理这些爆炸式增长的时空大数据，已成为地球信息科学领域广受重视的课题。

时空数据库是专门用于处理时空对象的存储、访问、索引、查询的数据库。时空数据库一般是依托商业数据库，通过拓展时空数据模型、动态数据关联、时空数据引擎、时空数据管理、动态可视化等扩展模块，实现对时空动态数据的有效存储和管理。同时，还可提供时间序列分析、预测分析等时空分析功能，从而形成科学高效的时空数据一体化管理解决方案。

地球时空剖分，按照一定的数学规则，将地球时空四维空间划分成一系列的形状近似、无缝无叠、尺度连续、多层次的空间网格体元与时间段；通过对网格体元与时间段进行有序的地理时空递归编码，使得大到地球空间、小到厘米的空间网格体元，以及大到地球历史时间、小到毫微秒的时间段都有唯一的地球时空编码。地球时空编码具有可标识、可定位定时、可索引、多尺度和自动时空关联等优异特性，可为时空大数据存储和管理提供统一的多尺度索引结构，为时空大数据表达提供一致的定位基础及表征结构。

地球时空剖分数据库是以地球时空剖分理论和技术框架为基础，依托现有商业数据库，通过建立时空数据与其所对应地球剖分时空体元之间的编码映射关系，实现时空大数据“集装箱”“收纳盒”模式的高效存储、索引、查询和时空分析的数据库。围绕地球时空剖分数据库的原理和方法，本书系统论述了地球剖分时空数据库的概念定义、地球时空剖分编码、体系架构、存储结构、索引模型、时空关系计算、查询策略等技术体系的思路、模型和方法，设计实现了地球剖分时空引擎原型，展望了其应用前景。

本书是程承旗教授及其领导的团队在时空数据库方向研究工作的总结。程承旗教授拟定了全书的撰写纲要，并负责各章核心问题的凝练与终稿审定。各章节具体分工如下：陈波教授负责第1、2章及全书统稿，童晓冲教授负责第8章，曲腾腾博士负责第5、10章，王林博士负责第3、6章、阳梦珂博士负责第4、7、9章。团队历届博士研究生李爽、漆锟、侯闾华、邓琛、张驰、余剑、陈蒙、安蕾科，硕士研究生李萌、秦时月、蔡林浩、刘劭喆、王若飞、林艺琳、冯若怡、李重霄、李锦韬等参与资料整理及部分内容的撰写和插图绘制。

本书的研究基础来源于国家973计划、国家重点研发计划和国家创新特区计划，空间剖分编码、时间剖分编码等部分研究成果已经发展成为国家标准，在自然资源、住建、邮政等多个国民经济重要领域推广应用。李德仁院士、杨长风院士、樊邦奎院士自始至终对本书涉及的研究工作给予了悉心支持与指导，在此深表感谢。在本书研究过程中，得到程学旗研究员、王力哲教授、季艳研究员等专家的鼎力帮助和支持。同时感谢中国科学院计算技术研究所、中国地质大学（武汉）、战略支援部队信息工程大学和哈尔滨工业大学深圳校区等合作单位对研究工作的鼎力支持和协助，北斗伏羲中科数码合肥有限公司为本书第 10 章提供了重要的技术设计和验证案例。在本书写作过程中，还借鉴和参考了国内外同行的研究成果和有益经验，引用了大量参考文献，谨在此表示诚挚的谢意。

由于作者学术视野、专业水平和研究深度所限，书中难免挂一漏万。对于书中错漏和不当之处，敬请广大读者批评、指正。

作　者

2022 年 11 月

# 目　录

# 图 目 录

# 表 目 录

# 第1章 概　　述

## 1.1 大数据与时空大数据

随着信息技术快速发展，无所不在的传感器网产生了反映自然和人类活动的百万兆(TB)级到十亿兆(PB)级，乃至万亿兆(EB)级数据。2008年9月，*Nature*上刊登了一篇名为Big Data：Wikiomics的文章，“大数据”一词由此拉开序幕。2011年2月，*Science*也出版了专刊*Dealing with Data*。2012年3月，美国投资2亿美元启动大数据研究和发展计划，旨在提高和改进人们从大数据中获取知识的能力。面对大数据时代的挑战与机遇，国际上的专家学者针对大数据处理开展了一系列的探索和研究。2012年，在印度首都新德里举行的“首届大数据分析国际会议”上，与会代表达成共识，认为大数据的表达、检索、挖掘是大数据处理面临的三大挑战。

目前，对大数据的研究已经逐渐发展成为信息科学的主要研究热点之一。然而，迄今为止，“大数据科学”尚未有统一的定义。但是，科学家普遍认为它是以海量的多元异构数据为主要研究对象，以大数据的存储、处理和理解方法为主要研究内容，以新兴的计算技术为主要研究工具，以扩展人类对数据的利用能力为主要目标的一门新兴的综合性学科。它主要针对当前海量(volume)、多元(variety)和高速更新(velocity)数据处理的瓶颈问题，重点研究如何将当前高速发展的计算技术用于数据处理与挖掘、有效地利用数据、从海量多元的数据本身去发现新的知识。

越来越多的数据使世界进入真正的大数据时代。其中，大量与时空位置有关的数据称为时空大数据。据不完全统计，全世界80%以上的数据都与位置、时间相关。因此，时空大数据也是大数据的重要组成部分。时空大数据由于其所在空间的空间实体和空间现象在时间、空间和属性三个方面的固有特征，呈现出多维、语义、时空动态关联的复杂性。因此，时空大数据多维关联描述的形式化表达、关联关系动态建模与多尺度关联分析方法、时空大数据协同计算与重构等都是时空大数据研究的重点和热点：

(1)时空大数据包含对象、过程、事件在空间、时间、语义等方面的关联关系。

(2)时空大数据具有时变、空变、动态、多维演化等特点，这些基于对象、过程、事件的时空变化是可度量的，其变化过程可作为事件来描述，通过对象、过程、事件的关联映射，可建立时空大数据的动态关联模型。

(3)时空大数据具有多尺度特性，可建立时空大数据时空演化关联关系的尺度选择机制；针对不同尺度时空大数据的时空演化特点，可实现对象、过程、事件关联关系的尺度转换与重建，进而实现对时空大数据的多尺度关联分析。

(4)时空大数据时空变化具有多类型、多尺度、多维、动态关联等特点，对关联约束可进行面向任务的分类分级，建立面向任务的关联约束选择、重构与更新机制，根据关联约束之间的相关性，可建立面向任务的关联约束启发式生成方法。

(5)时空大数据具有时间和空间维度上的特点，实时地抽取阶段行为的时空特征，以及参考时空关联约束建立态势模型，实时地觉察、理解和预测导致某特定阶段行为发生的态势。可针对时空大数据事件理解与预测问题，研究空间大数据事件行为的本体建模和规则库构建，为异常事件的模式挖掘和主动预警提供知识保障；可针对相似的行为特征、时空约束和事件级别，来挖掘事件模式并构建大尺度事件及其应对方案的规则库。

## 1.2 时空数据管理现状与发展趋势

### 1. 时空数据模型的发展

时间、空间、属性是空间对象的固有特性。将时间用于空间对象的历史序列，最简单的方法就是采用快照浏览模式，即同样的地理信息系统(geographic information system，GIS)空间数据，均按不同时相单独保存。随着时间序列的增长，这种管理方式所产生的数据量惊人。当需要对空间数据进行时间钻取操作以观察历史变化时，这种快照方式缺乏时空语义，难以反映空间对象时间序列的前后变化及其关系。这种GIS只是解决了海量数据的存储问题，无法呈现空间对象的历史追溯过程。因此，人们开始研究时空数据模型(spatial-temporal data model，STDM)来解决上述问题。

对时空数据模型的研究，始于20世纪70年代末。Berry于1964年提出了能够管理时空数据的地理时空矩阵模型；Thrift于1977年提出了“TGIS3”的概念；Longan从时变数据存储的角度出发，总结了时空立方体、快照序列、基态修正和时空复合共四种时态数据模型；Worboys建立了时空对象模型；Donna提出了一种基于事件的时空数据模型ESTDM，表达了离散时空对象的等级结构，将每个栅格的属性记录到数组中，以表达记录随时间变化的地理现象；Raper等开发了一种面向对象的地形数据模型OOgeomorph；May提出了一种集对象模型与连续场模型于一体的概念框架，并以暴雨为例，阐述了表达事件与过程的动态地理现象的方法。许多学者对时空数据模型有着广泛的关注，并推出了许多新的模型。其中，比较典型的有快照模型、修正基态模型、时空复合数据模型、基于事件的时空数据模型、三维模型、历史图形模型、对象关系模型、面向对象的时空数据模型、联合时空数据模型和移动数据对象模型。针对时空大数据云计算和并行处理的要求，为此，Zhu Dingju提出了云并行时空数据模型的概念、划分方法和数学公式，以智能地找到云并行时空数据模型的最佳参数，用于解决云并行计算环境中并行加速率或并行效率最高的问题的数据模型。

目前，实现大规模时空数据存储管理主要有两种方式：第一种是结合已有的时空索引方法，基于通用的大数据存储管理系统对其进行改造，使之适用于时空数据；另一种是建立单独的分布式并行时空索引结构，不依赖于现有系统，而形成大规模时空数据存储管理的专用系统。

### 2. 时空数据管理面临的挑战

随着数据量级从百万兆(TB)级到十亿兆(PB)级、万亿兆(EB)级的爆炸式增长，时空数据的组织、存储、管理模式和技术体系都将面临空前的挑战。

#### 1) 时空数据组织问题

长期以来，地理信息科学领域研究倾向于关注空间属性。在很多传统空间应用中，由于空间数据的采样时间间隔较长，时间信息通常只是作为空间对象的属性之一，用于标识空间数据的采样时间点。随着泛在感知系统的发展和普及，使得连续地、近实时地采集位置信息成为可能，由此产生了大量具有高时空分辨率的数据，传统空间应用中对时间信息的组织方式难以对这些丰富的信息进行充分利用。

时空数据应用往往是同时基于空间维和时间维，所以时空一体化组织需求越来越迫切。然而，现有研究受传统空间应用的影响，在数据组织时虽对空间属性和时间属性的整合展开了尝试，但大部分采用的是时空分治的思想，即以空间优先或时间优先的方式进行数据组织。这种数据组织方式使得空间维和时间维不具备同等权重，难以为后续基于时空范围的数据快速存取和时空高效应用提供有效的底层组织机制。

#### 2) 时空数据存储管理问题

经典的集中式架构已经很难应对大规模时空数据存储管理需求。分布式云存储环境下的 NoSQL 数据系统，具有水平可扩展性强、并发性能好、数据模型灵活等优点，非常适合于大规模数据存储管理。然而，分布式 NoSQL 数据存储并非专门针对时空数据设计，直接利用这些数据系统存储管理时空数据仍存在一系列技术瓶颈。

(1) 难以保证时空数据的局部性。NoSQL 数据系统通过划分策略(partitioning)，将大规模数据集划分为大小可管理的子数据集，并部署到集群的多个服务器节点上，为系统的水平可扩展性提供解决方案；同时，系统利用数据的均匀分布将负载压力分散到集群中不同的节点上，以平衡负载，应对高并发访问场景。

NoSQL 数据存储的划分机制主要是为了让数据均匀地分布在集群中。然而，由于分布式 NoSQL 数据存储并非专门针对时空数据设计，其划分时没有考虑数据的时空邻近性。因此，在数据划分过程中，可能使得一些原本在时空上相邻的数据对象被分至不同的子划分块中，存储到不同的服务器节点上。这种数据分布方式使得时空应用中数据取回代价大。考虑以下应用场景：查询 17～18 时经过机场附近的出租车，当时空数据分散在大量不同的子划分块时，面对上述时空查询，即使只对较小时空范围的数据进行取回，仍需要访问大量的子划分块，磁盘访问 I/O 代价很大。

(2) 时空邻近性与负载均衡的权衡问题。为保持数据良好的局部性，针对上述问题，许多研究将空间上或时空上邻近的数据对象尽可能存储在同一子划分块。通过这种方式，上述时空范围查询操作，只需要访问指定时空范围与查询条件对应的子划分块，这样大大减少了对大量无效的子划分块读取，从而提高时空查询的效率。

然而，将时空邻近的数据存储在一起将带来另一个挑战，即数据倾斜问题。感知设备节点的空间不均匀分布、人类移动模式与城市结构的强相关，以及热点事件的产生，都是驱动特定时空范围内数据读写访问请求远大于其他时空范围的因素。如基站分布密度在地理空间上存在的区域不平衡性(10～100倍差异)，使得移动手机蜂窝基站数据产生，城市中心地区远多于郊区；每天早晚高峰时期，城市居民对特定路段拥堵情况发出查询请求；数万人在演出活动结束后发送打车请求等等。这些场景中，当数据按照时空邻近性存储时，将不可避免地使得存储相应时空范围的子划分块热度极高，导致集群中相应服务器节点过载。

(3)位置语义决定的数据访问模式带来周期性空间热点问题。时空应用中天然存在着动态热点。除了热点事件的产生之外，其他许多空间热点在时间维上都具有周期性规律。这些具有周期性规律的热点，通常是由空间位置语义决定的。例如，通过对北京微博签到数据分析，研究人员发现，居民倾向于选择在下午时段内，在繁华的商业区进行社交活动，签到数据在11～17时主城区的繁华商业地段这一时空范围内存在热点。若数据按照空间邻近性存储，相应空间范围将在11～17点产生大量数据读写请求，而在其他时间段产生的数据访问请求较少，且该规律呈现出周期性特点。面对这一问题，现有研究在存储管理时空数据时，通常利用不断分裂子划分块来消除热点影响，很少利用空间热点的周期性特征。

#### 3)时空数据应用问题

现有NoSQL数据存储提供的是键值对(key-value)模式的查询，基于行键的数据查询非常高效，但并不天然支持除行键之外其他列上的索引，其在多维度复杂查询上具有局限性。当要进行多维度查询时，需要对整个表进行扫描，这样将导致查询效率低下。因此，其并不适用于具有多维度特征的时空数据查询应用。

除此之外，考虑到时空数据的庞大规模，为了实现高效的时空应用，需要充分发挥分布式数据存储管理平台的并行计算优势。以Hadoop框架和MapReduce模型为代表，它们为并行化时空查询与分析应用提供了有效机制，但现有研究中面向大规模时空数据的应用方法还不够完善，尚未能充分发挥分布式系统架构的并行计算优势。

时空数据模型能够对时间、空间和属性语义等方面的数据实施有效的组织和管理，是能客观、完整地模拟现实地理世界的数据模型，是应对大数据挑战的主要技术抓手，可为时空大数据的组织、存储和管理提供高效的解决方案。在有效组织管理的基础上，通过时空数据建模，可以利用时空大数据快速直观地反映动态变化目标的多时态性和分布性，在航空航天、航海、交通、国土、市政、物流以及救灾等领域有着广阔的应用前景。

## 1.3　时空数据库

### 1. 时空数据库的概念

时空数据库是专门用于处理时空对象的存储、访问、索引、查询的数据库。从发展趋势上看，时空数据库可以看作是空间数据库的扩展，因为研究时空数据库的方法常常是基于空间数据库现有方法的拓展，如 R 树索引、过滤-精炼的查询处理机制等。在此基础上，时空数据模型必须能够捕捉时空对象的特性并加以处理，而且能够表达时空对象的语法和语义；时空数据索引必须能够提供高效的时空数据检索机制；时空操作和时空查询需要提供对时空对象的复杂处理。与空间数据库类似，它是基于数据库技术拓展而来的。因此，时空数据库一般在现有商业数据库上以扩展模块的方式加以实现。

随着信息技术的不断进步，时空数据库涉及的关键技术在持续更新迭代，但其核心内容主要包括以下 5 个方面：

(1)时空数据模型——适用于多种类型时空数据的组织与管理。

(2)动态数据关联技术——基于特征点与离散化相结合动态数据关联方法，解决地理信息中历史数据和现势数据的关联问题，提取动态数据，实现地理信息要素动态管理。

(3)高效的时空数据库引擎——实现对时空数据的基本操作，提高时空操作的速度和效率，实现对时空数据的快速查询和提取，便于进行时空查询、时空回溯以及时空分析。

(4)海量时空数据的管理办法——实现对海量时空数据进行历史库管理、过程库管理、动态数据关联管理，以及版本管理等功能。

(5)动态可视化技术——通过设计动态符号来直观生动地表达地理信息的变化。

上述技术体系共同形成时空数据一体化管理解决方案，可以为测绘、自然资源管理、政府服务、产业规划、环境保护、防灾减灾等更好地利用海量时空数据提供技术保障；有效地储存、管理动态数据，高效地进行时间序列分析、预测分析等时空分析，能更好地为政府、企业辅助决策提供依据。

**2. 时空数据库与 GIS**

地球上超过 80%的数据与空间位置相关。GIS 是处理地理信息的系统，其研究已经进行了数十年，现在已经在各行各业得到广泛的应用。但是经典 GIS 处理的信息有一定的局限性，如以处理静态信息为主，即系统中的数据被认为从始至终不发生变化；即使有数据的更新，也是由操作人员进行操作的，系统被动地接收数据改动，而不做任何处理。空间数据由遥感、航拍、测量等手段获取，会随着时间不断更新，GIS 发展了支持时态变化的分支时态 GIS(TemporalGIS，TGIS)以适应这一需求。例如，在土地管理中的出现这样的典型问题：原来的某一块土地被划分为 A、B、C 三块，所有者信息也发生了变化，一段时间后 A、B 重新合并为 D，再之后 C 的土地属性由耕地变为住宅用。在静态的 GIS 中难以处理这样时态变化的问题，而在 TGIS 中这一问题得到了较好的解决。

时空数据库的研究最初是由 TGIS 驱动。该研究以空间数据库和时间数据库的相关技术为基础，研究时空体的创建、状态变化及消亡。在这些变化中，仍以地理学中的时态变化为主要研究对象，如土地划拨、环境面貌变迁等。这些变化有相同的地方，即变化是以创建和消亡这样的剧烈变化为主；至于在生存期内的变化，则主要考虑属性的变化(如宗地所属等)，而不考虑空间属性的变化。然而，随着社会和经济高速发展，空间属性随时间发生变化的时空现象又是越来越普遍，需要进行相应的处理。

## 1.4 地球剖分时空数据库

### 1. 地球剖分时空数据库的概念

地球剖分是按照某种规则将地球空间逐级划分为多层次、无缝无叠的、拟合地球表面的离散网格体系，每个网格单元代表着不同尺度的地理空间区域，并有唯一的剖分网格编码与之对应，使得基于该网络参考系统下的空间数据无论是局部还是全球，都能保持精度和准确性。

基于地球剖分理论和技术框架，结合时空数据库对时空对象进行存储、访问、索引、查询的数据库，称之为地球剖分时空数据库。地球剖分时空数据库是在 GeoSOT 网格与编码的基础上构建的，因此其在时空数据管理方面有以下特点。

(1) 时空完全整合。地球时空四维剖分网格，对由经纬度坐标空间和时间构成的时空域进行剖分，采用一致的方式对待空间维度(纬度维、经度维)和时间维度，旨在提供时空一体化的组织参考框架。

(2) 尺度整型性质。地球时空四维剖分网格继承 GeoSOT 理论体系的核心思想，即在剖分过程中，通过虚拟扩展处理，将剖分域尺度大小保持为 $2^n(n\in Z^+)$，使得递归二等分不破坏剖分网格单元尺度的整型性质。

(3) 一维网格编码。地球时空四维剖分网格为时空数据提供一维编码，将多维时空数据映射到一维空间，为在分布式云存储环境中管理时空数据提供线性化方法。

(4) 良好的局部性。考虑到时空数据的访问模式，即时空上邻近的数据对象经常被一起访问，地球时空四维剖分网格时空相近的数据对象组织在一起。在原时空域上邻近的数据，转换到地球时空四维剖分网格一维编码空间后，仍大概率相邻。

### 2. 地球剖分时空数据库的技术内容

地球剖分时空数据库是构建在地球时空四维剖分网格编码模型框架之上的，具体来说，其涉及的主要模型和关键技术包括：

(1) 地球时空剖分网格与编码，是地球剖分时空数据库的理论基础。主要包含：地球空间剖分编码、时间剖分编码、时空四维剖分编码、时空数据剖分建模、时空剖分体元关系计算等。

(2) 云存储框架下的时空索引模型，是地球剖分时空数据库的基础数据模型，也是发挥时空检索优势的关键。主要包含时空网格索引结构、全局数据划分方法、局部索引时空方法、索引的构建与维护。

(3) 时空数据部署方法，是发挥地球剖分时空数据库数据吞吐优势的关键。主要包含：时空分块的数据部署、基于差异访问的时空数据部署。

(4) 时空数据重分布机制，是优化提升地球剖分时空数据库访问性能优势的关键。主要包含：负载监控指标、时空重分布策略等。

(5) 查询策略，是优化提升地球剖分时空数据库访问性能优势的关键。主要包含：空间范围查询策略优化、KNN 查询策略优化等。

## 1.5　本章小结

本章从时空数据管理的现状与趋势出发，分析了时空数据目前在组织、存储与应用管理方面的问题。针对现有问题，阐释了时空数据库解决方案中的核心技术及其与 GIS 的联系和区别。时空大数据的空前爆发，给传统空间数据组织管理带来一系列新挑战，地球剖分时空数据库势在必行。在此基础上，本章定义了地球剖分时空数据库基本概念，分析了其特点和相关技术，确定了本书的主要内容和组织结构。

# 第 2 章　地球空间剖分编码

地球空间剖分网格与编码，是地球剖分时空数据库的理论基础之一。本章首先将对 GeoSOT 地球剖分网格进行定义，并阐述相应的基本设计思路。其次，将沿着基本设计思路，重点探讨 GeoSOT 地球剖分网格的设计规约，并对其进行分析。最后，在分析规约的基础上，依次对 GeoSOT 地球剖分网格的平面剖分网格、立体剖分网格和网格编码进行设计说明。

## 2.1　GeoSOT 地球剖分网格的提出

GeoSOT(geographic coordinate subdividing grid with one dimension integral coding on $2^n$-tree)是由北京大学程承旗教授团队提出的一种基于 $2^n$ 整型一维数组的全球经纬度剖分网格。其包括以下三个体系：

(1) GeoSOT 网格体系。形成了一整套地球空间剖分网格剖分体系，既包括二维空间剖分网格，也包括立体空间剖分网格，同时，针对两极地区，提出了独具特色的网格剖分方案。

(2) GeoSOT 编码体系。在网格体系的基础上，针对剖分框架划分出来的剖分网格体元集合，遵循一定的数学规律，按照空间 $Z$ 序，逐一对其进行嵌套递归编码，形成大网格套小网格、短编码递归长编码的多粒度网格编码体系；每个网格对应一个全球唯一的编码，从而实现对全球空间位置的唯一标识。

(3) GeoSOT 计算体系(亦称为编码代数体系)。在网格体系和编码体系的基础上，利用数学和计算机科学的方法形成有关剖分编码的代数空间，实现基础算法与应用扩展。

GeoSOT 地球剖分网格的基本思路是：基于地球剖分理论，面向大数据时代和新地理信息时代，探寻一种承前启后的科学方法和手段，通过对地球表面空间进行合理的划分，构建一套高效的遥感数据组织和管理的专用网格体系。剖分网格体系遵从两条重要的原则：一是要与现有的绝大多数空间信息组织网格存在划分相似性，网格体系之间有一脉相承的融通之处，剖分网格之间存在映射关系，这是数据共享和互操作的有利基础；二是要建立一套可靠的适应计算机存储与计算的编码体系，适用空间大数据的标识与计算，为全球空间大数据提供一致性索引，以更好地实现数据的查询和调度。

## 2.2　GeoSOT 地球剖分网格的设计规约

随着面向大区域和全球尺度研究的进一步深入，各行各业针对不同的空间应用，形成了大量确定的或约定俗成的地理剖分网格。但带来的问题是，这些应用网格之间缺少明确的关联关系，不同网格的空间基准、划分起点、划分粒度等都不一致，数据跨部门、多应用的共享与交换仍是瓶颈。如何构建一种能够包容或兼容现有大部分经纬度剖分网格的新型网格模型，支持大多数数据服务与应用行业领域的统一与交换，将对现实的应用具有极其关键的意义。

在当前，空间信息交互和综合应用最基础的四个方面分别是空间数据的组织、存储、调度和分发。其中，“信息应用、组织先行”，这体现了空间数据组织的核心地位。因此，想要设计一种具备一致性和兼容性的剖分网格，就必须考虑剖分网格为获得这种一致性而将受到哪些规范约束。换言之，空间数据的组织、存储、调度、分发这四个方面对剖分网格提出了哪些原则性要求。上述之规约共同形成的“最小公倍数”将作为地球剖分网格的基本设计规约。由于数据组织的基础性地位，地球剖分网格的规约分析将重点考虑数据组织的相关约束条件，此外稍带兼顾其他方面的约束条件，本节将详述之。

**1. 地球剖分网格的约束条件**

虽然目前全世界范围内的剖分网格形式各异，但是绝大部分的空间应用仍是基于经纬度坐标的。如何构建一种能够包容或兼容现有大部分经纬度剖分网格的新型剖分网格，支持大多数数据服务与应用行业领域的统一与交换，将对现实应用具有极其重要的继承和发展意义。

在数据组织方面，地球剖分网格应该对现有各类典型经纬度网格系统具有较好的聚合能力和兼容能力，并且应该满足网格划分孔径一致性的特点。另外，为了满足空间的各向同性的特点，该地球剖分网格的每一层网格应尽量是方格。

根据上述思路，地球剖分网格的设计约束条件由下列几个方面的因素构成。

1)基本网格单元的选择

需要寻找适合各类经纬度网格的基本网格(方格)$R_{基本}$来作为一致性经纬度网格的基本组成单元：

$$\begin{pmatrix} R_{\text{lat}} \\ R_{\text{long}} \end{pmatrix} = \left(n_{\text{lat}}, n_{\text{long}}\right) \begin{pmatrix} R_{基本} \\ R_{基本} \end{pmatrix} \tag{2.1}$$

为了保证网格的一致性，基本网格 $R_{基本}$应该是能够聚合成其他各类经纬度网格的最大网格。例如，国家基本比例尺 1∶100 万分幅(不考虑合幅)构成一个纬线间隔 4°、经线间隔 6° 的等经纬网剖分网格。其基本组成单元就是 2°网格(而不是 1° 网格)：

$$\begin{pmatrix} 6° \\ 4° \end{pmatrix} = (3, 2) \begin{pmatrix} 2° \\ 2° \end{pmatrix} = (6, 4) \begin{pmatrix} 1° \\ 1° \end{pmatrix} \tag{2.2}$$

2)一致性经纬度网格的构成形式

对常见的经纬度网格系统：中国、美国、加拿大、印度、俄罗斯等国的基本比例尺地形图分幅系统、中国国家地理网格、美国的军事网格参考系统以及气象、海洋等行业网格系统进行分析，可以发现，绝大部分经纬度网格系统的划分方式都是按照经纬度的度、分、秒方式进行规律剖分的，即剖分都是按照整度、整分、整秒的规则进行的；在小于 1″的情况下，都是以秒为单位进行整分的。在设计一致性经纬网格模型时，就需要考虑新网格系统中至少应该包含 1°、1′、1″三种规格的经纬度方格。按照这样的规律，常见的经纬度网格系统的不同层次应该都是 1°、1′、1″的整数倍或整分数。根据前面的定义，采用等距网格来定义 GeoSOT 地球剖分网格将更合理。

3)一致性经纬度网格的参数选择

为了使得地球剖分网格同样能够适合类似 Google Earth、Worldwind、天地图等三维可视化数据地球平台数据的数据组织，上下层之间能够形成四叉树的金字塔结构。GeoSOT 地球剖分网格的经纬网格模型，应该以 4 为孔径进行逐层剖分，那么在经纬两个方向上的剖分频率就应该为 2。因此，在探寻构成各类经纬网格的基本网格的过程中，还需要保证基本网格是 1°、1′、1″的 $2^n$ 倍率($n \in Z$)的条件，才能使得一致性经纬网格模型更适合空间数据的组织与管理。

此外，基于上述考虑，兼顾到地球剖分网格在地理空间数据的存储、调度、分发等方面的应用需求，GeoSOT 还应提供：

(1)多尺度网格粒度，以满足不同比例尺、不同尺度下空间数据的并行存取、快速拼切与分发；

(2)适应高效的空间计算算法，能提供足够的表达和计算精度；

(3)具有高度维可扩展性，至少支持航天静止轨道 36 000 km 高度以下全域空间的位置 表达。

**2. 一致性地球剖分网格设计约束分析**

以中国国家基本比例尺图幅网格为例加以分析。中国国家基本比例尺图幅有 1∶100 万(6°×4°)、1∶50 万(3°×2°)、1∶25 万(1°30′×1°)、1∶10 万(30′×20′)、1∶5 万(15′×10′)、1∶2.5 万(7′30″×5′)、1∶1 万(3′45″×2′30″)、1∶5000(1′52.5″×1′15″)八个基本网格，采用经纬等分的方式构成网格。合幅的情况是上述若干个图幅网格的组合。按照定义 2，可以由 2°、1°、30′、10′、5′、30″、5″、0.5″ 八个网格聚合而成，如表 2.1 所示。

由此形成的八个网格都能满足步骤二，都是 1°、1′、1″网格的整数倍。但对于第三个步骤，30′、10′、5′、30″、5″这五个网格不满足 1°、1′、1″的 $2^n$ 倍率的条件，因此需要对这些网格进行分解。通过对五个网格跨度进行因数分解，并与 1°、1′、1″的 $2^n$ 倍共同求解最大公约数，可以发现，2′、1′、2″、1″四个基本网格可聚合成 30′、10′、5′、30″、5″ 五个网格，并且是满足条件的最大方格。因此，2°、1°、2′、1′、2″、1″、0.5″ 七个基本方格可以聚合成中国国家基本比例尺所有图幅，如表 2.2 所示。

**表 2.1　中国国家基本比例尺图幅网格分析**

| 比例尺 | 网格大小 | 经向频率/m | 纬向频率/m | 孔径 | $R_{基本}$ | |
|---|---|---|---|---|---|---|
| 全球 | 360°×180° | 60 | 45 | 2 700 | — | — |
| 1∶100 万 | 6°×4° | 2 | 2 | 4 | 2°×2° | (3, 2) |
| 1∶50 万 | 3°×2° | 2 | 2 | 4 | 1°×1° | (3, 2) |
| 1∶25 万 | 1°30′×1° | 3 | 3 | 9 | 30′×30′ | (3, 2) |
| 1∶10 万 | 30′×20′ | 2 | 2 | 4 | 10′×10′ | (3, 2) |
| 1∶5 万 | 15′×10′ | 2 | 2 | 4 | 5′×5′ | (3, 2) |
| 1∶2.5 万 | 7′30″×5′ | 2 | 2 | 4 | 30″×30″ | (15, 10) |
| 1∶1 万 | 3′45″×2′30″ | 2 | 2 | 4 | 5″×5″ | (45, 30) |
| 1∶5 千 | 1′52.5″×1′15″ | — | — | — | 0.5″×0.5″ | (225, 150) |

注：根据国家基本比例尺图幅划分规范，1∶100 万图幅的划分从 88°S～88°N 划分成 44 带，两极地区单独处理。按照这样的思路，从全球范围到 1∶100 万分幅实际上采用的是等距网格的划分方法，其余的层级采用的也都是等分网格的划分方法。

**表 2.2　中国国家基本比例尺图幅网格的聚合情况**

| 国家基本比例尺图幅范围 | | | 标准比例尺 | 包含基本方格情况 |
|---|---|---|---|---|
| | 经差 | 纬差 | | |
| 不考虑合幅情况 | 6° | 4° | 1∶100 万 | 3×2=6 个 2°网格 |
| | 3° | 2° | 1∶50 万 | 3×2=6 个 1°网格 |
| | 1°30′ | 1° | 1∶25 万 | 45×30=1350 个 2′网格 |
| | 30′ | 20′ | 1∶10 万 | 15×10=150 个 2′网格 |
| | 15′ | 10′ | 1∶5 万 | 15×10=150 个 1′网格 |
| | 7′30″ | 5′ | 1∶2.5 万 | 225×150=33 750 个 2″网格 |
| | 3′45″ | 2′30″ | 1∶1 万 | 225×150=33 750 个 1″网格 |
| | 1′52.5″ | 1′15″ | 1∶5 000 | 225×150=33 750 个 0.5″网格 |

同样，对于中国国家地理网格的经纬度网格系统而言，10°、1°、10′、1′、10″、1″六个方格是最大的基础网格(表 2.3)，但是同样 10°、10′、10″三个方格不满足 1°、1′、1″的 2″倍率的条件，可以采用 2°、2′、2″三个基本方格聚合而成。因此，2°、1°、2′、1′、2″、1″、0.5″ 七个基本方格，就可以聚合成所有中国国家地理网格的经纬度网格系统(表 2.4)。

**表 2.3　中国国家地理网格的经纬度网格分析**

| 层级 | 网格大小 | 经向频率/m | 纬向频率/m | 孔径 | $R_{基本}$ | |
|---|---|---|---|---|---|---|
| 0 | 360°×180° | 36 | 18 | 648 | — | — |
| 1 | 10°×10° | 10 | 10 | 100 | 10°×10° | (1, 1) |
| 2 | 1°×1° | 6 | 6 | 36 | 1°×1° | (1, 1) |

续表

| 层级 | 网格大小 | 经向频率/m | 纬向频率/m | 孔径 | $R_{基本}$ | |
|---|---|---|---|---|---|---|
| 3 | 10′×10′ | 10 | 10 | 100 | 10′×10′ | (1, 1) |
| 4 | 1′×1′ | 6 | 6 | 36 | 1′×1′ | (1, 1) |
| 5 | 10″×10″ | 10 | 10 | 100 | 10″×10″ | (1, 1) |
| 6 | 1″×1″ | — | — | — | 1″×1″ | (1, 1) |

**表 2.4　中国国家地理网格的经纬度网格的聚合情况**

| 国家地理网格 | | 包含基本方格情况 |
|---|---|---|
| 经差 | 纬差 | |
| 10° | 10° | 5×5＝25 个 2°网格 |
| 1° | 1° | 1×1＝1 个 1°网格 |
| 10′ | 10′ | 5×5＝25 个 2′ 网格 |
| 1′ | 1′ | 1×1＝1 个 1′ 网格 |
| 10″ | 10″ | 5×5＝25 个 2″ 网格 |
| 1″ | 1″ | 1×1＝1 个 1″ 网格 |

另外，我们还分析了向美国 USNG、加拿大 NTS、澳大利亚、印度、俄罗斯等国外剖分网格与分幅标准，以及航空图分幅标准，发现 4°、2°、1°、2′、1′、2″、1″、0.5″ 共 8 个基本网格是国家基本比例尺图幅、国家地理网格、国外测绘图幅、航空图等典型经纬度网格系统的共同组成的基础网格。

于是，GeoSOT 地球剖分网格的设计规约如下：

(1) 以 CGCS2000 作为全球空间基准；

(2) 最大限度继承历史数据成果；

(3) 网格编码既要适于计算机处理，又要便于人员识别；

(4) 遵循时空基准和大地测量的理论与技术体系；

(5) 包含 4°、2°、1°、2′、1′、2″、1″、0.5″ 八个基本方格；

(6) 可以聚合生成现有主要经纬度网格。

根据上述对地球表面一致性经纬网格模型的分析，地球剖分体系被定义为：$\{E, S_0, S_1, \cdots, S_{32}\}$，经纬度间隔 $R_i$ 在八个基本网格基础上向上扩展到 512°即 $2^9$°，1°与 2′之间插入四个层级，1′与 2″之间插入四个层级，0.5″以下按四叉树扩展。$R_i$ 为间隔确定了经纬网；$E$ 是扩展的地球空间：整体空间虚拟扩展到 512°×512°，每度空间虚拟扩展到 64′×64′，每分空间虚拟扩展到 64″×64″。这样就定义了地球表面空间一致性经纬网格的剖分体系，其本质是一个孔径为 4 的等距经纬度网格。

## 2.3　GeoSOT 地球剖分网格的平面剖分

GeoSOT 地球剖分网格平面划分的核心思想是：基于经纬度坐标空间，按照

CGCS2000 基准，以本初子午线与赤道的交点为原点，对地球表面空间进行四叉树划分，从全球剖分至厘米级，共计 32 层，从而构建出一种适用于空间信息高效组织与表达的平面网格剖分框架结构。其中，GeoSOT 地球剖分网格对经纬度坐标空间进行了三次虚拟扩展，以满足严格四叉树划分，并按照度、分、秒及秒以下网格层级将地球表面划分成 32 级网格，各级别的网格编码具有明确的经纬度含义。在逐级递归剖分过程中，当遇到没有实际地理意义的区域时不再向下剖分。

### 1. GeoSOT 地球剖分网格的虚拟扩展

鉴于地球表面经度范围为[–180°, 180°]、纬度范围为[–90°，90°]，为了实现地球表面空间区域的严格四叉树划分以便于计算机处理，借鉴 MGRS 的划分思路，GeoSOT 网格在地球表面经纬度空间 3 次扩展的基础上进行严格的递归四叉树剖分，由此将整个地球分割为大到全球、小到厘米级的整度、整分、整秒的层次网格体系。

第一次扩展是将整个地球表面扩展为 512°×512°，其中心和赤道与本初子午线交点重合，然后对其进行递归四叉树处理，直到 1°单元；第二次扩展是 1°网格单元从 60′扩展为 64′，然后进行递归四叉剖分处理，直到 1′网格；第三次空间扩展是将 1′网格单元从 60″扩展到 64″，三次扩展如图 2.1 所示。经过三次虚拟扩展后，GeoSOT 剖分网格从上一层往下一层划分时，就可以严格遵循完美四叉树进行划分。

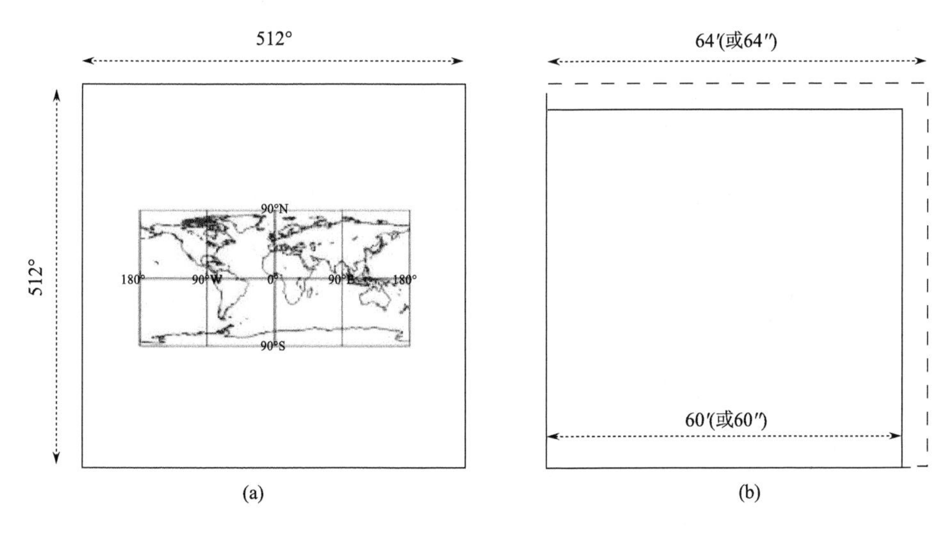


图 2.1　GeoSOT 剖分网格的虚拟扩展示意图

### 2. GeoSOT 地球剖分网格的二维剖分

1) GeoSOT 剖分的“度”级剖分网格

GeoSOT 剖分网格是一种等经纬度的四叉树剖分网格体系，“度”级剖分网格包括第 0 级到第 9 级总共 10 级网格。第 0 级网格编码格式为 G，含义为全球(globe)，第 1 级网格编码格式为 G*d*，第 2 级网格编码格式为 G*dd*，第 3 级网格编码格式为 G*ddd*，…，依此类推，其中 *d* 取 0、1、2 或 3。

对于部分没有实际地理意义的网格，如 G02，就不再向下划分；对于那些部分包含地理区域范围的网格，仍然进行向下划分，直到它成为无地理意义网格时就停止划分。下层网格的划分同样遵守该原则。

图 2.2 表示了第 0～第 3 级“度”级剖分网格的网格编码及对应网格所代表的地理范围。在该图中，G0 所代表的空间位置为东北半球，G00 所代表的空间位置为东北半球大部，G001 所代表的空间位置为中国、印度与东南亚地区。以下剖分层次按照四叉树剖分原则以此类推。

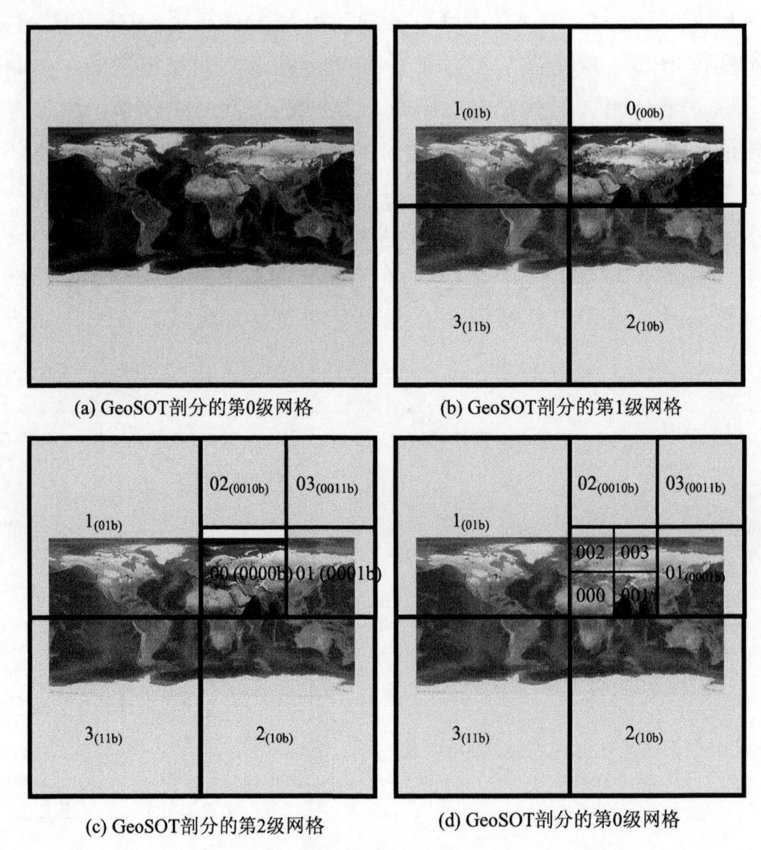


(a) GeoSOT剖分的第0级网格　　(b) GeoSOT剖分的第1级网格

(c) GeoSOT剖分的第2级网格　　(d) GeoSOT剖分的第0级网格

图 2.2　GeoSOT 剖分的第 0～第 3 级“度”级网格

2) GeoSOT 剖分的“分”级剖分网格

GeoSOT 剖分网格的“分”级剖分包括第 10 级到第 15 级总共 6 级网格。第 10 级网格编码格式为 G*dddddddd-m*，其中 *d*、*m* 取值 0、1、2 或 3 的四进制数。第 11 级到第 15 级的网格编码格式依此类推。

图 2.3 表示了第 10～第 15 级“分”级剖分网格所代表的地理范围。在该图中，G001310322-230230 是第 15 级网格编码，代表的空间位置为中国北京的中华世纪坛。

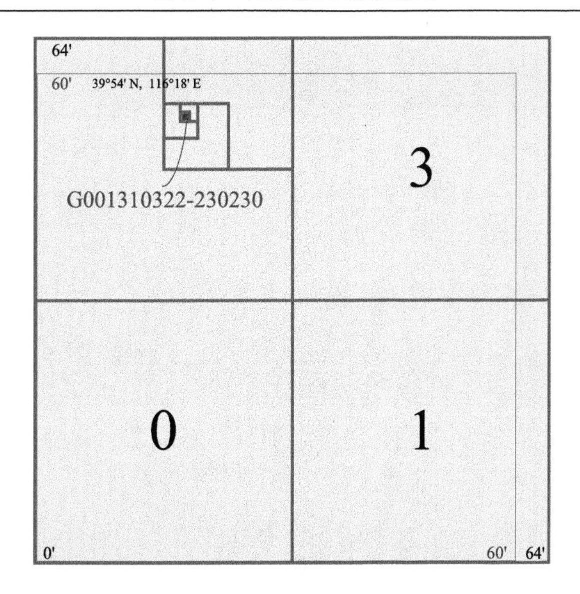


图 2.3　GeoSOT 剖分的第 10～第 15 级“分”级网格

3) GeoSOT 剖分的“秒”级剖分网格

GeoSOT 剖分的“秒”级剖分网格包括第 16～第 21 级总共 6 级网格。第 16 级网格编码格式为 G*dddddddd*-*mmmmmm*-*s*，其中 *d*、*m*、*s* 取值 0、1、2 或 3 的四进制数。第 16～第 21 级的网格编码格式依此类推。

图 2.4 表示了第 16～第 21 级“秒”级剖分网格所代表的地理范围。在该图中，G001310322-230230-310312 是第 21 级网格编码，代表的空间位置为中国北京的中华世纪坛的几何中心区域。

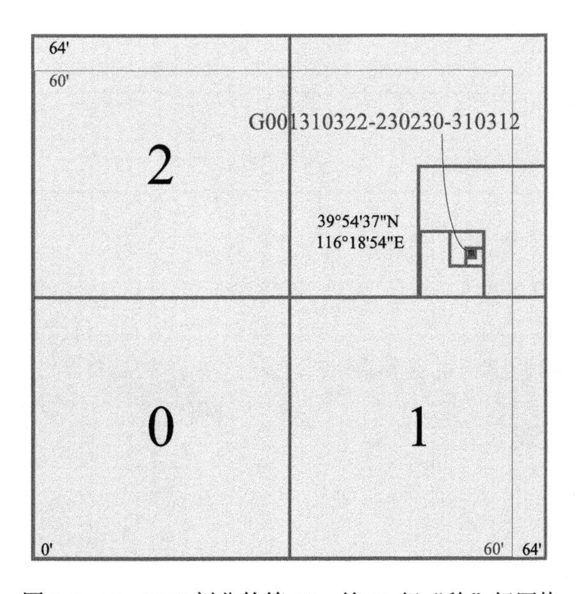


图 2.4　GeoSOT 剖分的第 16～第 21 级“秒”级网格

4) GeoSOT 剖分的“秒以下”级剖分网格

GeoSOT 剖分的“秒以下”级剖分网格包括第 22～第 32 级总共 11 级网格，第 32 级网格编码格式为 G*dddddddd-mmmmmm-ssssss.uuuuuuuuuu*，网格大小为 1/2048″，其中 *d*、*m*、*s*、*u* 取值 0、1、2 或 3 的四进制数。

**3. GeoSOT 地球剖分网格的两极划分**

在 GeoSOT 两极地区网格的划分，GeoSOT 框架剖分至第 6 层即 8°网格时，在极地构成了 8°×2°的网格，将整个南(北)极地区看作一个整体，即将其视为 360°×2°的网格，但仍属于第 6 层，以原 8°×2°网格中 8°E 与本初子午线之间的网格编码(设为 P)代替表达整个极地地区，为保持网格面积比稳定，第 7 层不做划分，从第 8 层开始按照以下规则划分。

(1) 对极圈进行二分，可按 GeoSOT 规则，当划分至 1°时，将 1°扩展至 64′，再继续划分极圈。

**表 2.5　两极地区网格形状一览表**

| 层级 | 网格大小 | 剖分网格在球面上可能的形状(极点所在面片除外) |
|---|---|---|
| 8 | 128°×1°网格 | 120°×1° |
| 9 | 64°×32′网格 | 64°×32′、56°×32′、64°×28′、56°×28′ |
| 10 | 32°×16′网格 | 32°×16′、24°×16′、32°×12′、24°×12′ |
| 11 | 16°×8′网格 | 16°×8′、16°×4′、8°×8′、8°×4′ |
| 12 | 8°×4′网格 | 8°×4′ |
| 13 | 4°×2′网格 | 4°×2′ |
| 14 | 2°×1′网格 | 2°×1′ |
| 15 | 1°×32″网格 | 1°×32″、1°×28″ |
| 16 | 以下在经度和纬度两个方向各自与 GeoSOT 规则相同 | |

(2) 将极点所在的内圈编码设为 P0，外圈则沿本初子午线、120°E 和 120°W 划分为三块，编码设为 P1、P2、P3，从而形成 4 个子面片，这 4 个子面片的面积近似相等。

(3) 对 P1、P2、P3 不断进行四分操作形成更深层次面片，为与 GeoSOT 规则相一致，可将 120°扩展至 128°后再进行剖分，如表 2.5 所示。

(4) P0 仍视作极圈，重复执行 1～3 步形成深层次面片。这样极点所处的面片面积与同层次赤道处面片面积之比将会最终收敛。图 2.5 为两极地区剖分的示意图。

**4. GeoSOT 剖分网格统计**

GeoSOT 的多层次剖分网格均匀地将地球表面空间划分为 32 层，这些网格形成了一个全球四叉树系统。各级 GeoSOT 网格的数量和在赤道附近大致的空间尺度大小如表 2.6 所示。

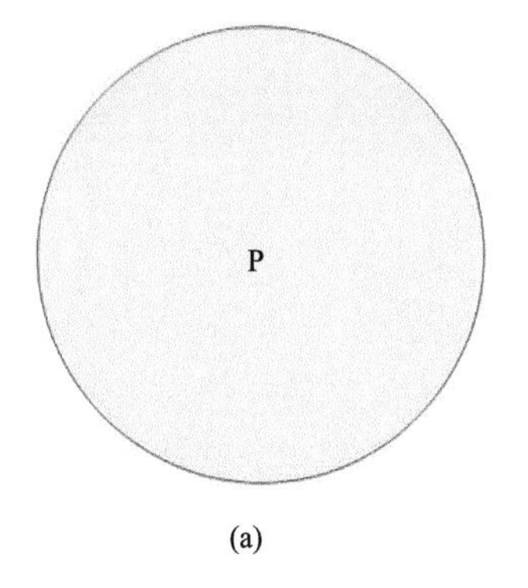


(a)

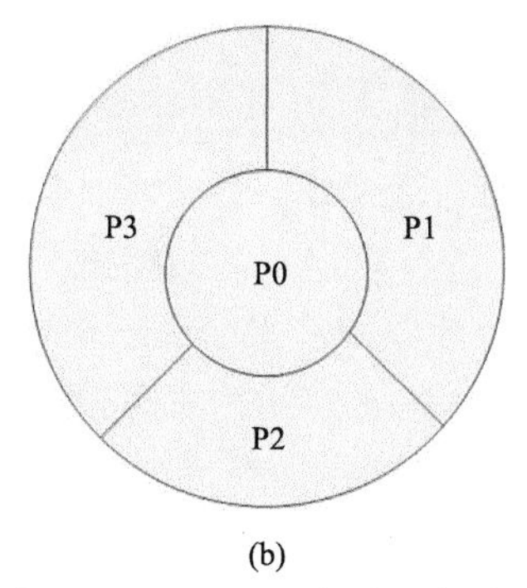


(b)

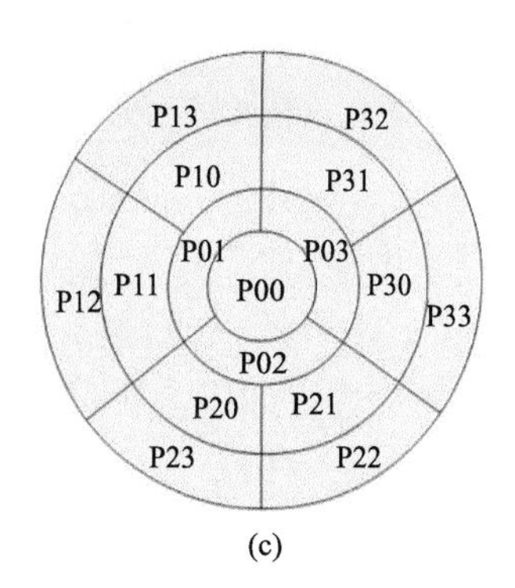


(c)

图 2.5　GeoSOT 两极地区剖分示意图

**表 2.6　GeoSOT 网格特性统计表**

| 层级 | GeoSOT 网格大小 | 赤道附近大致尺度 | 网格数量 | 层级 | GeoSOT 网格大小 | 赤道附近大致尺度 | 网格数量 |
|---|---|---|---|---|---|---|---|
| G | 512°网格 | 全球 | 1 | 17 | 16"网格 | 512 米网格 | 3 649 536 000 |
| 1 | 256°网格 | 1/4 地球 | 4 | 18 | 8"网格 | 256 米网格 | 14 598 144 000 |
| 2 | 128°网格 |  | 8 | 19 | 4"网格 | 128 米网格 | 5 132 160 万 |
| 3 | 64°网格 |  | 24 | 20 | 2"网格 | 64 米网格 | 20 528 640 万 |
| 4 | 32°网格 |  | 72 | 21 | 1"网格 | 32 米网格 | 82 114 560 万 |
| 5 | 16°网格 |  | 288 | 22 | 1/2"网格 | 16 米网格 | 328 458 240 万 |
| 6 | 8°网格 | 1 024 公里网格 | 1 012 | 23 | 1/4"网格 | 8 米网格 | 1 313 832 960 万 |
| 7 | 4°网格 | 512 公里网格 | 3 960 | 24 | 1/8"网格 | 4 米网格 | 5 255 331 840 万 |
| 8 | 2°网格 | 256 公里网格 | 15 840 | 25 | 1/16"网格 | 2 米网格 | 21 021 327 360 万 |
| 9 | 1°网格 | 128 公里网格 | 63 360 | 26 | 1/32"网格 | 1 米网格 | 84 085 309 440 万 |
| 10 | 32'网格 | 64 公里网格 | 253 440 | 27 | 1/64"网格 | 0.5 米网格 | 336 341 237 760 万 |
| 11 | 16'网格 | 32 公里网格 | 1 013 760 | 28 | 1/128"网格 | 25 厘米网格 | 1 345 364 951 040 万 |
| 12 | 8'网格 | 16 公里网格 | 4 055 040 | 29 | 1/256"网格 | 12.5 厘米网格 | 5 381 459 804 160 万 |
| 13 | 4'网格 | 8 公里网格 | 14 25 600 | 30 | 1/512"网格 | 6.2 厘米网格 | 21 525 839 216 640 万 |
| 14 | 2'网格 | 4 公里网格 | 5 702 400 | 31 | 1/1 024"网格 | 3.1 厘米网格 | 86 103 356 866 560 万 |
| 15 | 1'网格 | 2 公里网格 | 2 280 960 | 32 | 1/2 048"网格 | 1.5 厘米网格 | 344 413 427 466 240 万 |
| 16 | 32"网格 | 1 公里网格 | 9 123 840 |  |  |  |  |

## 2.4　GeoSOT 地球剖分网格的立体剖分

从 GeoSOT 向 GeoSOT-3D 的扩展中，应当考虑到二、三维网格剖分和编码的一致性。因此，GeoSOT-3D 采用基于经纬度的高程表达方式，通过高度维度级和分级的两次网格虚拟扩展从而实现与 GeoSOT 框架保持一致。GeoSOT-3D 由 32 级构成，在基于经纬度坐标的地球立体空间中定义。GeoSOT-3D 立体网格，剖分具有等距高程剖分和非等距高程剖分两种方案，本节将逐一展开介绍。

### 1. 立体网格剖分基本思路

GeoSOT-3D 立体网格剖分的核心思想是：基于全球剖分理论，使用等经纬度递归八叉树剖分的方法，对地球立体空间进行多层次的规格剖分；在平面网格剖分的基础上，GeoSOT-3D 立体网格剖分按照一致性原则将平面进一步扩展到高度维，并对剖分出的剖分单元进行编码，从而构建出一种适用于空间信息高效组织与表达的立体网格剖分框架结构，其网格剖分的核心思路如图 2.6 所示。在椭球面剖分上，GeoSOT-3D 立体网格与 GeoSOT 的平面网格剖分思路保持一致；在高程维剖分上，GeoSOT-3D 立体网格可采用等距高程或非等距高程两种模式来剖分。

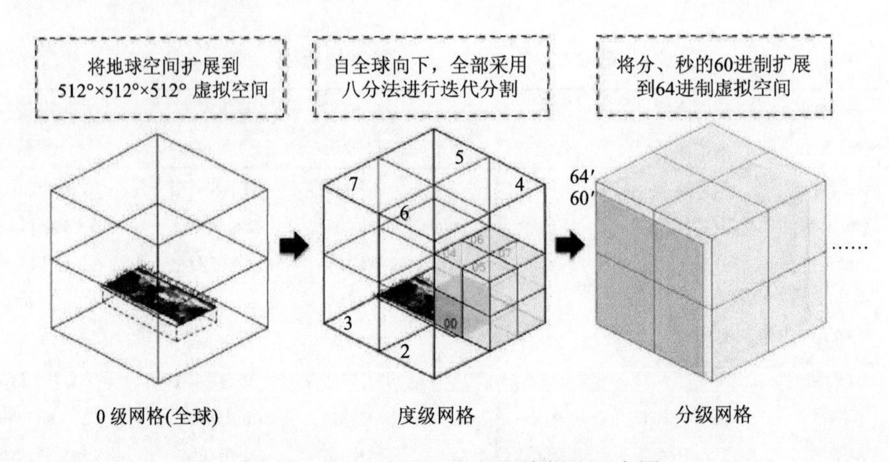


图 2.6　GeoSOT-3D 立体网格剖分示意图

### 2. GeoSOT-3D 等距高程立体网格剖分

GeoSOT-3D 等距高程立体网格剖分的经纬度剖分，与 GeoSOT 二维剖分方案一致，本节将重点介绍高程维的剖分与编码方案。

1）GeoSOT-3D 等距高程地球立体空间

基于经纬度坐标的地球立体空间含义如下：设 $E$ 为参考椭球体，其长半轴为 $a$，扁率为 $f$，表示为 $E(a, f)$，见图 2.7 中心椭球体，参考椭球表面为 EH，该表面上每一点高程为 0。给定地球立体空间的最大高程 $T$，定义地球立体空间为 $G[E(a,f),T]=\{p|p$ 点高程$\leqslant T\}$。该立体空间的表面曲面为：Et= {pt| pt 点高程$=T$}。基于经纬度坐标的地球立体空间如图 2.7 所示，其原点为 EH 上本初子午线与赤道的交点。

基于经纬度坐标的地球立体空间如图 2.8 所示，其经纬度坐标以本初子午线与赤道的交点为原点。纬圈为等间隔、等长的直线，经线为与纬线垂直的、等间隔、等长的直线，北极点、南极点成为与纬线平行且等长的直线。纬度范围是 –90° ～ 90°，经度范围是 –180° ～ 180°。

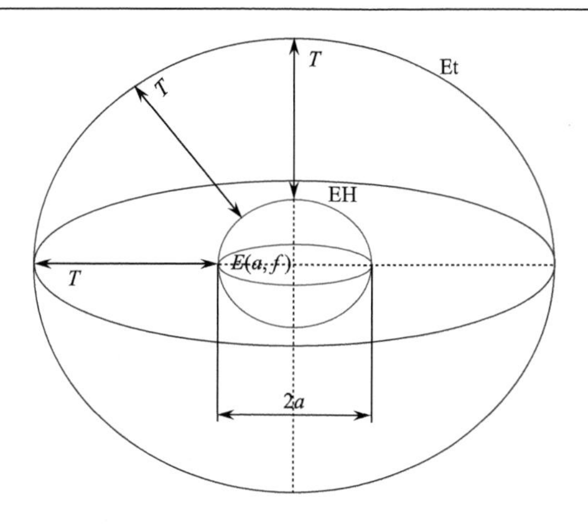


图 2.7　地球立体空间

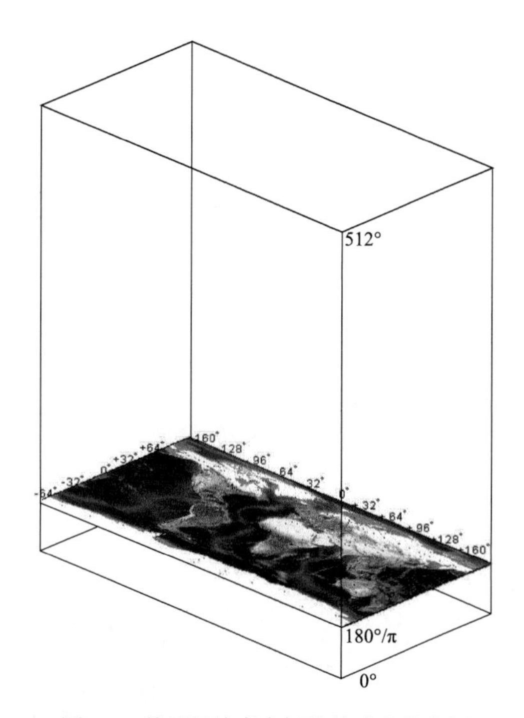


图 2.8　基于经纬度坐标的地球立体空间

在空间高度上，设定高度单位为等效映射的度分秒。根据参考椭球参数，可以将空间高度单位转换为千米、米。空间高度以参考椭球中心为0，最大到为512°。该空间中，地球表面在高度为180°/π附近，对应的最大高度离地面大约为5万km。

2) GeoSOT-3D 等距高程剖分方案

GeoSOT-3D 等距高程立体网格(以下简称 GeoSOT-3D)由32级构成，定义于基于经纬度坐标的地球立体空间中。

GeoSOT-3D 剖分0级网格定义为：在基于经纬度坐标的地球立体空间中，与其原点重合的 512°方格，0 级网格编码为 G，含义为 globe。对应信息体区域位置是整个地球立体空间，参见图 2.9。

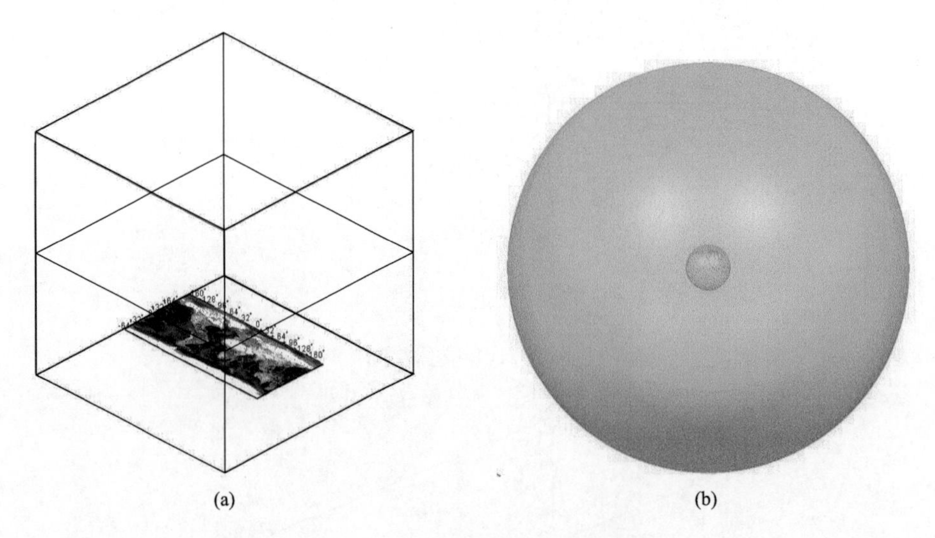


图 2.9　GeoSOT-3D 剖分 0 级网格

GeoSOT-3D 剖分 1 级网格定义为：在 0 级网格基础上平均分为八份，每个 1 级网格大小：256°；1 级网格编码：G*d*，其中 *d* 为 0、1、2、3、4、5、6 或 7。例如，G0 对应信息体区域位置：东北半球、高度大于 0°小于 256°的地球空间；G4 对应信息体区域位置:东北半球、高度大于 256°小于 512°的地球空间，参见图 2.10。

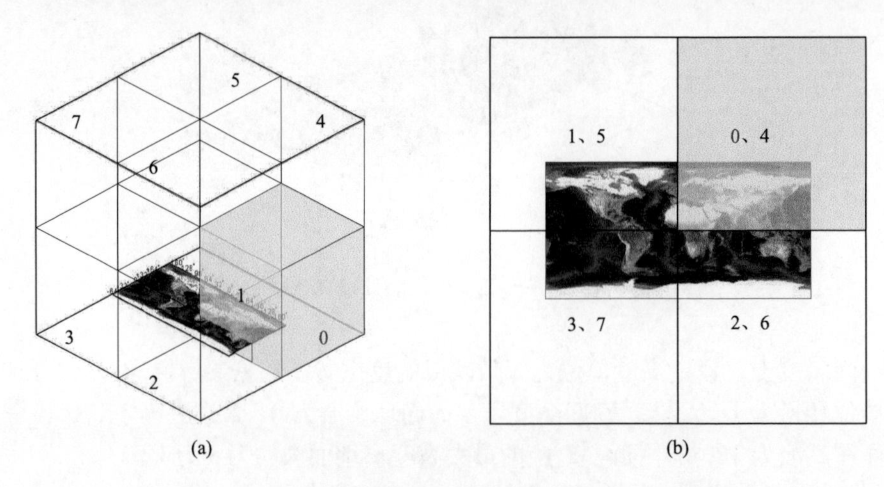


图 2.10　GeoSOT-3D 剖分 1 级网格立体视图(a)和顶视图(b)

GeoSOT-3D 剖分 1 级网格，即 256°网格，共有 8 个，在地球立体空间中实际形状如图 2.11 所示。

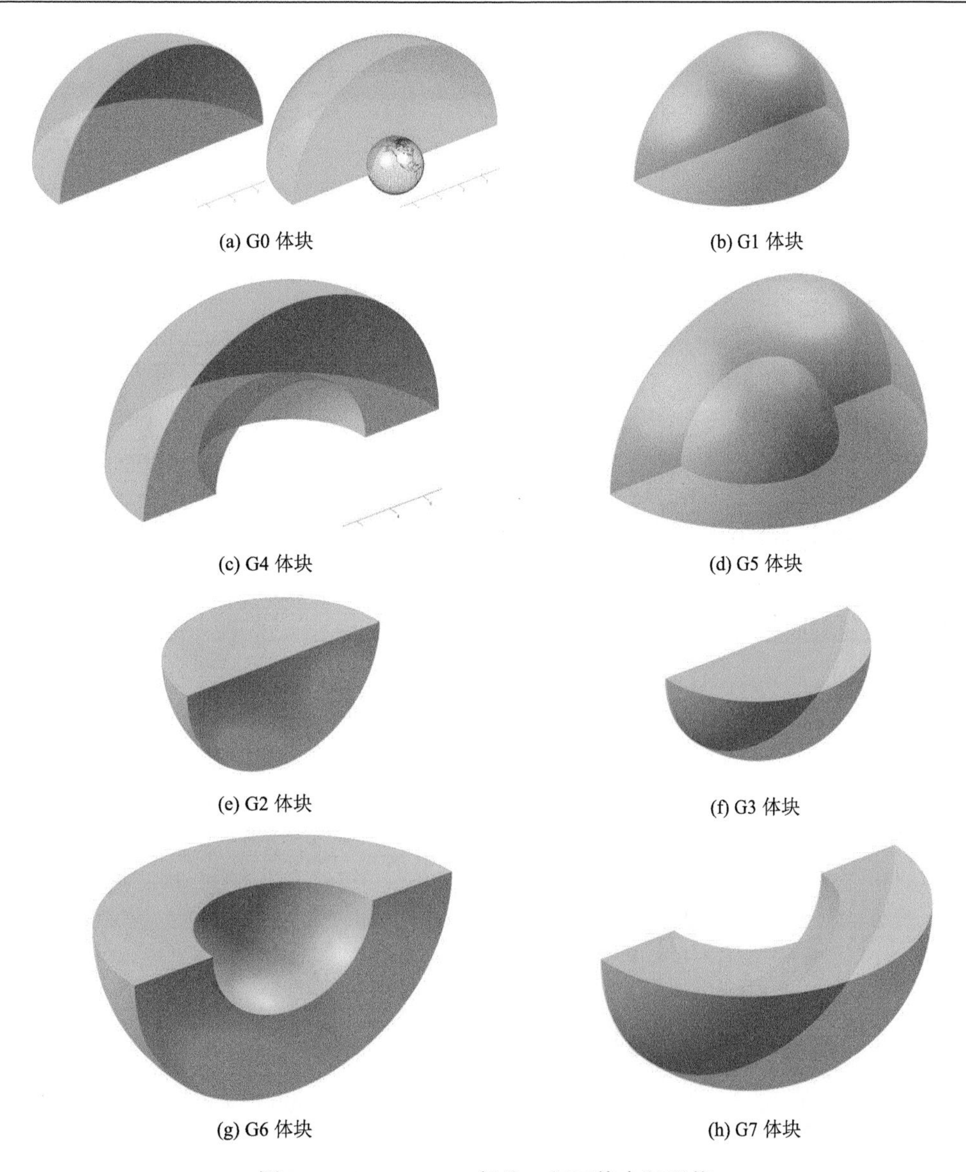

(a) G0 体块　(b) G1 体块

(c) G4 体块　(d) G5 体块

(e) G2 体块　(f) G3 体块

(g) G6 体块　(h) G7 体块

图 2.11　GeoSOT-3D 剖分 1 级网格实际形状

按照上述规则，8 个 GeoSOT-3D 剖分 1 级网格，即 256°网格，其网格编码如表 2.7 所示。

**表 2.7　GeoSOT-3D 剖分 1 级网格编码一览表**

| 八进制 1 维编码 | 十进制 3 维编码 | 二进制 1 维编码 |
| --- | --- | --- |
| G0 | (0°E, 0°N, 0°)/256 | 000 |
| G1 | (0°W, 0°N, 0°)/256 | 001 |
| G2 | (0°E, 0°S, 0°)/256 | 010 |
| G3 | (0°W, 0°S, 0°)/256 | 011 |

续表

| 八进制 1 维编码 | 十进制 3 维编码 | 二进制 1 维编码 |
| --- | --- | --- |
| G4 | (0°E, 0°N, 256°)/256 | 100 |
| G5 | (0°W, 0°N, 256°)/256 | 101 |
| G6 | (0°E, 0°S, 256°)/256 | 110 |
| G7 | (0°W, 0°S, 256°)/256 | 111 |

GeoSOT-3D 剖分 2 级网格定义为：在 1 级网格基础上平均分为八份，每个 2 级网格大小：128°；2 级网格编码：G*dd*，其中 *d* 为 0、1、2、3、4、5、6 或 7。例如，G00 对应信息体区域位置：东北半球大部、高度大于 0°小于 128°的地球空间；G04 对应信息体区域位置：东北半球大部、高度大于 128°小于 256°的地球空间；G40 对应信息体区域位置：东北半球大部、大于 256°高度小于 384°的地球空间。

部分 2 级网格没有实际地理意义，不再向下划分，如 G02、G03、G06、G07。其他 2 级网格虽然有部分区域落在地理区域范围之外，但仍然作为一个整体进入下一级网格划分，这种原则同样适用于以下网格的划分，参见图 2.12。

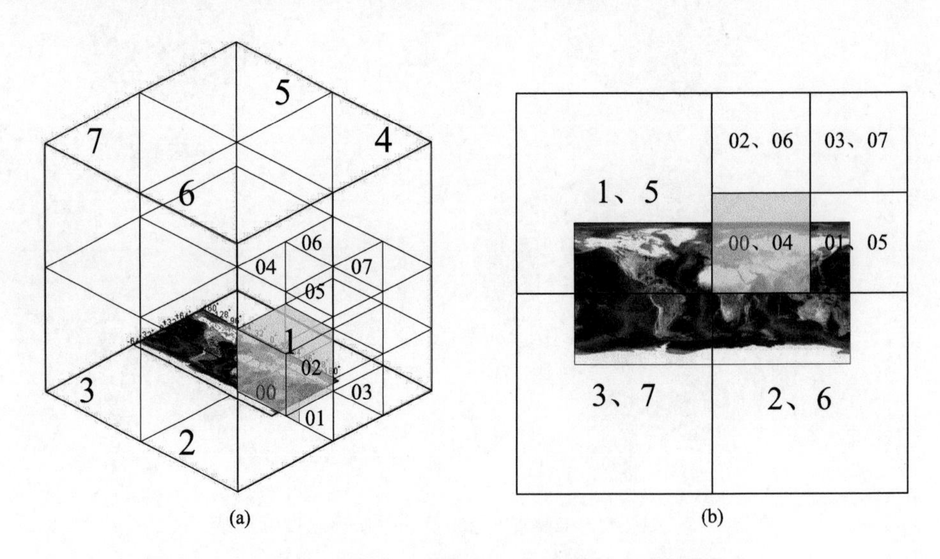


图 2.12 GeoSOT-3D 剖分 2 级网格立体视图(a)和顶视图(b)

GeoSOT-3D 剖分 2 级网格，即 128°网格，共有 32 个。

GeoSOT-3D 256°网格 G0，剖分为 GeoSOT-3D 128°网格(G00、G01、G02、G03、G04、G05、G06、G07)，但在地球空间中，部分 2 级网格没有实际地理意义，不再向下划分，如 G02、G03、G06、G07，所以只有 G00、G01、G04、G05 四个网格有实际地理意义。

GeoSOT-3D 256°网格 G4，剖分为 GeoSOT-3D 128°网格(G40、G41、G42、G43、G44、G45、G46、G47)，其中网格 G42、G43、G44、G45、G46、G47 没有实际地理意义，只有 G40、G41、G44、G45 四个网格有实际地理意义。

地球立体空间 1 级网格共 8 个，2 级网格共有 32 个。由 1 级网格 G0 在地球立体空间中剖分为 4 个 2 级网格，即 G00、G01、G04、G05 的实际形状，如图 2.13 所示。

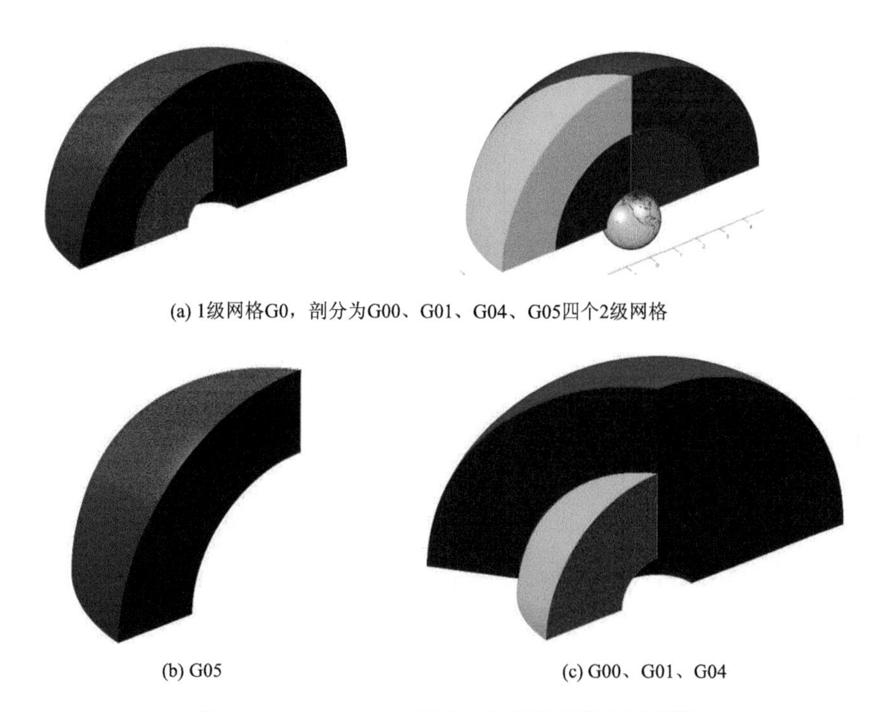

(a) 1级网格G0，剖分为G00、G01、G04、G05四个2级网格

(b) G05　　(c) G00、G01、G04

图 2.13　GeoSOT-3D 剖分 2 级部分网格实际形状

GeoSOT-3D 剖分 3 级网格的定义为：在 2 级网格基础上平均分为八份，每个 3 级网格大小：64°；3 级网格编码：G*ddd*，其中 *d* 为 0、1、2、3、4、5、6 或 7。例如，G001 对应信息体区域位置：中国印度东南亚、高度大于 0°小于 64°的地球空间；G005 对应信息体区域位置：中国印度东南亚、高度大于 64°小于 128°的地球空间；G401 对应信息体区域位置：中国印度东南亚、高度大于 256°小于 320°的地球空间，参见图 2.14。

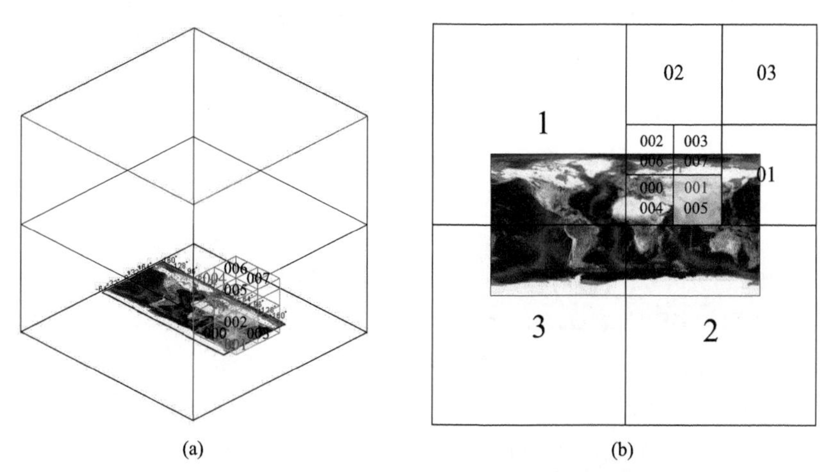


(a)　　(b)

图 2.14　GeoSOT-3D 剖分 3 级网格立体视图(a)和顶视图(b)

GeoSOT-3D 剖分 3 级网格，即 64°网格，共有 192 个。

以下每一个 2 级网格：G00、G04、G40、G44、G10、G14、G50、G54、G20、G24、G60、G64、G30、G34、G70、G74 都被剖分为 8 个 3 级网格，并且具有实际地理意义，共 128 个 3 级网格。

以下每一个 2 级网格：G01、G05、G41、G45、G11、G15、G51、G55、G21、G25、G61、G65、G31、G35、G71、G75 都被剖分为 4 个具有实际地理意义的 3 级网格，共 64 个 3 级网格。

如果按照高度分层，GeoSOT-3D 剖分 3 级网格，即 64°网格，可分为 8 层：0°～64°、64°～128°、128°～192°、192°～256°、256°～320°、320°～384°、384°～448°、448°～512°；每一高度层都对应于 24 个 GeoSOT 3 级网格，所以这样也可计算出 GeoSOT-3D 剖分 3 级网格共有 8×24=192 个网格。

图 2.15 显示 3 级部分网格的实际形状。将东北半球、高度大于 0°小于 256°的立体空间，即一个 GeoSOT-3D 256°网格 G0，先剖分为四个 GeoSOT-3D 128°网格(G00、G01、G04、G05)，再进一步剖分为具有实际地理意义的 24 个 GeoSOT-3D 64°网格：G000、G001、G002、G003、G004、G005、G006、G007、G010、G012、G014、G016、G040、G041、G042、G043、G044、G045、G046、G047、G050、G052、G054、G056。图 2.15(b)将部分网格：G012、G016、G043、G045、G047、G050、G052、G054、G056 设为不可见。

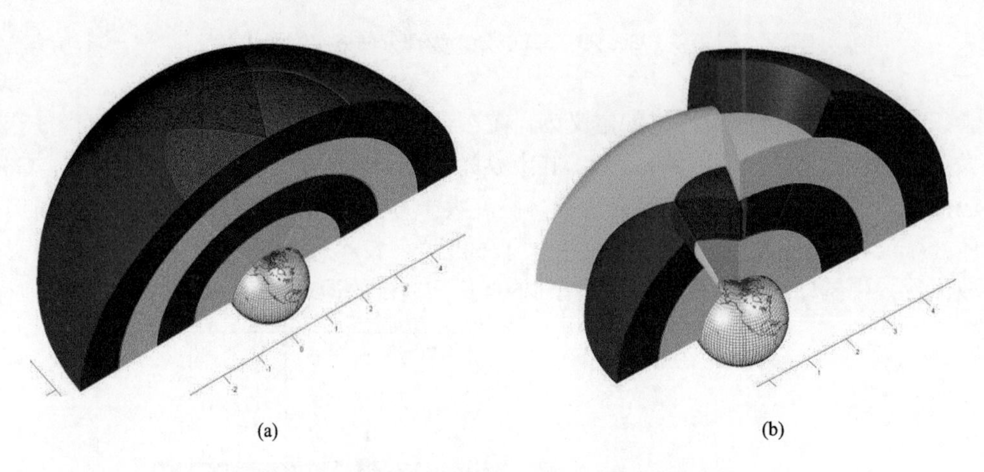

(a)　　(b)

图 2.15　GeoSOT-3D 剖分 3 级部分网格实际形状

GeoSOT-3D 剖分 4 级网格定义为：在 3 级网格基础上平均分为八份，每个 4 级网格大小：32°；4 级网格编码：G*dddd*，其中 *d* 为 0、1、2、3、4、5、6 或 7。例如，G0013 对应信息体区域位置：中国东北部，高度大于 0°、小于 32°的地球空间；G0017 对应信息体区域位置：中国东北部，高度大于 32°、小于 64°的地球空间；G4013 对应信息体区域位置：中国东北部，高程大于 256°、小于 288°的地球空间，参见图 2.16。

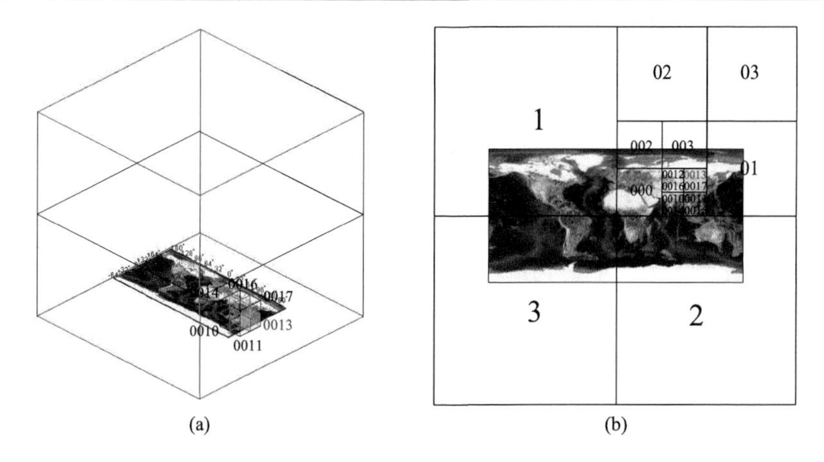


(a)　(b)

图 2.16　GeoSOT-3D 剖分 4 级网格立体视图(a)和顶视图(b)

按照高度分层，GeoSOT-3D 剖分 4 级网格，即 32° 网格，可分为 16 层：0°～32°、32°～64°、64°～96°、96°～128°、128°～160°、160°～192°、192°～224°、224°～256°、256°～288°、288°～320°、320°～352°、352°～384°、384°～416°、416°～448°、448°～480°、480°～512°；每一高度层都对应于 72 个 GeoSOT 4 级网格，所以这样也可计算出 GeoSOT-3D 剖分 4 级网格共有 16×72=1152 个网格。

图 2.17(a)为将东北半球、高度大于 0°小于 256°的立体空间，即一个 GeoSOT-3D 256°网格 G0 剖分为具有实际地理意义的 24 个 GeoSOT-3D 64°网格，并且将其中部分网格设为不可见。这在上一节已经作过介绍。图 2.17(b)显示其中的 3 级网格进一步剖分为 GeoSOT-3D 4 级网格，即 32°网格的实际形状。

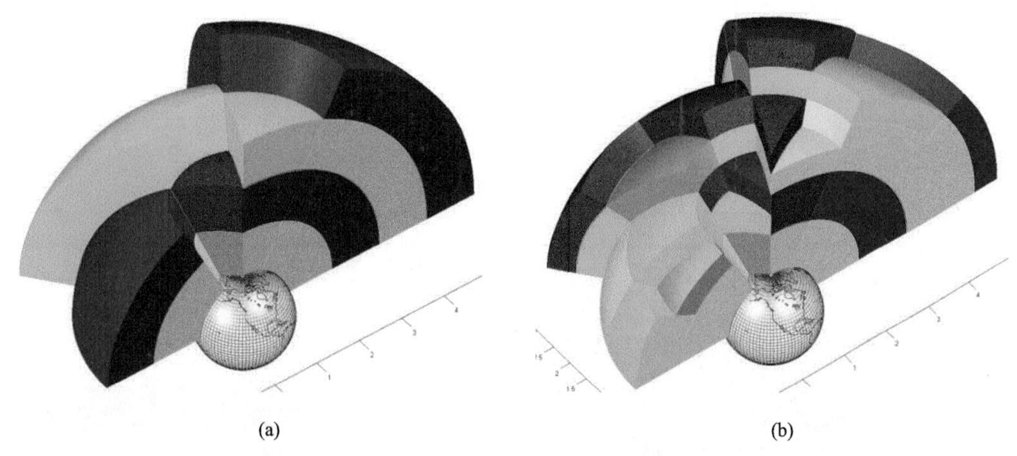

(a)　(b)

图 2.17　GeoSOT-3D 剖分 4 级部分网格实际形状

GeoSOT-3D 剖分 5 级网格定义为：在 4 级网格基础上平均分为八份，每个 5 级网格大小：16°；5 级网格编码：G*ddddd*，其中 *d* 为 0、1、2、3、4、5、6 或 7。例如，G00131 对应信息体区域位置：环黄渤海、高度大于 0°小于 16°的地球空间；G00135 对应信息体区域位置：环黄渤海、高度大于 16°小于 32°的地球空间；G40131 对应信息体区域位置：环黄渤海、高度大于 256°小于 272°的地球空间，参见图 2.18。

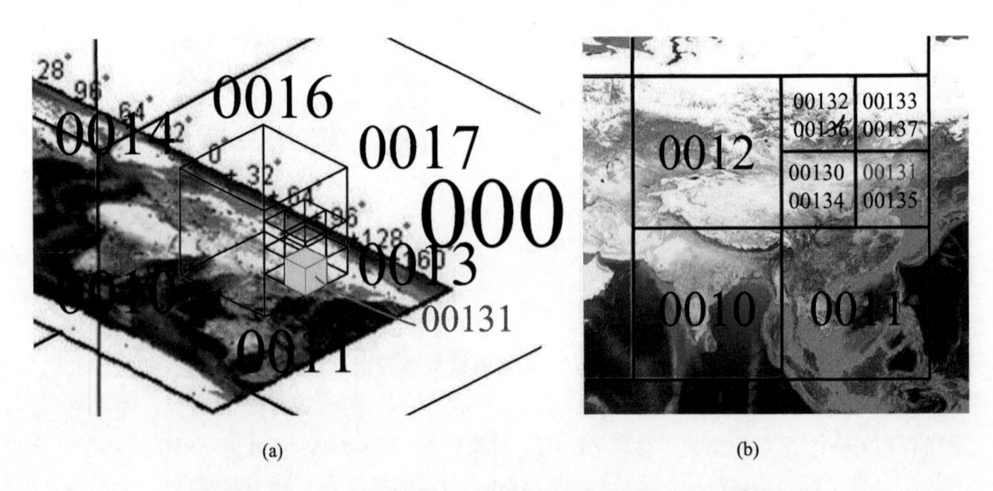


(a)　　(b)

图 2.18　GeoSOT-3D 剖分 5 级网格立体视图(a)和顶视图(b)

按照高度分层，GeoSOT-3D 剖分 5 级网格，即 16°网格，可分为 32 层；每一高度层都对应于 288 个 GeoSOT 5 级网格，所以这样也可计算出 GeoSOT-3D 剖分 5 级网格共有 32×288=9 216 个网格。

GeoSOT-3D 剖分 6 级网格定义为：在 5 级网格基础上平均分为八份，每个 6 级网格大小：8°；6 级网格编码：G*dddddd*，其中 *d* 为 0、1、2、3、4、5、6 或 7。例如，G001310 对应信息体区域位置：华北平原、高度大于 0°小于 8°的地球空间；G001314 对应信息体区域位置：华北平原、高度大于 8°小于 16°的地球空间；G401310 对应信息体区域位置：华北平原、高度小于 256°大于 264°的地球空间，参见图 2.19。

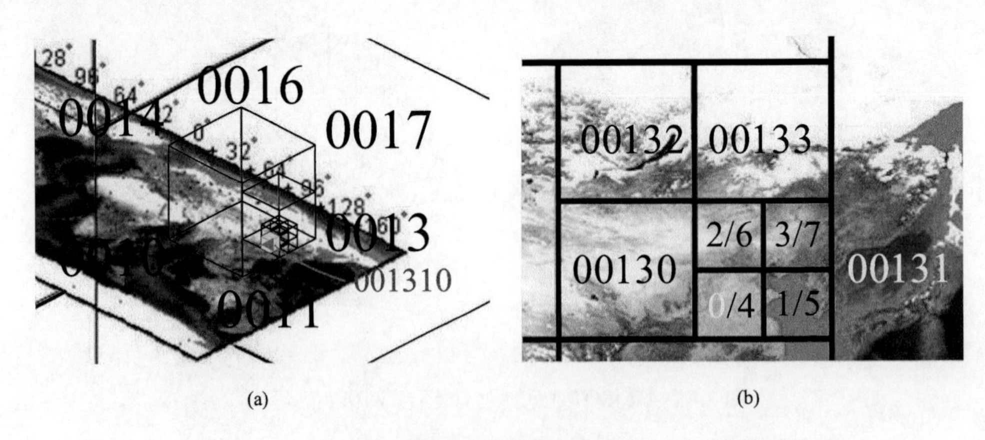


(a)　　(b)

图 2.19　GeoSOT-3D 剖分 6 级网格立体视图(a)和顶视图(b)

按照高度分层，GeoSOT-3D 剖分 6 级网格，即 8°网格，可分为 64 层；每一高度层在纬度–88°～88°都对应于 1012 个 GeoSOT 6 级网格，所以这样也可计算出 GeoSOT-3D

剖分 6 级网格共有 64×1 012=64 768 个网格。图 2.20 显示 GeoSOT-3D 剖分 6 级部分网格，即 8°网格的实际形状。

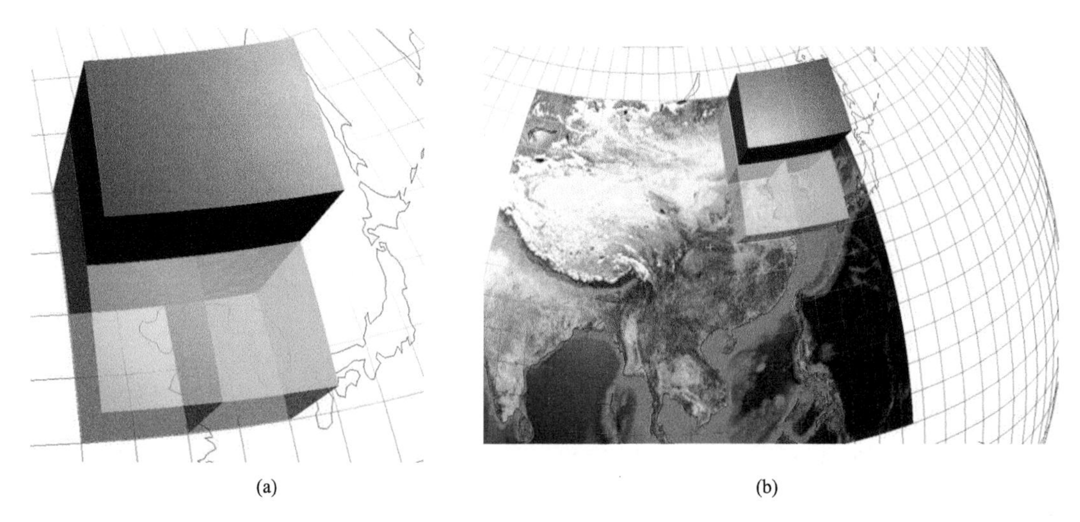

(a)　(b)

图 2.20　GeoSOT-3D 剖分 6 级部分网格实际形状

GeoSOT-3D 剖分 7 级网格定义为：在 6 级网格基础上平均分为八份，每个 7 级网格大小：4°；7 级网格编码：G*ddddddd*，其中 *d* 为 0、1、2、3、4、5、6 或 7。例如，G0013103 对应信息体区域位置：北京、高度大于 0°小于 4°的地球空间；G00131307 对应信息体区域位置：北京、高度大于 4°小于 8°的地球空间；G4013103 对应信息体区域位置：北京、高度大于 256°小于 260°的地球空间，参见图 2.21。

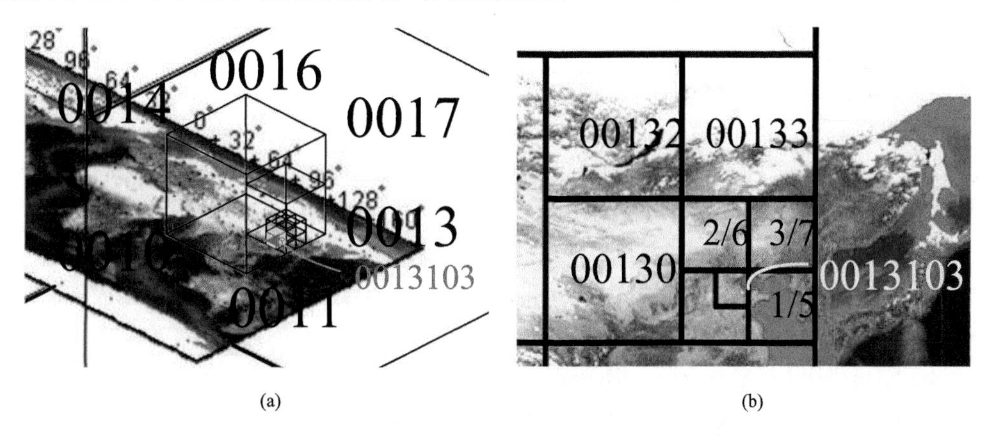


(a)　(b)

图 2.21　GeoSOT 剖分 7 级网格立体视图(a)和顶视图(b)

按照高度分层，GeoSOT-3D 剖分 7 级网格，即 4°网格，可分为 128 层；每一高度层在纬度–88°～88°都对应于 3 960 个 GeoSOT 7 级网格，所以这样也可计算出 GeoSOT-3D 剖分 7 级网格共有 128×3960=506 880 个网格。图 2.22 显示部分 GeoSOT-3D 剖分 7 级网格，即 4°网格的实际形状。

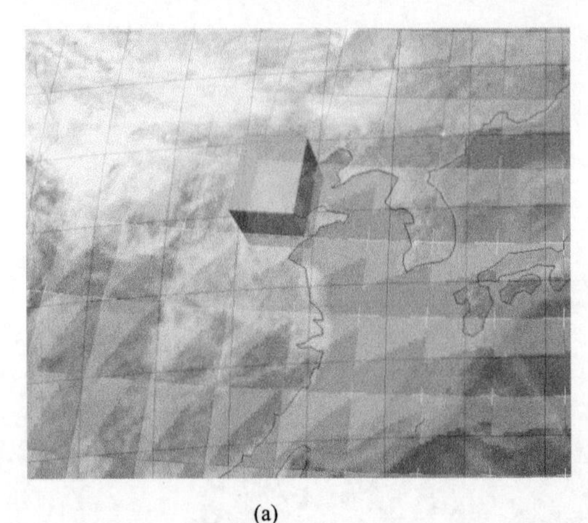

(a)

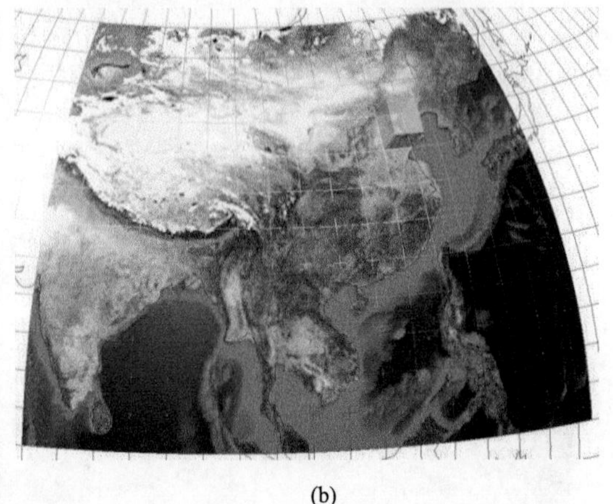

(b)

图 2.22　GeoSOT-3D 剖分 7 级部分网格实际形状

GeoSOT-3D 剖分 8 级网格定义为：在 7 级网格基础上平均分为八份，每个 8 级网格大小：2°；8 级网格编码：G*dddddddd*，其中 *d* 为 0、1、2、3、4、5、6 或 7。

按照高度分层，GeoSOT-3D 剖分 8 级网格，即 2°网格，可分为 256 层；每一高度层在纬度–88°～88°都对应于 15 840 个 GeoSOT 8 级网格，所以这样也可计算出 GeoSOT-3D 剖分 8 级网格共有 256×15 840=4 055 040 个网格。

GeoSOT-3D 剖分 9 级网格定义为：在 8 级网格基础上平均分为八份，每个 9 级网格大小：1°；9 级网格编码：G*ddddddddd*，其中 *d* 为 0、1、2、3、4、5、6 或 7。

按照高度分层，GeoSOT-3D 剖分 9 级网格，即 1°网格，可分为 512 层；每一高度层在纬度–88°～88°都对应于 63 360 个 GeoSOT 9 级网格，所以这样也可计算出 GeoSOT-3D 剖分 9 级网格共有 512×63 360=32 440 320 个网格。

虽然整个地球立体空间从地心到 5 万 km 的太空被剖分为 512 层、3 000 多万个 1°网格，但 GeoSOT-3D 剖分 9 级网格的一个特殊层面，即 57°层包含了所有地球表面信息：包括从最深的海沟到珠穆朗玛峰、地球长短半轴半径的差异、地球从海底到空气平流层的信息。

按照上述方法划分至 GeoSOT-3D 9 级体块，类比于 GeoSOT 二维剖分方案，为了维持划分的一致性，在 9 级上进行一次扩展，将体块大小从 60′扩展到 64′。扩展延伸的方向基于如下原则：在高度维上不作扩展，在参考椭球面的两个维度上和二维剖分网格一致，图 2.23 是东北半球上方某一体块的扩展方式，后续的划分基于扩展后的 9 级体块。

后续的划分和 GeoSOT 二维剖分方案中类似，剔除没有实际地理意义的网格后，将本层级的网格平均分为八个得到下一层级的网格。其区别在于 GeoSOT-3D 剖分中网格的形态较 GeoSOT 二维剖分中更为复杂，判断算法稍有不同，此处不再赘述。

除了没有实际地理意义的体块以及涉及两次扩展的体块，GeoSOT-3D 各层级体块严格按照八叉树进行划分，形成了下至地心、上至地表上 5 万余千米的高空、大至整个地球空间、小至厘米级体块的 0～32 级剖分框架。

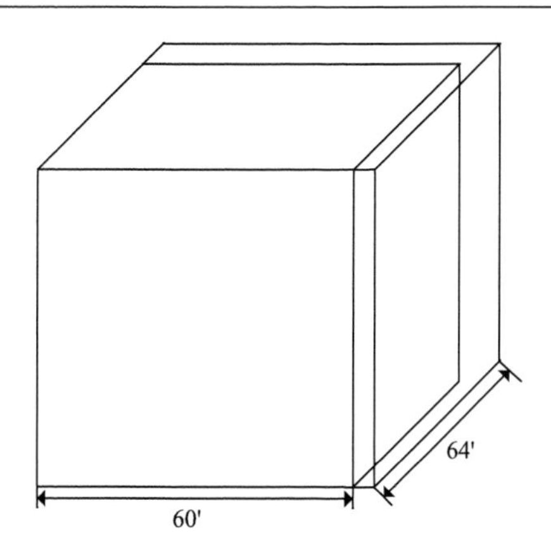


图 2.23　GeoSOT-3D 9 级体块扩展示意图

3) GeoSOT-3D 等距高程网格一览表

按照 2.4.2 节第二部分的定义，GeoSOT-3D 等距高程立体网格一共分为 32 个层级，不仅在参考椭球体表面形成大到全球、小到厘米、均匀的多层次的网格，即 GeoSOT-2D 网格，并且将从参考椭球体表面上达 5 万余千米、下至地心的整个圈层立体空间划分为多层次的网格，即 GeoSOT-3D 等距高程立体网格，这些网格形成了全球八叉树系统。表 2.8 统计各级 GeoSOT-3D 等距高程立体网格在参考椭球体表面上的数量和大致尺度大小。

**表 2.8　GeoSOT-3D 等距高程网格及纵向粒度(地上)**

| 层级 | 网格大小 | 赤道附近大致尺度 | 地球表面数量 | 网格纵向粒度 |
|---|---|---|---|---|
| G | 512° 网格 | 全球 | 1 | |
| 1 | 256° 网格 | 1/4 地球 | 4 | |
| 2 | 128° 网格 | | 8 | |
| 3 | 64° 网格 | | 24 | |
| 4 | 32° 网格 | | 72 | |
| 5 | 16° 网格 | | 288 | |
| 6 | 8° 网格 | 890.5 公里网格 | 1 104 | |
| 7 | 4° 网格 | 445.3 公里网格 | 4 140 | 445.3 公里网格 |
| 8 | 2° 网格 | 222.6 公里网格 | 15 842 | 222.6 公里网格 |
| 9 | 1° 网格 | 111.3 公里网格 | 63 368 | 111.3 公里网格 |
| 10 | 32′网格 | 59.2 公里网格 | 253 472 | 59.2 公里网格 |
| 11 | 16′网格 | 29.6 公里网格 | 1 013 888 | 29.6 公里网格 |
| 12 | 8′网格 | 14.8 公里网格 | 4 055 552 | 14.8 公里网格 |
| 13 | 4′网格 | 7.4 公里网格 | 14 256 803 | 7.4 公里网格 |
| 14 | 2′网格 | 3.7 公里网格 | 57 027 212 | 3.7 公里网格 |
| 15 | 1′网格 | 1.8 公里网格 | 228 108 848 | 1.8 公里网格 |

续表

| 层级 | 网格大小 | 赤道附近大致尺度 | 地球表面数量 | 网格纵向粒度 |
|---|---|---|---|---|
| 16 | 32″网格 | 989.5 米网格 | 912 435 392 | 989.5 米网格 |
| 17 | 16″网格 | 494.7 米网格 | 3 649 741 568 | 494.7 米网格 |
| 18 | 8″网格 | 247.4 米网格 | 14 598 966 272 | 247.4 米网格 |
| 19 | 4″网格 | 123.7 米网格 | 5 132 160 万 | 123.7 米网格 |
| 20 | 2″网格 | 61.8 米网格 | 20 528 640 万 | 61.8 米网格 |
| 21 | 1″网格 | 30.9 米网格 | 82 114 560 万 | 30.9 米网格 |
| 22 | 1/2″网格 | 15.5 米网格 | 328 458 240 万 | 15.5 米网格 |
| 23 | 1/4″网格 | 7.7 米网格 | 1 313 832 960 万 | 7.7 米网格 |
| 24 | 1/8″网格 | 3.9 米网格 | 5 255 331 840 万 | 3.9 米网格 |
| 25 | 1/16″网格 | 1.9 米网格 | 21 021 327 360 万 | 1.9 米网格 |
| 26 | 1/32″网格 | 1.0 米网格 | 84 085 309 440 万 | 1.0 米网格 |
| 27 | 1/64″网格 | 0.5 米网格 | 336 341 237 760 万 | 0.5 米网格 |
| 28 | 1/128″网格 | 24.2 厘米网格 | 1 345 364 951 040 万 | 24.2 厘米网格 |
| 29 | 1/256″网格 | 12.0 厘米网格 | 5 381 459 804 160 万 | 12.0 厘米网格 |
| 30 | 1/512″网格 | 6.0 厘米网格 | 21 525 839 216 640 万 | 6.0 厘米网格 |
| 31 | 1/1024″网格 | 3.0 厘米网格 | 86 103 356 866 560 万 | 3.0 厘米网格 |
| 32 | 1/2048″网格 | 1.5 厘米网格 | 344 413 427 466 240 万 | 1.5 厘米网格 |

### 3. GeoSOT-3D 非等距高程立体网格剖分

GeoSOT-3D 非等距高程立体网格剖分，同样是在 GeoSOT 地球剖分模型框架基础上构建的。本节将介绍 GeoSOT-3D 非等距高程立体网格剖分方案。

#### 1) GeoSOT-3D 非等距高程立体网格剖分方案

GeoSOT-3D 非等距高程立体网格剖分定义于基于经纬度坐标的地球立体空间中，将地球空间统一剖分成不同尺度的网格单元，并按统一编码规则进行标识和表达，构建了网格化的地球空间数据组织参考框架，该剖分框架涵盖了更大的地球空间，支持地球表面空间和地球立体空间与地理空间信息的聚合，其在高程剖分上采用非等距剖分，相比等距高程剖分方案，该框架剖分的地球空间范围可达大地高 52.8 万 km。

GeoSOT-3D 非等距高程立体网格剖分方案与等距高程立体网格剖分类似，同样由 32 级构成，使用等经纬度递归八叉树剖分，故本节不再赘述地球参考椭球面网格剖分方法，只详述高度域非等距剖分方法。

GeoSOT-3D 非等距高程剖分的高程方向采用了不等距划分方式。为了满足在不同高度层上的网格为近似的方体，避免出现随着高程增长，经纬方向逐渐“拉伸”，导致图 2.24 中 $L_i$ 逐渐变大。若仍然采用等距离划分方式，将会带来网格随着高程增大，网格体变得越来越扁。由此，需要满足每一高度层(第 $i$ 层)上的网格高度 $h_i$ 应该与该高度层的 $L_i$ 近似相等的初始约束条件，即

$$L_0 = r_0 \cdot \theta_0$$

$$L_1 = r_1 \cdot \theta_0,\quad r_1 = h_0 + r_0$$

$$L_2 = r_2 \cdot \theta_0,\quad r_2 = h_1 + r_1$$

……

$$L_n = r_n \cdot \theta_0,\quad r_n = h_{n-1} + r_{n-1}$$

当 $\theta_0 = \dfrac{\pi}{180}$ rad（1°网格）时，满足下面约束条件：

$$h_i = L_i$$

高度域剖分的级数，定义为与地球参考椭球面剖分的级数一致。任意剖分级数 $m$，高度域剖分成 $2^m$ 层：地下为 $2^{m-1}$ 层，地上为 $2^{m-1}$ 层。同一级各网格在相同层高度（大地高方向粒度）应相等，高度与该层对应等高面赤道处相应级剖分形成的网格纬线方向粒度匹配，同一级相同层网格高度与对应等高面赤道处网格纬线粒度关系可参见图 2.24。

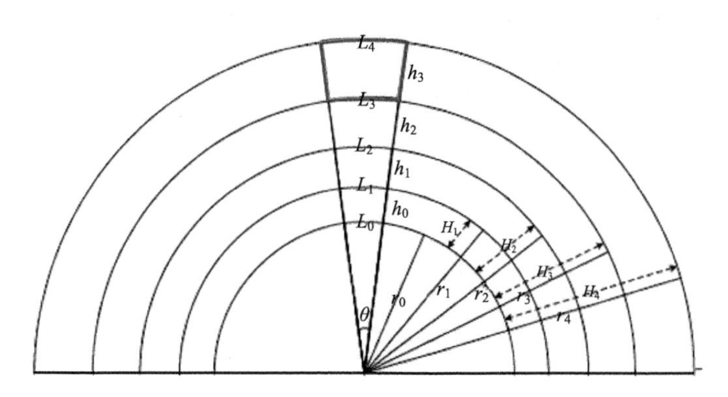


图 2.24　非等距高程地球立体空间及高度域网格粒度关系示意图

$L_i$——网格在等高面上的长度，赤道方向粒度；$H_i$——网格大地高；$h_i$——网格高度，大地高方向粒度；$r_i$——赤道面上网格距地心距离；$\theta$——网格对应的经（纬）跨度差

为了保证不同剖分级别，整体的地球空域高度剖分范围的一致性，对于任意剖分级数 $m$，将在 $m = 9$ 级，$\theta_0 = \dfrac{\pi}{180}$ rad 的基础上进行。并且为了保证和地球表面网格的跨度一致，对角度 $\theta$ 进行了划分，得到地球表面上空（或地下）第 $n$ 层网格的地心距离 $r_n$（以赤道面上来计算）；在此基础上，可得到地球表面上空（或地下）第 $n$ 层网格的大地高 $H_n$，地球表面上空（或地下）第 $n$ 层网格的高度（纵向粒度）$h_n = H_{n+1} - H_n$，地球表面上空（或地下）第 $n$ 层网格在等高面上的长度（横向粒度）$L_n = r_n\theta$，各参数计算式如下：

$$r_n = \left(1+\theta_0\right)^{n\cdot\left(\frac{\theta}{\theta_0}\right)} r_0$$

$$H_n = \left(1+\theta_0\right)^{n\cdot\left(\frac{\theta}{\theta_0}\right)} r_0 - r_0$$

$$h_n = (1+\theta_0)^{n\cdot\left(\frac{\theta}{\theta_0}\right)} r_0 \left[ (1+\theta_0)^{\frac{\theta}{\theta_0}} - 1 \right]$$

$$L_n = (1+\theta_0)^{n\cdot\left(\frac{\theta}{\theta_0}\right)} r_0 \cdot \theta$$

式中，$\theta$为该网格对应的经(纬)跨度差，单位为 rad。

GeoSOT-3D 非等距高程剖分网格的高度域编码采用二进制 1 维变长编码，其编码规则定义如下。

(1)编码取值为二进制数字 0、1。

(2)编码长度等于剖分的级数，从 1 位到 32 位，即 1 级剖分的编码长度为 1 位二进制数字、2 级剖分的编码长度为 2 位二进制数字、……、32 级剖分的编码长度为 32 位二进制数字。

(3)高度域 $N$ 级剖分即：编码长度为 $N$ 位二进制数字，$N$ 级剖分编码包含该级剖分所在的所有上级剖分编码，级该剖分所在 1 级剖分、2 级剖分、……、$N$–1 级剖分编码。

(4)椭圆面与大地高方向剖分所形成的立体网格编码由椭圆面和高度域编码共同构成。

(5)网格编码包含该网格的定位信息和层级信息。定位信息指网格定位点的大地高，层级信息指网格的级数，该网格的级数等于高度域编码的长度。

2)GeoSOT-3D 非等距高程地球立体空间

地球参考椭圆面经过扩展后，其经纬两个方向的范围都为−256°～256°，那么理论上 1°网格就划分成了 512×512 个。当然，部分网格是地球之外的虚拟网格，但是整个剖分是在−256°～256°的虚拟经纬度空间开始的。因此，为了保证地上、地下大地高方向范围与地球参考椭球面的剖分范围一致，对应地表 1° 网格，地面上延伸至高空有 256 个网格，地面下延伸至地心有 256 个网格。由于该剖分方案中网格尺度都是以网格下底面算起，故高程剖分非等距。以地表向上的第 1 个网格为基准下标 0，第 255 个网格的上顶面才是整个空域的划分范围，可达 528 680.171 125 243 7 km。因此，按照地球长半轴 $r_0$ = 6 378.137 km 计算，整个地球空域的高度划分范围从大地高–6 302.106 722 602 182 km 到 528 680.171 125 243 7 km，涵盖了静止轨道人造卫星系统乃至地月空间，参考示意图如图 2.24 所示。

3)GeoSOT-3D 非等距高程网格一览表

按照 2.4.2 节的定义，GeoSOT-3D 非等距高程立体网格一共分为 32 个层级，与等距高程剖分相同，其在参考椭球体表面形成大到全球、小到厘米、均匀的多层次的网格。但在高程维度上，GeoSOT-3D 非等距高程立体网格将从参考椭球体表面上达 528 000 km、下至地心的整个圈层立体空间划分为多层次的网格，这些网格形成了全球八叉树系统。表 2.9 为各级 GeoSOT-3D 非等距高程立体网格，在参考椭球体表面上的数量和大致粒度大小。

**表 2.9　GeoSOT-3D 非等距高程网格及纵向粒度(地上)**

| 层级 | 网格大小 | 赤道附近大致尺度 | 地球表面数量 | 网格纵向粒度(min) | 网格纵向粒度(max) |
|---|---|---|---|---|---|
| G | 512°网格 | 全球 | 1 | | |
| 1 | 256°网格 | 1/4 地球 | 4 | | |
| 2 | 128°网格 | | 8 | | |
| 3 | 64°网格 | | 24 | | |
| 4 | 32°网格 | | 72 | | |
| 5 | 16°网格 | | 288 | | |
| 6 | 8°网格 | 890.5 公里网格 | 1 104 | 946.9 公里网格 | 69 166.3 公里网格 |
| 7 | 4°网格 | 445.3 公里网格 | 4 140 | 457.1 公里网格 | 35 779.4 公里网格 |
| 8 | 2°网格 | 222.6 公里网格 | 15 842 | 224.6 公里网格 | 18 199.2 公里网格 |
| 9 | 1°网格 | 111.3 公里网格 | 63 368 | 111.3 公里网格 | 9 178.3 公里网格 |
| 10 | 32′网格 | 59.2 公里网格 | 253 472 | 59.1 公里网格 | 6 603.3 公里网格 |
| 11 | 16′网格 | 29.6 公里网格 | 1 013 888 | 29.5 公里网格 | 3 309.3 公里网格 |
| 12 | 8′网格 | 14.8 公里网格 | 4 055 552 | 14.7 公里网格 | 1 656.5 公里网格 |
| 13 | 4′网格 | 7.4 公里网格 | 14 256 803 | 7.4 公里网格 | 828.7 公里网格 |
| 14 | 2′网格 | 3.7 公里网格 | 57 027 212 | 3.7 公里网格 | 414.5 公里网格 |
| 15 | 1′网格 | 1.8 公里网格 | 228 108 848 | 1.8 公里网格 | 207.3 公里网格 |
| 16 | 32″网格 | 989.5 米网格 | 912 435 392 | 981.0 米网格 | 151.5 公里网格 |
| 17 | 16″网格 | 494.7 米网格 | 3 649 741 568 | 490.5 米网格 | 75.7 公里网格 |
| 18 | 8″网格 | 247.4 米网格 | 14 598 966 272 | 245.2 米网格 | 37.9 公里网格 |
| 19 | 4″网格 | 123.7 米网格 | 5 132 160 万 | 122.6 米网格 | 18.9 公里网格 |
| 20 | 2″网格 | 61.8 米网格 | 20 528 640 万 | 61.3 米网格 | 9.5 公里网格 |
| 21 | 1″网格 | 30.9 米网格 | 82 114 560 万 | 30.7 米网格 | 4.7 公里网格 |
| 22 | 1/2″网格 | 15.5 米网格 | 328 458 240 万 | 15.3 米网格 | 2.4 公里网格 |
| 23 | 1/4″网格 | 7.7 米网格 | 1 313 832 960 万 | 7.7 米网格 | 1.2 公里网格 |
| 24 | 1/8″网格 | 3.9 米网格 | 5 255 331 840 万 | 3.8 米网格 | 591.8 米网格 |
| 25 | 1/16″网格 | 1.9 米网格 | 21 021 327 360 万 | 1.9 米网格 | 295.9 米网格 |
| 26 | 1/32″网格 | 1.0 米网格 | 84 085 309 440 万 | 1.0 米网格 | 147.9 米网格 |
| 27 | 1/64″网格 | 0.5 米网格 | 336 341 237 760 万 | 0.5 米网格 | 74.0 米网格 |
| 28 | 1/128″网格 | 24.2 厘米网格 | 1 345 364 951 040 万 | 23.9 厘米网格 | 37.0 米网格 |
| 29 | 1/256″网格 | 12.0 厘米网格 | 5 381 459 804 160 万 | 12.0 厘米网格 | 18.5 米网格 |
| 30 | 1/512″网格 | 6.0 厘米网格 | 21 525 839 216 640 万 | 6.0 厘米网格 | 9.2 米网格 |
| 31 | 1/1 024″网格 | 3.0 厘米网格 | 86 103 356 866 560 万 | 3.0 厘米网格 | 4.6 米网格 |
| 32 | 1/2 048″网格 | 1.5 厘米网格 | 344 413 427 466 240 万 | 1.5 厘米网格 | 2.3 米网格 |

## 2.5　GeoSOT 地球剖分网格编码

### 1. GeoSOT 剖分网格的编码原则

剖分网格编码方法与剖分框架划分方案相对应，针对剖分框架划分出的由剖分体元作为基本单元组成的离散立体空间区域集合，逐个进行编码。依据空间信息剖分表达的特点，对剖分网格编码方法有如下几个方面的约束和要求。

(1)编码的高效性。剖分框架的编码方法是剖分框架应用的核心，剖分框架与其衍生出的各种应用方法都需要通过剖分编码进行具体实现。因此可以说，编码的存储及计算效率关系到剖分框架的整体使用效率。剖分编码的高效性主要体现在两个方面：一方面，对任意剖分单元的编码应当具有高效性，编码规则不宜过于复杂，编码结果应简洁有效，同时可以方便与现有经纬度等编码方法进行转换；另一方面，基于编码的各种操作与计算方法应当具有高效性，以直接支持各类应用，这就要求编码方法在设计时应考虑相应的计算特点。

(2)编码的全球唯一性。剖分编码的基本目的是，实现对离散立体空间中剖分体元的空间唯一标识，即：设计一套规则，使编码使用者在获取到编码后可以快速地定位到与编码相对应的剖分体元所代表的立体空间区域。剖分编码的唯一性体现在两个方面：一方面，依据指定剖分编码可以定位到唯一的剖分体元；另一方面，对指定的剖分体元进行编码，得到的编码结果也是唯一的。也就是说，剖分框架划分出的剖分体元与剖分编码两者之间应当是一一对应的关系。剖分编码的全球唯一性，可以避免位置描述的不确定性，也有利于提高编码的计算效率。

(3)编码的多尺度性。空间信息的多尺度性体现在不同类型空间对象的最佳观测尺度是不一致的，以及同一空间对象可以在多个尺度上进行观测等方面。这使得空间数据具有不同的尺度特征。因此，相应的剖分编码方案也应当具有多尺度性(亦称多粒度性)，以解决尺度单一化在空间位置描述准确性及数据冗余等方面带来的问题。不同层剖分体元的编码规则应当具有统一性，以保持计算规则的一致性，有利于提高编码计算效率；相邻层剖分体元编码间应当具有关联性，或者直接的包含关系，有利于相邻层编码的聚合与分割等。

### 2. GeoSOT 剖分框架的四种编码形式

对于 GeoSOT 网格来说，其编码有四种形式(图 2.25)：八进制一维编码、二进制一维编码、二进制三维编码、十进制三维编码。这四种形式是完全对应、一致的。此编码方案为每一 GeoSOT 网格赋予唯一的编码标识。

对应 GeoSOT 地球剖分网格的剖分网格形式，GeoSOT 网格编码也分为三段：度级、分级、秒级及秒以下网格编码。当可以利用编码长度来隐含网格层级时，编码越长表明剖分级数越高、网格越细。

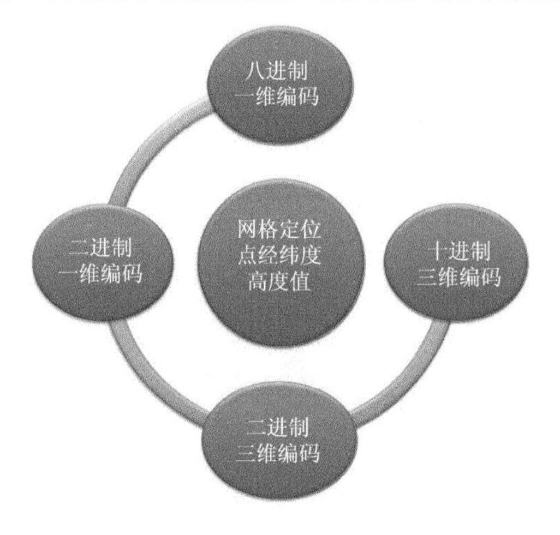


图 2.25　GeoSOT 剖分框架的四种编码形式

对应 GeoSOT 地球剖分网格的剖分网格形式，GeoSOT 网格编码也分为三段：度级、分级、秒级及秒以下网格编码。当可以利用编码长度来隐含网格层级时，编码越长表明剖分级数越高、网格越细。

1）八进制一维编码

GeoSOT-3D 八进制一维编码采用最长 32 位的八进制数值(0、1、2、3、4、5、6、7)编码。其中，第 1～第 9 为度级体块编码，第 10～第 15 级是分级体块编码，第 16～第 21 级是秒级体块编码，第 22～第 32 级是秒级及秒以下网格编码。编码的长度标识网格的层级，书写编码时以 G 开头，度、分、秒编码以“-”隔开，秒级及秒以下编码以“.”隔开，形如 G*ddddddddd-mmmmmm-ssssss.uuuuuuuuuuu*，其中 *d*、*m*、*s*、*u* 为取值为 0、1、2、3、4、5、6、7 的八进制数。

每一级体块的编码都是在上一级体块编码基础上采用 *Z* 序编码，*Z* 序编码方向与该网格所在的 1 级网格相关，规定如图 2.26 所示。

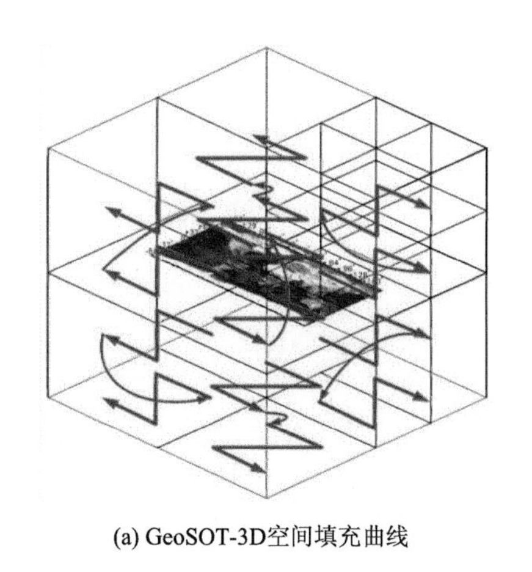

(a) GeoSOT-3D空间填充曲线

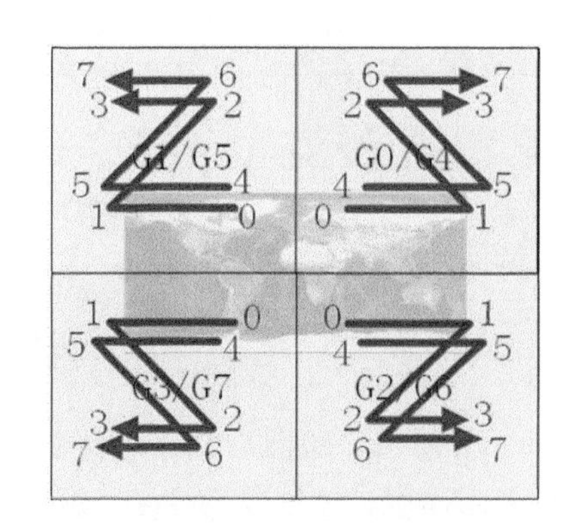


(b) GeoSOT-3D编码顺序顶视图

图 2.26　三维填充 *Z* 序曲线及其顶视图

2) 二进制一维编码

GeoSOT-3D 二进制一维编码采用 96 位二进制数值(0, 1)编码，每三位编码表示一位八进制数值(图 2.27)，因此二进制一维编码与八进制一维编码完全对应。

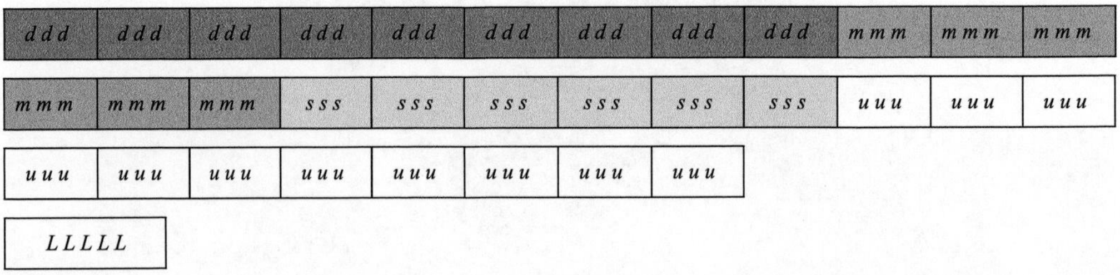

ddd ddd ddd ddd ddd ddd ddd ddd ddd mmm mmm mmm
mmm mmm mmm sss sss sss sss sss sss uuu uuu uuu
uuu uuu uuu uuu uuu uuu uuu uuu
LLLLL

图 2.27　二进制一维编码方案构成

八进制一维编码主要用于索引建立、域名标识，因此可以使用字符串形式。而二进制一维编码主要用于计算，一般以结构体的形式存储，无法像八进制一维编码一样用边长编码来表达剖分层级。因此，二进制一维编码一般需要附加一个长度为 5 的层级编码，编码总长度为 96+5=101 位。通过优化后的算法可以进一步压缩二进制一维编码的长度。

3) 二进制三维编码

GeoSOT-3D 网格的 96 位二进制一维编码中，每三位二进制数表示某一体块在其父体块中的编码，将这三位数值拆开，分别存放，就形成了 GeoSOT-3D 二进制三维编码。

U/D
度级体块
分级体块
秒级体块
秒下体块
d d d d d d d d d m m m m m m s s s s s s u u u u u u u u u u u
高程编码
N/S
d d d d d d d d d m m m m m m s s s s s s u u u u u u u u u u u
纬度编码
E/W
d d d d d d d d d m m m m m m s s s s s s u u u u u u u u u u u
经度编码
L L L L L
层级编码

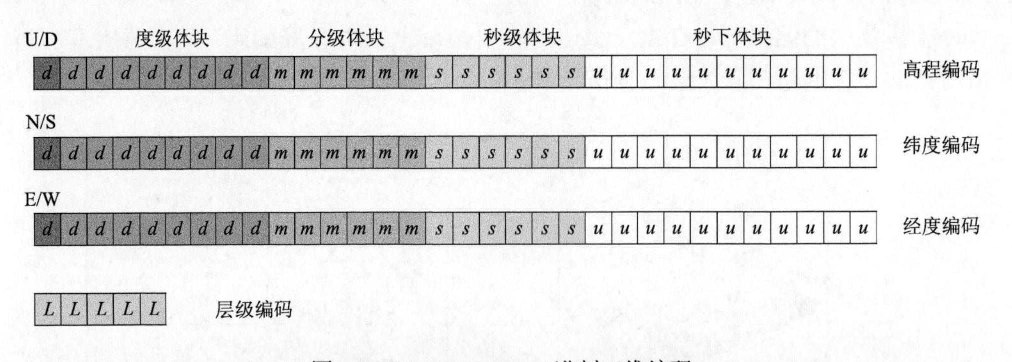

图 2.28　GeoSOT-3D 二进制三维编码

如图 2.28 所示，GeoSOT-3D 二进制三维编码具有明显的地理意义，分别用 32 位二进制数值表示高度、纬度以及经度。编码的首位表示体块所在的区间(对于经纬度来说，其表示体块位于东西南北半球，但是对于高度坐标来说，这一位不表示地上或地下)；其后分别用 8 位、6 位、6 位、11 位表示各级体块编码。

4) 十进制三维编码

GeoSOT-3D 十进制三维编码对应于经纬度，具有直观、易读的优势，主要用于人机交互。十进制三维编码采用十进制数值以及“°”“′”“″”“U/D”“N/S”“E/W”“.”等符号表示，形式为(*ddd*°*mm*′*ss.uuuuuuuuuuu*″U/D，*ddd*°*mm*′*ss.uuuuuuuuuuu*″N/S，*ddd*°*mm*′*ss.uuuuuuuuuuu*″E/W)，分别对应于高度、纬度以及经度。其中，高度码的 U 代表向上，D 代表向下；纬度编码中的 N/S 代表南北纬，经度编码中的 E/W 代表东西经。

十进制三维编码中高度编码取值范围为[0°，512°]；纬度编码取值范围为[0°，90°]；经度编码取值范围为[0°，180°]。

**3. GeoSOT 剖分框架编码间的转换**

由于 GeoSOT 剖分框架 4 种形式的编码是完全对应、一致的。根据实际应用或者计算的需求，这 4 种形式的编码需要进行相互转换。理论上，各种编码之间均可以相互转换，这样使得相互转换的基础运算存在 12 种，显得多而杂。在 GeoSOT 剖分框架下，定义了 6 种常用转换方式，如图 2.29 所示。

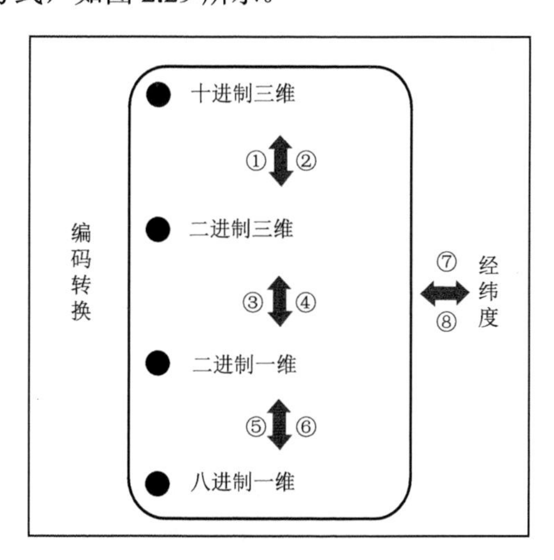


图 2.29　GeoSOT 剖分框架编码间的转换

图 2.29 中，①～⑥的含义如下：①：十进制三维编码转化为二进制三维编码；②：二进制二维编码转化为十进制三维编码；③：二进制三维编码转化为二进制一维编码；④：二进制一维编码转化为二进制三维编码；⑤：二进制一维编码转化为八进制一维编码；⑥：八进制一维编码转化为二进制一维编码。

运用以上这六种方式，即可实现任意 2 种形式编码之间的转换，同时，根据各编码形式的特点，此处各转换之间均为相对简单的。例如，希望从十进制三维编码转化为八进制一维编码，需要经过①、③、⑤三步，经试验验证，在实际运算过程中，这是计算代价花费相对较低的。因此，以上定义的转换方式从复杂度和转换效率考虑是最为科学的。

**4. GeoSOT 剖分框架编码与坐标系统间转换**

前面小节中已经论述了 GeoSOT 剖分框架可以实现框架内部编码之间的自由、快速转换。同时，于 GeoSOT 框架是建立在 CGCS2000 坐标系统基础上，那么 GeoSOT 剖分框架编码与外部坐标系统间转换，也就转换为 GeoSOT 剖分框架中任意一种编码与外部坐标系之间的坐标转换，等价于 CGCS2000 坐标与其他坐标系统间的转换，如图 2.30 所示。

其中，其他坐标系统可以分为两大类：地理坐标系统和投影坐标系统。因此，又可以将坐标系统间转换的问题分为地理坐标系之间的转换以及地理坐标系与投影坐标系间的转换。

地理坐标系之间的转换主要涉及角度测量单位、本初子午线和基准面(基于旋转椭球体)等要素。根据上述要素的异同，经纬系统也将有所差异，存在天文经纬度和大地经纬度以及地心经纬度。天文经度在地球上的定义，即本初子午面与过观测点的子午面所夹的二面角；天文纬度度在地球上的定义，即过某点的铅垂线与赤道平面之间的夹角。天文经纬度是通过地面天文测量的方法得到的，其以大地水准面和铅垂线为依据。大地经度是指过参考椭球面上某一点的大地子午面与本初子午面之间的二面角，大地纬度是指过参考椭球面上某一点的法线与赤道面的夹角。大地经纬度是以地球椭球面和法线为依据。地心经度等同于大地经度，地心纬度是指参考椭球体面上的任意一点和椭球体中心连线与赤道面之间的夹角。GeoSOT 中采用的是 CGCS2000 框架下的大地经纬度。

投影坐标系在二维平面中进行定义。与地理坐标系不同，在二维空间范围内，投影坐标系的长度、角度和面积恒定。投影坐标系始终基于地理坐标系，而地理坐标系则是基于球体或旋转椭球体的，还用了另一个重要因素，就是投影方法(如高斯-克吕格投影、Lambert 投影、Mercator 投影)，所以转换过程中主要进行了地理坐标$(L, B)$与投影后坐标$(X, Y)$之间的变换。

CGCS2000 地理坐标系下的坐标(lon，lat)，与 GeoSOT 剖分框架的十进制二维编码进制一致，经纬度坐标可以与 GeoSOT 剖分框架的十进制二维编码无缝转换。通过 GeoSOT 剖分框架编码间的转换，经纬坐标系可以和 GeoSOT 剖分框架编码实现快速转换。基于 CGCS2000 地理坐标，即经纬度，可以实现 GeoSOT 剖分框架编码与其他坐标系之间的转换。

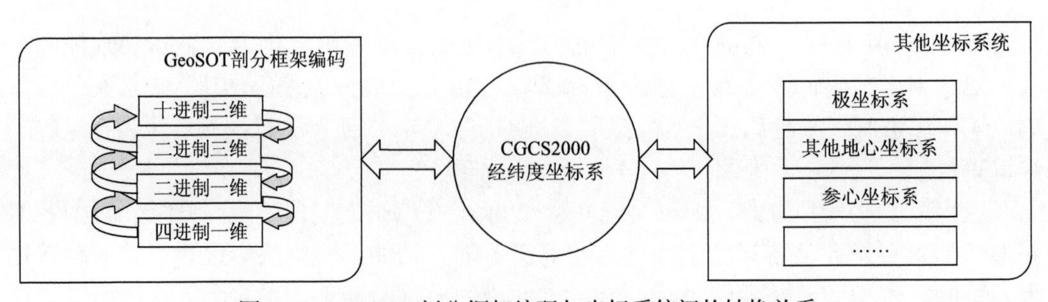


图 2.30　GeoSOT 剖分框架编码与坐标系统间的转换关系

## 2.6　本 章 小 结

本章首先提出了地球剖分网格的概念和基本思路，阐述了地球剖分网格框架的设计规约；其次，在此基础上，提出了 GeoSOT 地球剖分网格的平面网格剖分思路和剖分方法，其中对地球表面虚拟扩展和两极地区网格划分进行了专题论述，并设计了度、分、秒及秒以下的多级网格剖分方法；然后，在平面剖分基础上，按照一致性的原则进一步提出了 GeoSOT 地球剖分网格的立体网格剖分思路，以及两种不同高程剖分方法的立体网格；最后，基于地球剖分网格的网格体系，对 GeoSOT 地球剖分网格编码的编码原则、编码形式、编码间转换方法、编码与坐标系统间转换方法进行了较为详细的设计说明。

# 第3章　时间剖分编码

无论在大数据时代之前，还是当下，数据绝大部分都与时间有关，是在某一时刻或某一时间段内采集得到或计算产生的。无论个人，还是各行各业，每分每秒都在生产着数据。大数据时代，也意味着生产了巨量带有时间信息的数据，如社交媒体数据、手机数据、出租车数据、视频监控数据等。根据牛顿的观点“宏观低速世界里，时间和空间绝对存在”，时间和空间可以作为一种度量尺度的功能。依据时间，事件发生的先后可以按照“过去—现在—未来”的序列进行确定(时间点)，也可以衡量事件持续的期间以及事件之间隔长短(时间段)。因此，时间及其编码是地球剖分时空数据库不可或缺的重要组成部分之一。

## 3.1　时间剖分编码的提出

数据和时间是密不可分的。近年来，随着移动通信和物联网的高速发展，遍布世界的移动终端、无线传感器等设备无时无刻不在生产数据，而亿万普通的互联网用户也随时产生着海量的数据，这些都构成了大数据的重要来源。时间标识编码，简称时间编码，是用预先规定的规则将时间从文字、数字或其他表达形式转化为计算机内部可识别符号的过程。时间编码的结果即为时间在计算机内部的存储值。从这个角度而言，时间和时间编码是大数据从杂乱无章到井然有序组织的重要抓手之一。其主要应用需求体现在以下几个方面。

(1) 大数据时间标识需求：大数据背景下，数据的时间覆盖范围广、来源各异、质量参差等，导致数据的时间尺度丰富多样。传统的数据库，一般仅提供年、月、日、时、分、秒等度量，时间尺度还比较有限，不利于全面地分析挖掘数据的时间特征。

(2) 大数据时间组织需求：大数据背景下，历史久远的数据，时间尺度越大；而时间越近的数据，时间尺度越小。例如，建安十三年(公元208年)赤壁之战，记录时时间尺度只需选择“一年”；1919年5月4日，“五四运动”爆发，记录时时间尺度就需精确到“一日”。不同用途、不同来源的数据，时间尺度也不一样。例如，北京时间2008年5月12日14时28分04秒，汶川大地震，记录时时间尺度就需要精确到“一秒”；航天任务中对在太空高速飞行的航天器必须精准测控，对时间精度要求甚至达到毫秒、微秒。在大数据背景下，如何满足多尺度时间数据统一组织的需求是需要深化研究的问题。

(3) 大数据时间计算需求：数据中可能潜藏着更多与时间有关的知识，但同时需要处理的数据量也急剧增加，对时间数据的分析和计算性能提出了新的挑战。以监控视频为例，1小时视频，在连续不间断监控中，有用数据可能仅有两三秒。如何更迅速精准地检索出指定时间的数据，成为大数据背景下亟待解决的难题。

为此，本章从现有时间编码模型在大数据时代面临的不足入手，以满足更有效地标识、更快地计算检索为目标，设计一套新的时间剖分编码模型，将时间进行多尺度统一化处理，设计相关的计算方法，建立一套多尺度时间剖分编码模型，为解决大数据环境下复杂多样的时间数据标识、组织和计算问题提供新思路。

**1. 时间剖分编码模型设计基础**

依据目前世界上广泛使用的时间体系，时间剖分编码模型的历法系统采用格里历，时间系统采用协调世界时(universal coordinated time，UTC)系统。

1)历法系统：采用格里历，即公历

格里历是目前世界上最通行的历法系统。选择格里历作为时间剖分编码的历法基础，符合日常生产生活中的日期和时间使用习惯，也有利于进行时间剖分编码与传统时间编码模型之间的转换。就历法精度而言，格里历并不是最精确的，但它沿袭了儒略历的传统，且很有规律、易于操作：一年分成12个月，1月、3月、5月、7月、8月、10月、12月为大月，4月、6月、9月、11月为小月；大月31天，小月30天，2月28天；每4年1闰，闰年年份2月为29天；若每逢百年，该百年只有能被400整除时，才作为闰年。

2)时间系统：采用协调世界时(UTC)系统

协调世界时是我们日常生活中所用的时间，是一种折中的时间计量系统。它以精确的原子秒长为基础，但在时刻上接近更符合人们日常生活习惯的世界时，所用方法就是“闰秒”：当UTC和世界时之差即将超过±0.9秒时，就由国际计量局统一规定在年底或年中(也可能在季末)对UTC作一整秒的调整，增加1秒称为正闰秒(或正跳秒)；去掉1秒称为负闰秒(或负跳秒)。因此，正闰秒操作会使得该小时的最后一分钟有61秒，负闰秒则是59秒。闰秒的存在，使得UTC时间并不是一个连续的时间刻度尺。在本书设计中，暂不考虑闰秒的影响，但设计中需要支持将来对闰秒扩展。

同时，在编码设计中，不存储时区信息，基于两方面的考虑：一是时区信息并没有增加更多的日期或时间信息，它表达的是地方时与零时区之间的时间差异；二是编码中添加时区信息，会增加不必要的编码复杂度和使用复杂度。不记录时区信息，只需要把日期和时间信息进行编码并保存，在具体使用的时候根据当前设置的时区进行计算即可。

常用的时间单位有：年(year)、月(month)、日(day)、时(hour)、分(minute)、秒(second)、毫秒(millisecond)、微秒(microsecond)等。这些时间计量单位又可分为两大类：一类为来源于自然现象的周期，如日、月、年等；另一类为人为定义的时间单位，如周、时、分、秒等。为了便于讨论，将时间单位符号规定如表3.1所示。

表 3.1　时间单位符号说明

| 中文名称 | 英文名称 | 简称 | 符号 |
|---|---|---|---|
| 年 | year | Y | a |
| 月 | month | Mon | mon |
| 日 | day | D | d |
| 小时 | hour | H | h |
| 分钟 | minute | Min | min |
| 秒 | second | S | s |
| 毫秒 | millisecond | MS | ms |
| 微秒 | microsecond | US | μs |

**2. 时间剖分编码模型的设计约束**

围绕大数据面临的新挑战，结合时间编码模型研究现状及发展趋势，时间剖分编码模型的设计约束确立如下。

(1)提供更丰富的时间表征尺度，且要与常用的年、月、日、小时、分钟、秒、毫秒、微秒等时间尺度兼容。

(2)能统一处理不同尺度的时间，即设计的时间剖分编码方案能对不同尺度的时间统一处理。

(3)能支持高效的时间运算，大数据时代要求时间剖分编码本身要易于生成，并能支撑简洁高效的编码时间运算，从而提升时空大数据计算效能。

**3. 时间剖分编码模型总体架构**

围绕时间剖分编码模型的设计目标，结合设计约束，提出了由基础层、计算层和应用层组成的时间剖分编码模型总体架构(图 3.1)。

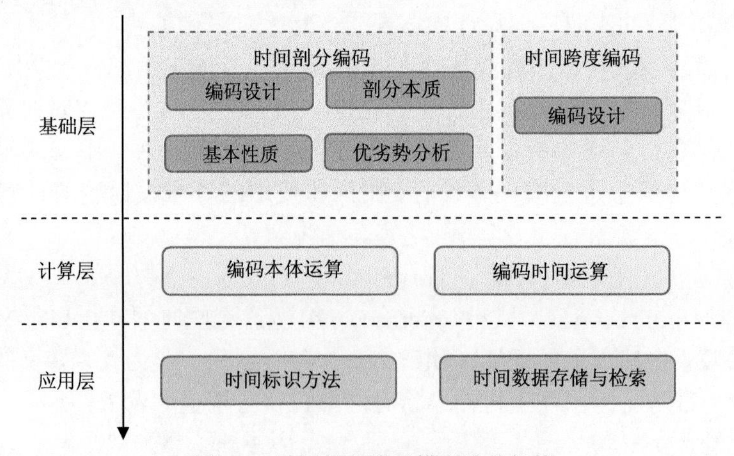


图 3.1　时间剖分编码模型总体架构

(1)基础层：包括单尺度时间剖分编码、多尺度时间剖分编码和时间跨度剖分编码。首先，提出时间剖分编码设计方案，并深入分析其剖分本质、基本性质以及优劣势；然后，进一步地设计时间跨度编码。

(2)计算层：包括时间剖分编码本体运算与编码时间运算。

(3)应用层：包括如何利用编码标识时间，以及时间剖分编码存储与检索时间数据。

## 3.2　单尺度时间剖分编码模型

### 1. 单尺度时间剖分编码结构

为了兼顾节约存储空间、结构简洁、使用高效的需求，本节设计了单尺度时间剖分编码，如图 3.2 所示。用一个 64 位二进制整数存储时间，将 64 位进行划分，从高位到低位，依次存储年、月、日、时、分、秒、毫秒、微秒。为了保持月、日和时、分、秒处理的一致性，月、日的值均减 1 保存。

| 位 | 63 | 62 | 61 | 60 | 59 | 58 | 57 | 56 | 55 | 54 | 53 | 52 | 51 | 50 | 49 | 48 | 47 | 46 | 45 | 44 | 43 | 42 | 41 | 40 | 39 | 38 | 37 |
|---|---|---|---|---|---|---|---|---|---|---|---|---|---|---|---|---|---|---|---|---|---|---|---|---|---|---|---|
| 含义 | 年 | | | | | | | | | | | | | | | | | | 月 | | | | 日 | | | | |
| 位数 | 18 | | | | | | | | | | | | | | | | | | 4 | | | | 5 | | | | |
| 原值范围 | 公元前131072～公元131071年 | | | | | | | | | | | | | | | | | | 1～12 | | | | 1～31 | | | | |
| 存储值 | 年+131072 | | | | | | | | | | | | | | | | | | 月−1 | | | | 日−1 | | | | |

(a) 日期部分：63~37 位

| 位 | 36 | 35 | 34 | 33 | 32 | 31 | 30 | 29 | 28 | 27 | 26 | 25 | 24 | 23 | 22 | 21 | 20 | 19 | 18 | 17 | 16 | 15 | 14 | 13 | 12 | 11 | 10 | 9 | 8 | 7 | 6 | 5 | 4 | 3 | 2 | 1 | 0 |
|---|---|---|---|---|---|---|---|---|---|---|---|---|---|---|---|---|---|---|---|---|---|---|---|---|---|---|---|---|---|---|---|---|---|---|---|---|---|
| 含义 | 时 | | | | | 分 | | | | | | 秒 | | | | | | 毫秒 | | | | | | | | | | 微秒 | | | | | | | | | |
| 位数 | 5 | | | | | 6 | | | | | | 6 | | | | | | 10 | | | | | | | | | | 10 | | | | | | | | | |
| 原值范围 | 0～23 | | | | | 0～59 | | | | | | 0～59 | | | | | | 0～999 | | | | | | | | | | 0～999 | | | | | | | | | |
| 存储值 | 时 | | | | | 分 | | | | | | 秒 | | | | | | 毫秒 | | | | | | | | | | 微秒 | | | | | | | | | |

(b) 时间部分：36~0 位

图 3.2　单尺度时间剖分编码结构示意图

以“2014-05-11T10:21:50.000002”为例(表 3.2)，对应的单尺度时间剖分编码二进制表达为：1000000111110111100100010100101001010111001000000000000000000010，即十进制整数 9365113698615558146。

**表 3.2　单尺度时间剖分编码示例**(2014-05-11T10:21:50.000002)

| 位 | 含义 | 存储值 | 二进制 |
|---|---|---|---|
| 43～66 | 年 | 2014+131072 | 100000011111011110 |
| 45～42 | 月 | 5−1 | 0100 |

续表

| 位 | 含义 | 存储值 | 二进制 |
|---|---|---|---|
| 41～37 | 日 | 11–1 | 01010 |
| 36～32 | 时 | 10 | 01010 |
| 31～26 | 分 | 21 | 010101 |
| 25～20 | 秒 | 50 | 110010 |
| 19～10 | 毫秒 | 0 | 0000000000 |
| 9～0 | 微秒 | 2 | 0000000010 |

将时间 $t$（时间尺度为 1 μs，形如 0001-01-01T00:00:00.000000）转换为 64 位二进制编码 $\text{Bits}[63\sim0]$ 的数学过程描述如下：

$$t=(Y,\text{Mon},D,H,\text{Min},S,\text{MS},\text{US}) \tag{3.1}$$

$$\text{Bits}[63\sim0]=f(t) \tag{3.2}$$

映射 $f$：

$$\begin{aligned}\text{Bits}[63\sim46]&=Y+131072\\ \text{Bits}[45\sim42]&=\text{Mon}-1\\ \text{Bits}[41\sim37]&=D-1\\ \text{Bits}[36\sim32]&=H\\ \text{Bits}[31\sim26]&=\text{Min}\\ \text{Bits}[25\sim20]&=S\\ \text{Bits}[19\sim10]&=\text{MS}\\ \text{Bits}[9\sim0]&=\text{US}\end{aligned} \tag{3.3}$$

式中，$\text{Bits}[63\sim0]$ 表示一个 64 位二进制数，即编码；$\text{Bits}[j\sim i]$ 表示这个二进制数第 $j$ 到第 $i$ 位（从低位到高位，由 0 开始依次计数）对应的值。

由式（3.3）表示的映射规则 $f$，易推导出 $f(t)$ 具有单调递增的性质：

对单尺度时间编码能表达的时间范围公元前 131072～公元 131071 年，任意的时间 $t_1$、$t_2$，当 $t_1<t_2$，都有 $f(t_1)-f(t_2)<0$，即 $f(t_1)<f(t_2)$。

$f(t)$ 单调递增的性质保证了编码值的排序与时间的先后顺序一致，即时间的值越大（时间越晚），单尺度时间剖分编码的值越大。

**2. 单尺度时间剖分编码的特点**

单尺度时间剖分编码从本质上说，是对时间范围在公元前 131072～公元 131071 年，以实际中并不存在的公元 0 年的开始作为原点，采用 1 μs 时间粒度划分的时间离散模型进行编码。需要注意的是，编码采用的格里历标准是以耶稣基督的生年为“公历元年”，即“公元 1 年”，在公元元年之前都被称为公元前，因此，实际中并没有“公元 0 年”。其情况具体分析如下。

(1)整型编码，有利于时间的高效计算：相比于字符串存储时间的方式，单尺度时间剖分编码采用和 SQL Server、Oracle 等一致的整数型编码方案，有利于时间的高效计算。

(2)与现有 UTC 时间格式具有良好的映射关系，转换方便：相比于 SQL Server 采用存储相对时间的方式，单尺度时间剖分编码采用和 Oracle 类似的存储绝对时间的方法，时间解析直观方便。

(3)时间标识粒度具有可扩展性。在 64 位的编码长度不变、表达的时间范围不变的情况下，目前设计的单尺度时间剖分编码表达的时间精度为 1 微秒。但通过扩大编码长度或缩小表达的时间范围(减少“年”的位数)，可以提高表达的时间精度。

单尺度时间剖分编码目前只能表示 1 微秒的单一时间尺度，不能表示多尺度时间信息。例如，“2014 年 5 月 11 日”(时间尺度为一天)，由于未提供小时、分钟、秒、毫秒、微秒信息，在当前规则下，是无法生成时间编码的。如果强制将未提供的时间信息取 0 值进行编码，又与“2014 年 5 月 11 日 0 时 0 分 0 秒 0 毫秒 0 微秒”(时间尺度为 1 微秒)生成的编码是一样的，从而产生歧义。

## 3.3　多尺度时间剖分编码模型

为了解决单尺度时间剖分编码不能表达多尺度时间信息的问题，本节提出了多尺度时间剖分编码模型，其核心设计思路是：用一个 64 位整型数将不同时间尺度下的所有时间编码串在一起，通过整数的排序体现编码的大小和层次关系，从而体现时间的先后和尺度关系。

### 1. 多尺度时间剖分编码结构

多尺度时间剖分编码模型是在单尺度时间剖分编码的基础上演化而来的。首先，需要修改单尺度时间剖分编码，如图 3.3 所示，将“年”由 18 位改为 17 位，最高位置为 0，从而将单尺度时间编码实际使用的二进制位的位数从 64 位减至 63 位。

以“2014-05-11T10:21:50.000002”为例(表 3.3)，修改后单尺度时间剖分编码二进制表达为：0100000111110111100100010100101001010111001000000000000000000010，即十进制整数 4753427680188170242。

| 位 | 63 | 62 61 60 59 58 57 56 55 54 53 52 51 50 49 48 47 46 | 45 44 43 42 | 41 40 39 38 37 |
|---|---|---|---|---|
| 含义 | 无 | 年 | 月 | 日 |
| 位数 | 1 | 17 | 4 | 5 |
| 原值范围 | 0 | 公元前65536～公元65535年 | 1～12 | 1～31 |
| 存储值 | 0 | 年+65536 | 月−1 | 日−1 |

(a) 日期部分：63~37 位

| 位 | 36 35 34 33 32 | 31 30 29 28 27 26 | 25 24 23 22 21 20 | 19 18 17 16 15 14 13 12 11 10 | 9 8 7 6 5 4 3 2 1 0 |
|---|---|---|---|---|---|
| 含义 | 时 | 分 | 秒 | 毫秒 | 微秒 |
| 位数 | 5 | 6 | 6 | 10 | 10 |
| 原值范围 | 0～23 | 0～59 | 0～59 | 0～999 | 0～999 |
| 存储值 | 时 | 分 | 秒 | 毫秒 | 微秒 |

(b) 时间部分：36~0 位

图 3.3　优化后的单尺度时间剖分编码结构示意图

**表 3.3　优化后的单尺度时间剖分编码示例**(2014-05-11T10:21:50.000002)

| 位 | 含义 | 存储值 | 二进制 |
|---|---|---|---|
| 63 | 无 | 0 | 0 |
| 62～46 | 年 | 2014+65536 | 10000011111011110 |
| 45～42 | 月 | 5–1 | 0100 |
| 41～37 | 日 | 11–1 | 01010 |
| 36～32 | 时 | 10 | 01010 |
| 31～26 | 分 | 21 | 010101 |
| 25～20 | 秒 | 50 | 110010 |
| 19～10 | 毫秒 | 0 | 0000000000 |
| 9～0 | 微秒 | 0 | 0000000010 |

修改后，将时间$t$(时间尺度为 1 微秒，形如 0001-01-01T00:00:00.000000)转换为 64 位整型编码$\mathrm{Bits}[63\sim0]$的数学过程描述如下：

$$t=(Y,\mathrm{Mon},D,H,\mathrm{Min},S,\mathrm{MS},\mathrm{US}) \tag{3.4}$$

$$\mathrm{Bits}[63\sim0]=f_{\mathrm{S}}(t) \tag{3.5}$$

映射 $f_{\mathrm{S}}$：

$$\mathrm{Bits}[63]=0$$

$$\mathrm{Bits}[62\sim46]=Y+65536$$

$$\mathrm{Bits}[45\sim42]=\mathrm{Mon}-1$$

$$\mathrm{Bits}[41\sim37]=D-1$$

$$\mathrm{Bits}[36\sim32]=H$$

$$\mathrm{Bits}[31\sim26]=\mathrm{Min}$$

$$\mathrm{Bits}[25\sim20]=S$$

$$\mathrm{Bits}[19\sim10]=\mathrm{MS}$$

$$\mathrm{Bits}[9\sim0]=\mathrm{US} \tag{3.6}$$

同修改前的映射规则 $f$ 相比，修改后的映射规则 $f_S$ 在能表达的时间范围公元前 65536～公元 65535 年内，同样具有单调递增的性质，保证了编码值的排序与时间的先后顺序一致，即时间的值越大(时间越晚)，单尺度时间编码的值越大。

在上述修改后的单尺度剖分编码为基础，进一步建立多尺度时间剖分编码，如图 3.4 所示，具体步骤可分为 3 步，说明如下。

第 1 步　由时间生成修改后的单尺度时间剖分编码。

这一步参照式(3.6)表示的映射规则 $f_S$，将时间转换为修改后的单尺度时间剖分编码(此后描述中，“修改后的单尺度时间剖分编码”直接称为“单尺度时间剖分编码”)。

第 2 步　由单尺度时间剖分编码生成第 63 层多尺度时间剖分编码。

(1)加入虚拟编码：由于时间的进制(1 年为 12 个月、1 月为 28/29/30/31 天、1 小时为 60 分钟、1 分钟为 60 秒、1 秒为 1 000 毫秒、1 毫秒为 1 000 微秒)不能与计算机中二进制无缝转换，所以第 1 步中生成的单尺度时间剖分编码集合是一个不连续的整数集合，真包含于 $\{i \mid i\in([0,2^{63}-1]\cap \mathrm{Z})\}$，即整数 0～$2^{63}$–1。因此，为了保证编码的连续性，便于建立多尺度时间剖分编码，将整数 0～$2^{63}$–1 中无真实时间对应的值也作为时间编码加入排序，这些编码值称为虚拟时间剖分编码，简称虚拟编码。而有真实时间对应的编码，称为真实时间剖分编码，简称真实编码。

(2)排序：将所有的编码值从小到大排序，时间越晚，编码值越大。

(3)乘 2：将所有的编码值乘以 2，即左移一位，作为第 63 层多尺度时间剖分编码，因此，第 63 层多尺度时间剖分编码均为偶数，相邻编码之间差值为 2，时间尺度为 1 微秒。

以“2014-05-11T10:21:50.000002”为例，对应的第 63 层多尺度时间剖分编码二进制表达为：1000001111101111001000101001010010101110010000000000000000000100，即整数 9506855360376340484。

第 3 步　由第 63 层多尺度时间剖分编码生成第 0 层多尺度时间剖分编码。

在维持排序的基础上，将第 63 层多尺度时间剖分编码两两为一组，取每组的中间值作为第 62 层多尺度时间剖分编码。因此，第 62 层多尺度时间剖分编码均为奇数，相邻编码之间差值为 4，时间尺度为 2 微秒。

以“2014-05-11T10:21:50.000002”为例，对应的第 62 层多尺度时间剖分编码为(9506855360376340484+9506855360376340486)/2=9506855360376340485 。

然后，将第 62 层多尺度时间剖分编码两两为一组，取每组的中间值作为第 61 层多尺度时间剖分编码。因此，第 61 层多尺度时间剖分编码均为奇数，相邻编码之间差值为

8，时间尺度为 4 微秒。

依次类推，直至第 0 层多尺度时间剖分编码，只包含一个时间编码：$2^{63}-1$，表示公元前 65536～公元 65535 年整个时间范围。最终生成的多尺度时间剖分编码为第 0～第 63 层，共 64 层；除第 63 层的时间剖分编码为偶数外，其他层的编码均为奇数。由于第 63 层中加入了虚拟编码，在向上聚合的过程中，虚拟编码和虚拟编码聚合产生的编码为虚拟编码，但由真实编码和虚拟编码聚合产生的编码依旧称为真实编码。

由上述步骤可知，多尺度时间剖分编码的建立过程是生成一棵倒立的二叉树的过程。并且，这是一个二叉排序树，满足下面的性质：

(1) 若左子树不空，那么左子树上所有节点的值均小于它的根节点的值；

(2) 若右子树不空，那么右子树上所有节点的值均大于它的根节点的值；

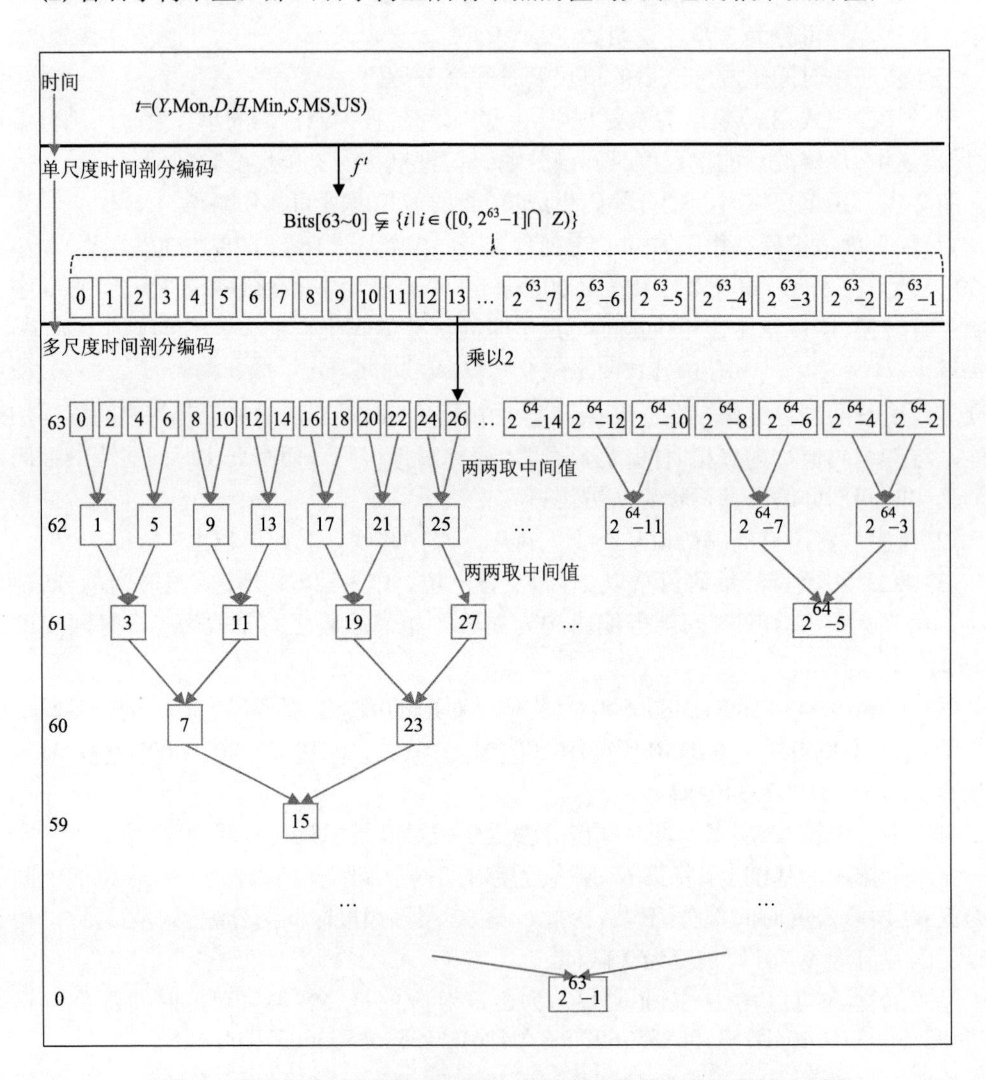


图 3.4 从单尺度时间剖分编码建立多尺度时间剖分编码流程示意图

(3) 左、右子树也分别为二叉排序树；

(4) 没有时间剖分编码值相等的节点。

因此，可以得出多尺度时间剖分编码具有如下特点：

(1) 在同一层上，时间编码的值自左向右逐渐增大，其表示的时间越来越晚；

(2) 对整棵树中序遍历的结果为升序排列的时间编码值。

**2. 多尺度时间剖分编码的基本性质**

为了更准确地描述多尺度时间剖分编码的建立过程和相关性质，约定如下符号，如表 3.4 所示。其中，将单尺度时间剖分编码命名为 single-scale time subdivision code，简称 STC；将多尺度时间剖分编码命名为 multi-scale time subdivision code，简称 MTC。

**表 3.4　时间剖分编码符号说明**

| 符号 | 含义 |
| --- | --- |
| STC | 单尺度时间剖分编码集合（包括虚拟编码） |
| $\mathrm{STC}(i)$ | 单尺度时间剖分编码集合中第 $i$ 个编码（$i$ 从 0 开始） |
| ΔSTC | 单尺度时间剖分编码集合中相邻编码差值 |
| MTC | 多尺度时间剖分编码集合（包括虚拟编码） |
| $L$ | 多尺度时间剖分编码层级 |
| $\mathrm{MTC}(L)$ | 第 $L$ 层时间剖分编码集合 |
| $\mathrm{MTC}(L,i)$ | 第 $L$ 层时间剖分编码集合中第 $i$ 个编码（$i$ 从 0 开始） |
| $\Delta\mathrm{MTC}(L)$ | 第 $L$ 层时间剖分编码集合中相邻编码差值 |

(1) 从单尺度时间剖分编码建立多尺度时间剖分编码的过程描述如下。

$$\mathrm{MTC}(L,i)=\begin{cases}2\times\mathrm{STC}(i) & L=63\\ \left(\mathrm{MTC}(L+1,2i)+\mathrm{MTC}(L+1,2i+1)\right)/2 & 0\leqslant L\leqslant 62\end{cases}\tag{3.7}$$

(2) 单尺度时间剖分编码相关性质总结如下。

单尺度时间剖分编码集合 $\mathrm{STC}$：

$$\mathrm{STC}=\bigcup_{i=0}^{i<2^{63}-1}\mathrm{STC}(i)\tag{3.8}$$

单尺度时间剖分编码集合中第 $i$ 个编码 $\mathrm{STC}(i)$：

$$\mathrm{STC}(i)=2i\tag{3.9}$$

单尺度时间剖分编码集合中相邻编码差值 $\Delta\mathrm{STC}$：

$$\Delta\mathrm{STC}=1\tag{3.10}$$

(3) 多尺度时间剖分编码相关性质总结如下。

多尺度时间剖分编码集合 MTC：

$$\mathrm{MTC}=\bigcup_{L=0}^{L\leqslant 63}\mathrm{MTC}(L) \tag{3.11}$$

多尺度时间剖分编码层级 $L$ 的范围：

$$0\leqslant L\leqslant 63 \tag{3.12}$$

第 $L$ 层时间剖分编码序号 $i$ 范围：

$$0\leqslant i\leqslant 2^L-1 \tag{3.13}$$

第 $L$ 层时间剖分编码集合 $\mathrm{MTC}(L)$：

$$\mathrm{MTC}(L)=\bigcup_{i=0}^{i\leqslant 2^L-1}\mathrm{MTC}(L,i) \tag{3.14}$$

第 $L$ 层时间剖分编码集合中第 0 个编码 $\mathrm{MTC}(L,0)$：

$$\mathrm{MTC}(L,0)=2^{63-L}-1 \tag{3.15}$$

第 $L$ 层时间剖分编码集合中相邻编码差值 $\Delta\mathrm{MTC}(L)$：

$$\Delta\mathrm{MTC}(L)=2^{64-L} \tag{3.16}$$

第 $L$ 层时间剖分编码集合中第 $i$ 个编码 $\mathrm{MTC}(L,i)$：

$$\mathrm{MTC}(L,i)=\mathrm{MTC}(L,0)+i\times\Delta\mathrm{MTC}(L)=2^{63-L}-1+i\times 2^{64-L} \tag{3.17}$$

**3. 多尺度时间剖分编码的剖分本质**

多尺度时间剖分编码的本质为剖分：在限定的时间域上(公元前 65536～公元 65535 年)，通过 7 次时间进制扩展(将 1 年扩展为 16 个月、将 1 个月扩展为 32 天、 将 1 天扩展为 32 小时、1 小时扩展为 64 分钟、1 分钟扩展为 64 秒、1 秒扩展为 1024 毫秒、1 毫秒扩展为 1024 微秒)，实现年、月、日、时、分、秒的二叉树剖分，形成一个大至公元前后 6 万年时间尺度(0 级)小至 1 微秒级时间尺度(63 级)，共 64 层的时间片二叉树，从而构成一个多尺度、统一化的离散时间编码体系。

多尺度时间剖分编码由 64 级构成，采用格里历历法标准和 UTC 时间标准。在最高 1 微秒的精度下，64 位多尺度时间剖分编码能存储的时间范围从公元前 65536～公元 65535 年。

多尺度时间剖分编码 0 级时间片定义为：如图 3.5 所示，0 级时间片的编码为 $T$，含义为从公元前 65536～公元 65535 年。时间片定义为按照划分规则，时间编码所对应的时间段。

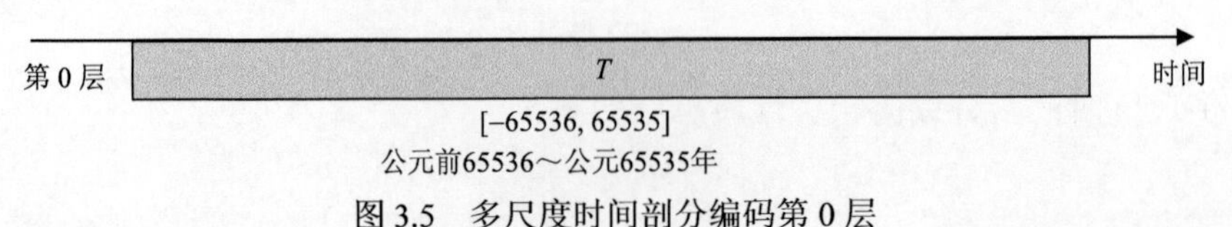


图 3.5　多尺度时间剖分编码第 0 层

多尺度时间剖分编码 1 级时间片定义为：如图 3.6 所示，在 0 级时间片的基础上，平均分为 2 份。每个 1 级时间片的时间尺度为 65 536 年。1 级时间片的编码：*Tx*，其中 *x* 为 0 或 1。例如，*T*0 表示公元前 65536～公元前 1 年。

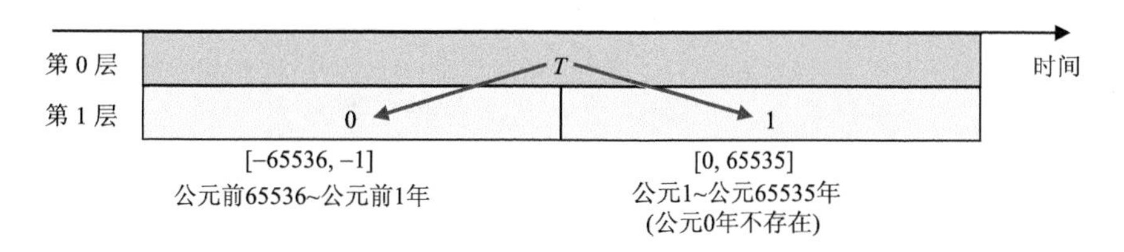


图 3.6　多尺度时间剖分编码第 1 层

多尺度时间剖分编码 2 级时间片定义为：如图 3.7 所示，在 1 级时间片的基础上，平均分为 2 份。每个 2 级时间片的时间尺度为 32 768 年。2 级时间片的编码：*Txx*，其中 *x* 为 0 或 1。例如，T11 表示公元 32768～65535 年。

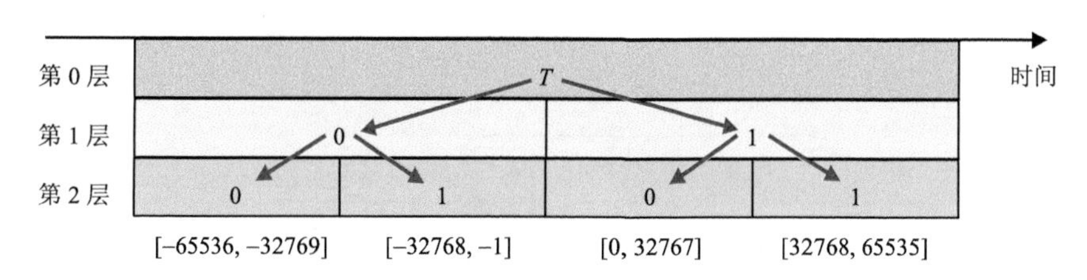


图 3.7　多尺度时间剖分编码第 2 层

多尺度时间剖分编码 2 级时间片定义为：如图 3.8 所示，在 2 级时间片的基础上，平均分为 2 份。每个 3 级时间片的时间尺度为 16 384 年。3 级时间片的编码：*Txxx*，其中 *x* 为 0 或 1。

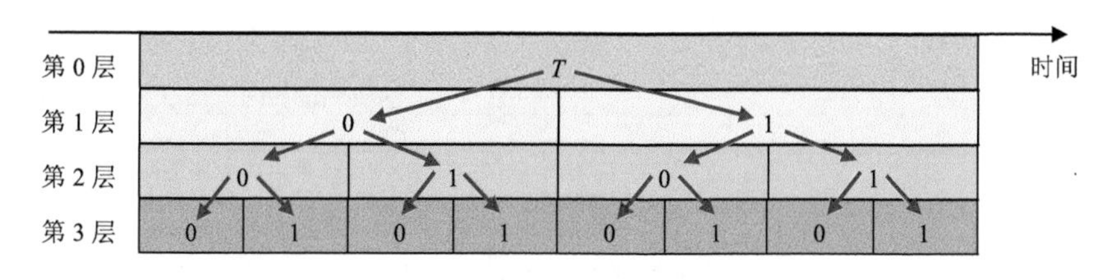


图 3.8　多尺度时间剖分编码第 3 层

因此，总结规则如下：当前级时间片都是上一级时间片进行二等分的结果；二等分后，所得到较早的时间片的编码是在上一级时间片编码的基础上补一位 0；反之，补一位 1。

依此上述规则类推，继续剖分可得到 3 级时间片、4 级时间片、5 级时间片，直到 17 级时间片。17 级时间片的时间尺度为 1 年，因此 17 级时间片可表示的时间，如公元前 208 年、2008 年、2016 年。将第 0～第 17 级时间片称为年级时间片。

如果继续按照上述规则向下二等分，时间的进制不能与计算机中二进制无缝转换，会将现实中有实际连续意义的时间切分开来，如一年中的 12 个月经过 3 次二等分后出现了“1～2 月中”，这样以 1.5 个月为基本时间单元的时间片。月级时间片中破坏了月份的完整性。因此，再向下进行剖分过程中，需要进行时间进制的扩展，将 1 年扩展为 16 个月、将 1 个月扩展为 32 天、将 1 天扩展为 32 小时、将 1 小时扩展为 64 分钟、将 1 分钟扩展为 64 秒、将 1 秒扩展为 1024 毫秒、将 1 毫秒扩展为 1024 微秒，共 7 次时间进制扩展，如图 3.9 所示，具体划分过程说明如下。

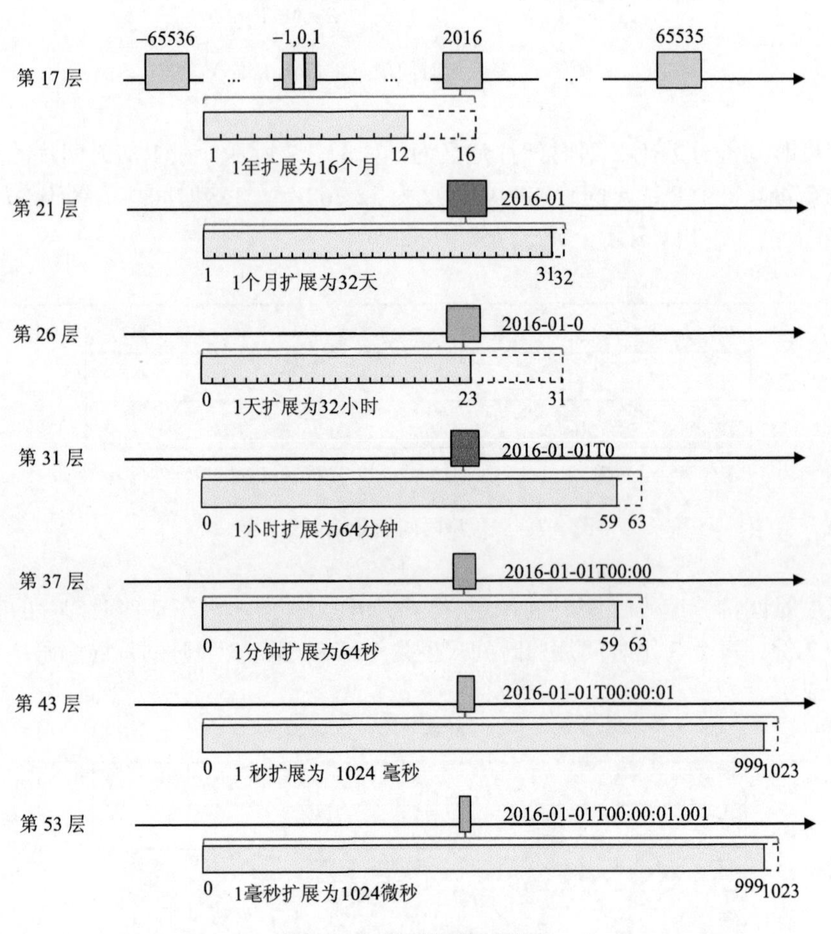


图 3.9　7 次时间进制扩展

1) 第 1 次时间进制扩展

第 18～第 21 级时间片为月级时间片，划分方式为：月级时间片根节点与 17 级时间片(时间尺度为 1 年)一一对应，且编码相同，时间片大小从 12 个月扩展到 16 个月。多尺度时间剖分编码第 18～第 21 级时间片定义为：以扩展后的 17 级时间片为根节点，依次进行二叉划分。第 21 级时间片表示时间，如 2016-01。

对第 17 级代表 2016 年的时间片划分效果如图 3.10 所示。由于进制扩展产生了虚拟时间，真实时间剖分编码(真实编码)又可以定义为对全部由真实时间构成或部分由真实时间、部分由虚拟时间构成的时间片生成的编码；虚拟时间剖分编码可以定义为对全部为虚拟时间的时间片生成的编码。

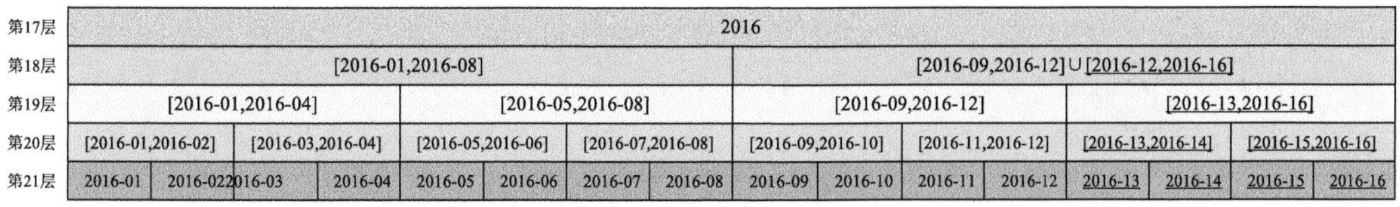

<table>
<tr><td>第17层</td><td colspan="16">2016</td></tr>
<tr><td>第18层</td><td colspan="8">[2016-01,2016-08]</td><td colspan="8">[2016-09,2016-12]∪[2016-12,2016-16]</td></tr>
<tr><td>第19层</td><td colspan="4">[2016-01,2016-04]</td><td colspan="4">[2016-05,2016-08]</td><td colspan="4">[2016-09,2016-12]</td><td colspan="4">[2016-13,2016-16]</td></tr>
<tr><td>第20层</td><td colspan="2">[2016-01,2016-02]</td><td colspan="2">[2016-03,2016-04]</td><td colspan="2">[2016-05,2016-06]</td><td colspan="2">[2016-07,2016-08]</td><td colspan="2">[2016-09,2016-10]</td><td colspan="2">[2016-11,2016-12]</td><td colspan="2">[2016-13,2016-14]</td><td colspan="2">[2016-15,2016-16]</td></tr>
<tr><td>第21层</td><td>2016-01</td><td>2016-02</td><td>2016-03</td><td>2016-04</td><td>2016-05</td><td>2016-06</td><td>2016-07</td><td>2016-08</td><td>2016-09</td><td>2016-10</td><td>2016-11</td><td>2016-12</td><td>2016-13</td><td>2016-14</td><td>2016-15</td><td>2016-16</td></tr>
</table>

图 3.10　第 17～第 21 级时间片划分示例

2)2 次时间进制扩展

第 22～第 26 级时间片为日级时间片，划分方式为：日级时间片根节点与 21 级时间片(时间尺度为 1 个月)一一对应，且编码相同，时间片大小从 28 天、29 天、30 天、31 天扩展到 32。多尺度时间剖分编码第 22～第 26 级时间片定义为：以扩展后的 21 级时间片为根节点，依次进行二叉划分。第 26 级时间片表示时间，如 2016-01-01。

3)第 3 次时间进制扩展

第 27～第 31 级时间片为时级时间片，划分方式为：时级时间片根节点与 26 级时间片(时间尺度为 1 天)一一对应，且编码相同，时间片大小从 24 小时扩展到 32 小时。多尺度时间剖分编码第 27～第 31 级时间片定义为：以扩展后的 26 级时间片为根节点，依次进行二叉划分。第 31 级时间片表示时间，如 2015-01-01T00。

4)第 4 次时间进制扩展

第 32～第 37 级时间片为分级时间片，划分方式为：分级时间片根节点与 31 级时间片(时间尺度为 1 小时)一一对应，且编码相同，时间片大小从 60 分钟扩展到 64 分钟。多尺度时间剖分编码第 32～第 37 级时间片定义为：以扩展后的 31 级时间片为根节点，依次进行二叉划分。第 37 级时间片表示时间，如 2015-01-01T00:00。

5)第 5 次时间进制扩展

第 38～第 43 级时间片为秒级时间片，划分方式为：秒级时间片根节点与 37 级时间片(时间尺度为 1 分钟)一一对应，且编码相同，时间片大小从 60 秒扩展到 64 秒。多尺度时间剖分编码第 38～第 43 级时间片定义为：以扩展后的 37 级时间片为根节点，依次进行二叉划分。第 43 级时间片表示时间，如 2015-01-01T00:00:01。

6)第 6 次时间进制扩展

第 44～第 53 级时间片为毫秒级时间片，划分方式为：毫秒级时间片根节点与 43 级时间片(时间尺度为 1 秒)一一对应，且编码相同，时间片大小从 1 000 毫秒扩展到 1 024 毫秒。多尺度时间剖分编码第 44～第 53 级时间片定义为：以扩展后的 42 级时间片为根节点，依次进行二叉划分。第 53 级时间片表示时间，如 2015-01-01T00:00:01.001。

7) 第 7 次时间进制扩展

第 54～第 63 级时间片为微秒级时间片，划分方式为：微秒级时间片根节点与 53 级时间片(时间尺度为 1 毫秒)一一对应，且编码相同，时间片大小从 1 000 微秒扩展到 1 024 微秒。多尺度时间剖分编码第 54～第 63 级时间片定义为：以扩展后的 53 级时间片为根节点，依次进行二叉划分。第 63 级时间片表示时间，如 2015-01-01T00:00:01.001050。

按照上述的定义，多尺度时间剖分编码分为 64 个层级，大到公元前后 6 万，小到 1 微秒，均匀地划分了多层次的时间片，这些时间片形成了一个二叉树系统，如图 3.11 所示。每一层都是一个有确定原点的离散时间模型：以实际中并不存在的公元 0 年的开始作为原点，向公元前和公元后划分时间。

由图 3.11 可知，第 0 层时间剖分编码只有一个，记为 $T$；第 $L\left(1 \leqslant L \leqslant 63\right)$ 层多尺度时间剖分编码集合中第 $i$ 个编码表示为：$T$ 加上 $i$ 的二进制形式，二进制位数等于层数。其描述如下：

$$i = i_{L-1} \times 2^{L-1} + i_{L-2} \times 2^{L-2} + \cdots + i_1 \times 2^1 + i_0 \times 2^0 \tag{3.18}$$

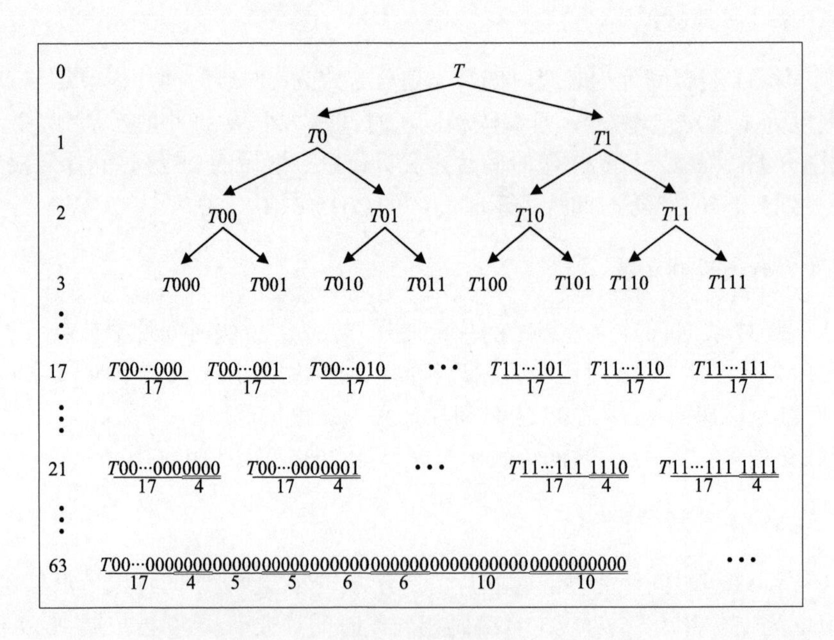


图 3.11　以剖分思想建立多尺度时间剖分编码的过程(自上向下)(中间步骤)

即

$$i = (i_{L-1} i_{L-2} \cdots i_1 i_0)_{\mathrm{Bin}} \tag{3.19}$$

注意，此处 $(i_{L-1} i_{L-2} \cdots i_1 i_0)_{\mathrm{Bin}}$ 中 $i_{L-1} i_{L-2} \cdots i_1 i_0$ 表示连续的二进制位，如 11001101，而不是 $i_{L-1} \times i_{L-2} \times \cdots \times i_1 \times i_0$，则最终编码表示为 $T i_{L-1} i_{L-2} \cdots i_1 i_0 \left(1 \leqslant L \leqslant 63\right)$。

经过分析发现，按照当前编码方式，编码有如下缺陷：

(1)所有时间剖分编码的最高位为字母 $T$，难以和后续的数字位统一存储，不利于进行整数编码。

(2)为了将编码的数字位整数化，需在末尾补0或1后补齐63位，但这样会使得父子编码之间产生歧义。例如，T0101和T01011，如果末尾补1，则编码值相同，不能区分开来。

因此，采用以下两步骤对编码进行修正，描述如下。

(1)左移一位以舍弃最高位 $T$，低位补1个0。

$$\mathrm{MTC}(L,i)=\begin{cases}(0)_{\mathrm{Bin}} & L=0\\ \left[(i_{L-1}i_{L-2}\cdots i_1 i_0)0\right]_{\mathrm{Bin}} & 1\leqslant L\leqslant 63\end{cases}\tag{3.20}$$

(2)低位不断补1至补齐64位，得到最终的64位二进制编码 $\mathrm{MTC}(L,i)$。

$$\mathrm{MTC}(L,i)=\begin{cases}\left[0(1_{62}1_{61}\cdots 1_1 1_0)\right]_{\mathrm{Bin}} & L=0\\ \left[(i_{L-1}i_{L-2}\cdots i_2 i_1 i_0)0(1_{62-L}1_{61-L}\cdots 1_1 1_0)\right]_{\mathrm{Bin}} & 1\leqslant L\leqslant 62\\ \left[(i_{L-1}i_{L-2}\cdots i_2 i_1 i_0)0\right]_{\mathrm{Bin}} & L=63\end{cases}\tag{3.21}$$

由式(3.21)和图3.13最终生成的编码规律可知，可以将一个二进制格式的时间剖分编码分为如下三个部分(图3.12)。

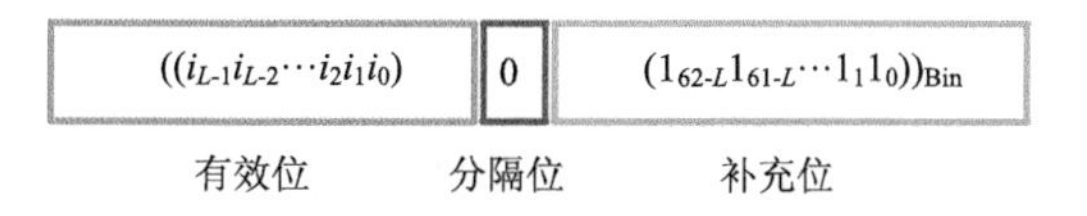


图3.12　二进制格式时间剖分编码的三个部分

(1)有效位：有效位保存了时间信息，有效位的位数即等于该编码所在层数。

(2)分隔位：占1位，值恒为0。

(3)补充位：补充位则是在分隔位之后补1，直至编码达到64个二进制位，故其补充位每一位的取值恒为1。

有效位、分隔位和补充位的总位数恒为64。有效位不存在时，即有效位位数为0，表示编码为第0层编码；补充位不存在时，即有效位位数为63，表示编码为第63层编码。

对于图3.12中所示的 $L$ 层编码 $\left[(i_{L-1}i_{L-2}\cdots i_2 i_1 i_0)0(1_{62-L}1_{61-L}\cdots 1_1 1_0)\right]_{\mathrm{Bin}}$，其下一层对应的两个编码依次为 $\left[(i_{L-1}i_{L-2}\cdots i_2 i_1 i_0 0)0(1_{61-L}\cdots 1_1 1_0)\right]_{\mathrm{Bin}}$ 和 $\left[(i_{L-1}i_{L-2}\cdots i_2 i_1 i_0 1)0(1_{61-L}\cdots 1_1 1_0)\right]_{\mathrm{Bin}}$。

因此，按照上述修正方法，以剖分思想自上而下建立多尺度时间剖分编码，就是依次增加有效位，不断减少补充位，不断前移分隔位的过程。该过程得到最终结果，如图3.13所示。对应于自下而上建立多尺度时间剖分编码的过程，就是将第63层多尺度时间剖分编码格式中最低位存储的0(分隔位)不断前移：每向前移动一位，低位补1，层数上升一层。

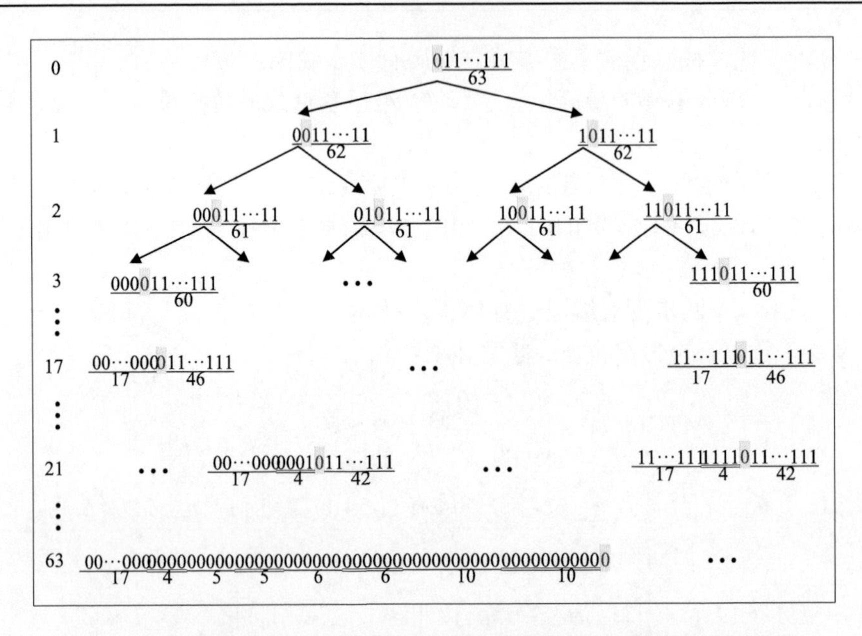


图 3.13　以剖分思想建立多尺度时间剖分编码的过程示意图(自上向下)

为了验证“以剖分思想建立多尺度时间剖分编码”与“从单尺度时间剖分编码建立多尺度时间剖分编码”，两种过程获得的编码相同，将式(3.21)从二进制转换为十进制，计算如下。

当 $L=0$ 时，

$$\begin{aligned}\mathrm{MTC}(0,i)&=0\times 2^{63}+1\times 2^{62}+1\times 2^{61}+\cdots+1\times 2^{1}+1\times 2^{0}\\&=2^{63}-1\end{aligned}$$

当 $1\leqslant L\leqslant 62$ 时，

$$\begin{aligned}\mathrm{MTC}(L,i)&=i\times 2^{64-L}+0\times 2^{63-L}+1\times 2^{62-L}+1\times 2^{61-L}+\cdots+1\times 2^{0}\\&=i\times 2^{64-L}+2^{63}-1\end{aligned}$$

当 $L=63$ 时，

$$\begin{aligned}\mathrm{MTC}(63,i)&=i\times 2^{1}+0\times 2^{0}\\&=i\times 2\\&=2i\end{aligned}$$

总结上述三种情况，最终得到的十进制编码如下：

$$\mathrm{MTC}(L,i)=i\times 2^{64-L}+2^{63}-1$$

该公式与“从单尺度时间剖分编码建立多尺度时间剖分编码”中的式(3.17)一样，所以两种方法建立多尺度时间剖分编码得到的编码结果是相同的。而之所以将本书提出的时间编码模型称为时间剖分编码模型，就是为了体现其不同于其他时间编码模型的剖分本质。

#### 4. 多尺度时间剖分编码的优劣势

提出的多尺度时间剖分编码利用 7 次时间进制的扩展构造出的虚拟时间，实现对时间连续二等分；在定长整数(64 bits)基础上，表达了不同尺度的时间信息，其优劣势分析如下。

1) 优势

(1) 具有单尺度时间剖分编码的优势。

(2) 时间尺度不再单一：能够表达 64 种不同时间尺度，其中包括常用的时间单位年、月、日、时、分、秒、毫秒、微秒。

(3) 编码方法统一化处理：64 种不同时间尺度的时间，都能用一个整数按照统一的规则进行编码。

2) 短板

(1) 时间精度最高只到 1 微秒：在 64 位的编码长度不变、表达的时间范围不变的情况下，目前设计的多尺度时间剖分编码表达的时间精度最高为 1 微秒。但通过扩大编码长度或缩小表达的时间范围(减少“年”的位数)，可以提高表达的时间精度。

(2) 不能表达时间跨度信息：多尺度时间剖分编码不涉及时间跨度信息，如“10 年 5 个月”。因此，后续 3.4 节中将设计时间跨度编码，以完善整个时间剖分编码模型。

(3) 单个时间剖分编码能表示的时间信息固定：虽然多尺度时间剖分编码支持 64 种不同尺度，包括了常用的年、月、日、时、分、秒，但其对时间轴的划分是固定的。例如，它可以用一个编码表示“2014-05”“2014-05-11”“2014-05-11T10”这种按规则划分的时间片，但对于“2014-05-03 到 2014-01-15”“2014-05-10T10:00:00 到 2014-05-11T10:00:00”这样的时间片，采用单个编码就不能表示了。因此，后续还将针对这种情况讨论如何利用多个时间剖分编码标识时间信息，以完善整个时间剖分编码模型。

## 3.4　时间跨度编码

由多尺度时间剖分编码的建立过程可知，多尺度时间剖分编码仅涉及不同尺度的时间段信息，如“2010-01”“2010-01-03”，并不涉及时间跨度信息，如“10 年 5 个月”“1 天 3 小时”。为了完善整个时间剖分编码模型，与现有的时间编码模型统一，本节设计了时间跨度编码。

时间跨度编码参考单尺度时间剖分编码模型的设计，如图 3.14 所示，将 64 位二进制数进行分段划分，分别存储年跨度、月跨度、日跨度、小时跨度、分钟跨度、秒跨度、毫秒跨度及微秒跨度。存储时，需要考虑不同时间单位之间的进制关系，如月跨度的取值范围为 0～11，当月跨度超过 12 时，需要向年跨度进位。其他时间单位的跨度范围也与月跨度一样。

<table>
<tr><td>位</td><td>63</td><td>62</td><td>61</td><td>60</td><td>59</td><td>58</td><td>57</td><td>56</td><td>55</td><td>54</td><td>53</td><td>52</td><td>51</td><td>50</td><td>49</td><td>48</td><td>47</td><td>46</td><td>45</td><td>44</td><td>43</td><td>42</td><td>41</td><td>40</td><td>39</td><td>38</td><td>37</td></tr>
<tr><td>含义</td><td>无</td><td colspan="17">年</td><td colspan="4">月</td><td colspan="5">日</td></tr>
<tr><td>位数</td><td>1</td><td colspan="17">17</td><td colspan="4">4</td><td colspan="5">5</td></tr>
<tr><td>原值范围</td><td></td><td colspan="17">0~131071</td><td colspan="4">0～11</td><td colspan="5">0～30</td></tr>
<tr><td>存储值</td><td>0</td><td colspan="17">年</td><td colspan="4">月</td><td colspan="5">日</td></tr>
</table>

(a) 日期部分：63~37 位

<table>
<tr><td>位</td><td>36</td><td>35</td><td>34</td><td>33</td><td>32</td><td>31</td><td>30</td><td>29</td><td>28</td><td>27</td><td>26</td><td>25</td><td>24</td><td>23</td><td>22</td><td>21</td><td>20</td><td>19</td><td>18</td><td>17</td><td>16</td><td>15</td><td>14</td><td>13</td><td>12</td><td>11</td><td>10</td><td>9</td><td>8</td><td>7</td><td>6</td><td>5</td><td>4</td><td>3</td><td>2</td><td>1</td><td>0</td></tr>
<tr><td>含义</td><td colspan="5">时</td><td colspan="6">分</td><td colspan="6">秒</td><td colspan="10">毫秒</td><td colspan="10">微秒</td></tr>
<tr><td>位数</td><td colspan="5">5</td><td colspan="6">6</td><td colspan="6">6</td><td colspan="10">10</td><td colspan="10">10</td></tr>
<tr><td>原值范围</td><td colspan="5">0～23</td><td colspan="6">0～59</td><td colspan="6">0～59</td><td colspan="10">0～999</td><td colspan="10">0～999</td></tr>
<tr><td>存储值</td><td colspan="5">时</td><td colspan="6">分</td><td colspan="6">秒</td><td colspan="10">毫秒</td><td colspan="10">微秒</td></tr>
</table>

(b) 时间部分：36~0 位

图 3.14　时间跨度编码模型结构示意图

以时间跨度“10 年 5 个月 11 天 10 小时 21 分钟 50 秒”为例(表 3.5)，其对应的时间跨度编码二进制表达为：

0000000000000101001010101011000000101011100100000000000000000000，即十进制整数 727190964535296。

表 3.5　时间跨度编码示例(10 年 5 个月 11 天 10 小时 21 分钟 50 秒)

| 位 | 含义 | 存储值 | 二进制 |
|---|---|---|---|
| 63 | 无 | 0 | 0 |
| 46～62 | 年 | 10 | 00000000000001010 |
| 42～45 | 月 | 5 | 0101 |
| 37～41 | 日 | 11 | 01011 |
| 32～36 | 时 | 0 | 00000 |
| 26～31 | 分 | 21 | 010101 |
| 20～25 | 秒 | 50 | 110010 |
| 10～19 | 毫秒 | 0 | 0000000000 |
| 0~9 | 微秒 | 0 | 0000000000 |

## 3.5　时间剖分编码计算方法

时间剖分编码计算方法主要针对多尺度时间剖分编码，如图 3.15 所示，其包含如下运算：编码本体运算、编码时间运算。

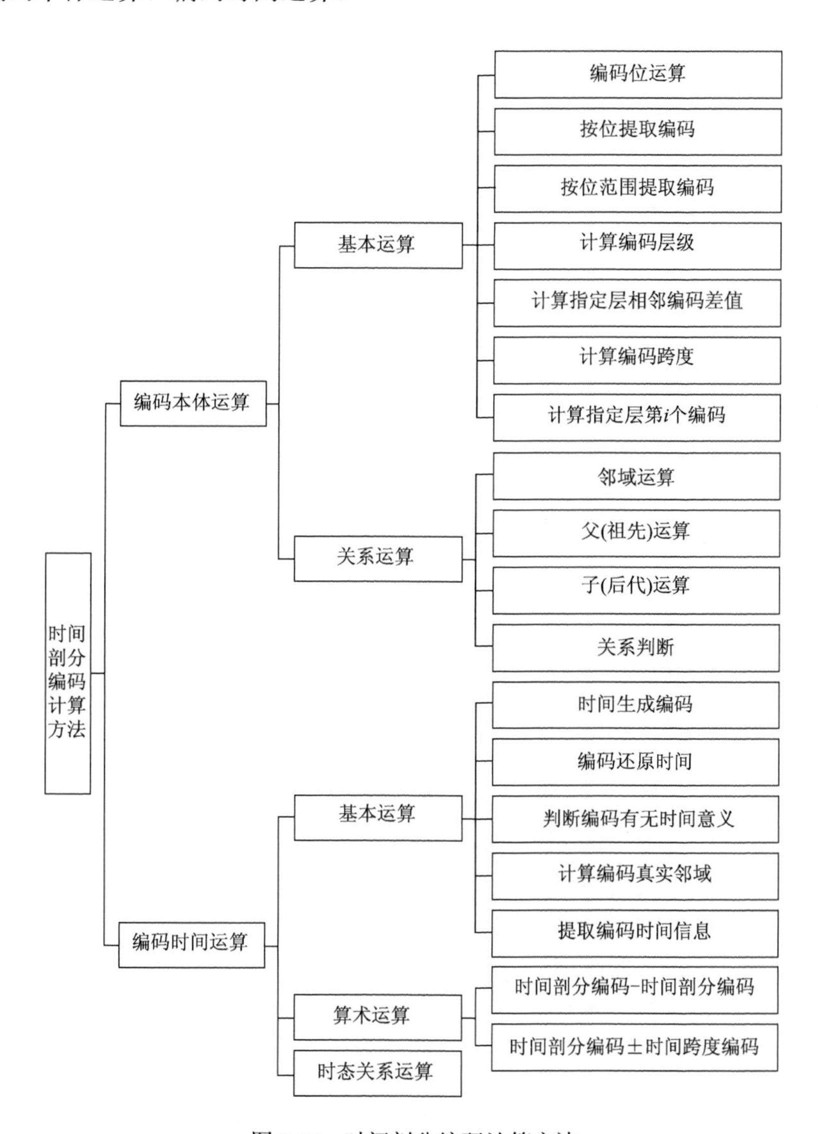


图 3.15　时间剖分编码计算方法

**1. 编码本体运算**

编码本体运算为针对多尺度时间剖分编码本身的相关运算(运算不涉及编码包含的时间信息)，其可细分为：①基本运算，包括编码位运算、按位提取编码、按位范围提取编码、计算编码层级、计算指定层编码差值、计算编码跨度、计算指定层第$i$个编码；②关系运算，包括邻域运算、父(祖先)运算、子(后代)运算、关系判断。此处需注意的是，由于编码本体运算不涉及编码包含的时间信息，所以计算的对象包含虚拟编码。

**2. 编码时间运算**

编码时间运算为针对多尺度时间剖分编码中时间信息的相关运算，其可细分为：①基本运算，包括时间生成编码、编码还原时间、判断编码有无时间意义、计算编码真实邻域、提取编码时间信息；②算术运算，包括时间剖分编码－时间剖分编码、时间剖分编码±时间跨度编码；③时态关系运算，判断单个编码和单个编码之间的时态关系。此处需注意的是，由于编码时间运算涉及了编码所包含的时间信息，所以在进行具体计算时，需要剔除虚拟编码，使对时间的运算符合公历规则。

## 3.6　时间剖分编码应用方法

**1. 时间标识应用方法**

在探讨时间标识方法前，先需要明确在多尺度时间剖分编码体系中，时间点和时间段的概念。对于某一层的时间片，在该层的时间尺度下，其被视为时间点，在比该层小的时间尺度下视为时间段。例如，位于第 21 层(时间尺度为 1 个月)的时间片“2015-01”，在第 21 层视为时间点；但在大于 21 层级，即时间尺度小于 1 个月时，视为时间段。

因此，本书规定如下，在固定的某一层的时间尺度限定下：

(1)如果某段时间能用该层的单个编码表示，则该时间为时间点。

(2)如果某段时间需要用该层的多个编码表示，则该时间为时间段。

根据多尺度时间剖分编码的划分规则，虽然多尺度时间剖分编码支持 64 种不同尺度，但其对时间轴的划分是固定的。例如，它可以用一个编码表示“2014-05”“2014-05-11”“2014-05-11 上午 10 时”这种按编码规则划分的时间片，但对于“2014-05-03 到 2014-01-15”“2014-05-10T10:00:00 到 2014-05-11T10:00:00”“2014-05-09 到 2014-05-18，除 2014-05-17 全天”这样的时间信息，采用单个编码就不能表示了。

针对这样的情况，在多尺度时间剖分编码可表达的最大精度范围(1微秒)内的时间$t$，可以通过多个时间剖分编码进行标识，描述如下。

如果有

$$t=\bigcup_{j=0}^{j>0} t_j \text{（任意的} t_i\text{、} t_j\text{，} t_i \cap t_j = \varnothing\text{）} \tag{3.22}$$

式中，$t_j$为可以用一个无损的多尺度时间剖分编码$\text{Code}_j$表示的时间点，即$t_j$可以用单个编码精确表示，且$\text{Code}_i$与$\text{Code}_j$的层级可以不同。

那么，对于时间$t$生成的时间标识$\text{TID}(t)$可以表示为

$$\mathrm{TID}(t)=\bigcup_{j=0}^{j>0}\mathrm{Code}_j \tag{3.23}$$

例如，对于“2014-05-09 到 2014-05-19，除 2014-05-17 全天”这样的时间信息，可以表示为以下时间对应的编码值：

$$t=\{[2014-05-09,2014-05-16],2014-05-18\}$$

$$\mathrm{TID}(t)=\{\mathrm{Code}([2014-05-09,2014-05-16]),\mathrm{Code}(2014-05-18)\}$$

对于时间标识，还可以采用区间化的方式进行描述。例如，连续不间断的时间可标识如下：

$$\mathrm{TID}(t)=[\mathrm{Code}_{\min},\mathrm{Code}_{\max}]$$

式中，$\mathrm{Code}_{\min}$ 为所有编码中的最小值；$\mathrm{Code}_{\max}$ 为所有编码中的最大值。

例如，对于“2014-05-16 到 2014-05-18”这样的时间信息 $t$，可以表示为

$$t=\{2014-05-16,[2014-05-17,2014-05-18]\}$$

那么

$$\mathrm{TID}(t)=[\mathrm{Code}(2014-05-16),\mathrm{Code}([2014-05-17,2014-05-18])]$$

也可以将 $t$ 表示为

$$t=\{(2014-05-16),(2014-05-17),(2014-05-18)\}$$

那么

$$\mathrm{TID}(t)=[\mathrm{Code}(2014-05-16),\mathrm{Code}(2014-05-18)]$$

对于有间断的时间，也可将其中分段连续的部分用上述区间化的方法进行描述。

**2. 时间编码数据检索方法**

多尺度时间剖分编码，其存储结构是一个 64 个二进制位的整数(即 8 个字节)，易于在各种计算机系统中扩展使用。

在编程语言中，可以使用 64 位的无符号整数存储；在数据库系统中，可以选择包含 $[0,2^{64}-1]$ 范围的整数数据类型存储。

如图 3.16 所示，可以将时间查询分为三类：包含查询(containment)、包含于查询(inclusion)、相交查询(intersection)。

针对多尺度时间剖分编码不同层级的编码间的排序规则，假设给定两个 UTC 时间组成的查询条件 $[t_A,t_B]$，$t_A$、$t_B$ 位于多尺度时间剖分编码可以表达的最大时间范围内，对上述三种时间查询进行分析。

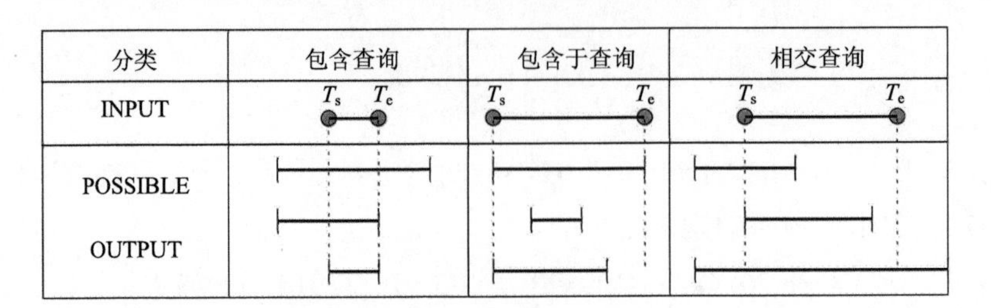


图 3.16　时间查询的三种分类

1) 包含查询(containment)

所有包含$[t_A,t_B]$编码集合 ContainmentCodes 计算步骤如下。

(1) 计算$t_A$、$t_B$的无损多尺度时间剖分编码$tc_A$、$tc_B$，层级分别为$L_A$、$L_B$。不失一般性地假设$L_A > L_B$。

(2) 若$L_B > 0$，计算编码$tc_A$在第$(L_B-1)$层级的祖先编码$tc_{Aa(L_B-1)}$，编码$tc_B$在第$(L_B-1)$层级的祖先编码$tc_{Ba(L_B-1)}$。

(3) 若$tc_{Aa(L_B-1)} = tc_{Ba(L_B-1)}$，则将其加入 ContainmentCodes；然后依次求$tc_{Aa(L_B-1)}$在小于$(L_B-1)$层级的祖先编码，将其加入 ContainmentCodes，即得到所有包含$[t_A,t_B]$的编码集合 ContainmentCodes，计算完毕。

(4) 若$tc_{Aa(L_B-1)} \neq tc_{Ba(L_B-1)}$，$L_B-1>0$，计算$tc_A$在第$(L_B-2)$层级的祖先编码$tc_{Aa(L_B-2)}$，$tc_B$在第$(L_B-2)$层级的祖先编码$tc_{Ba(L_B-2)}$。

(5) 重复(3)和(4)，直至$tc_{Aa1} \neq tc_{Ba1}$，计算$tc_A$在第 0 层级的祖先编码$tc_{Aa0}$，$tc_B$在第 0 层级的祖先编码$tc_{Ba0}$，此时达到多尺度时间剖分编码的顶层，$tc_{Aa0}$=$tc_{Ba0}$，将$tc_{Aa0}$加入 ContainmentCodes，即得到所有包含$[t_A, t_B]$的编码集合 ContainmentCodes，计算完毕。

2) 包含于查询(inclusion)

所有包含于$[t_A, t_B]$的编码集合 InclusionCodes 计算步骤如下。

(1) 计算$t_A$、$t_B$的无损多尺度时间剖分编码$tc_A$、$tc_B$。

(2) 计算$tc_A$在 63 层级上的最小真实后代编码$tc_{Admin}$以及$tc_B$在 63 层级上的最大真实后代编码$tc_{Bdmax}$，则在大于等于$tc_{Admin}$、小于等于$tc_{Bdmax}$的编码对应的时间必与$[t_A, t_B]$相交，因此，将$[tc_{Admin}, tc_{Bdmax}]$加入 InclusionCodes 中。

(3) 从低层级到高层级，依次计算并判别$tc_A$的祖先编码：如果该祖先编码包含于 InclusionCodes，则将其从 InclusionCodes 中除去，继续计算并判别更上层祖先编码；如果该祖先编码不包含于 InclusionCodes，则停止判断更上层的祖先编码。

(4) 按照判别$tc_A$的祖先编码的方法，计算并判别$tc_B$的祖先编码。

(5) 最终得到所有包含于$[t_A, t_B]$的编码集合 InclusionCodes，计算完毕。

3) 相交查询(intersection)

与$[t_A, t_B]$满足相交关系的编码集合 IntersectionCodes 计算步骤如下。

(1) 计算$t_A$、$t_B$的无损多尺度时间剖分编码$tc_A$、$tc_B$。

(2) 计算$tc_A$在 63 层级上的最小真实后代编码$tc_{A\mathrm{dmin}}$以及$tc_B$在 63 层级上的最大真实后代编码$tc_{B\mathrm{dmax}}$，则在大于等于$tc_{A\mathrm{dmin}}$、小于等于$tc_{B\mathrm{dmax}}$的编码对应的时间必与$[t_A, t_B]$相交，因此，将$[tc_{A\mathrm{dmin}}, tc_{B\mathrm{dmax}}]$将集合加入 IntersectionCodes 中。

(3) 从低层级到高层级(自下而上)，依次计算并判别$tc_A$的祖先编码：如果该祖先编码不包含于 IntersectionCodes，则将其加入 IntersectionCodes 中，并停止判断更上层的祖先编码，将该祖先编码的所有上层祖先编码加入 IntersectionCodes 中；如果该祖先编码包含于 IntersectionCodes，则继续计算并判别更上层的祖先编码。

(4) 按照判别$tc_A$的祖先编码的方法，计算并判别$tc_B$的祖先编码。

(5) 最终得到所有和$[t_A, t_B]$相交的编码集合 IntersectionCodes，计算完毕。

上述判断过程对多尺度时间剖分编码的所有层级进行讨论。在实际使用中，我们可能只用到 8 个常用的时间单位(年、月、日、时、分、秒、毫秒、微秒)对应层级的编码，其分别对应 17 层、21 层、26 层、31 层、37 层、43 层、53 层、63 层，将这 8 个层级称为常用时间层级。

针对这 8 个常用时间层级，给定两个 UTC 时间组成的查询条件$[t_A, t_B]$，在生成符合条件的查询编码集合时，只在第 63、第 53、第 43、第 37、第 31、第 26、第 21、第 17 层级上进行编码计算和判断。

例如，给定查询区间 2014-11-15～2015-02-15，即$t_A$为 2014-11-15，$t_B$为 2015-02-15，按照上述步骤，生成符合 Intersection 条件的查询集合，计算如下。

(1) 计算$[tc_{A\mathrm{dmin}}, tc_{B\mathrm{dmax}}]$：[9506909147623325696,9506970925887602638]，其中“2014-11-15T00:00:00.000000”对应于 9506909147623325696，“2015-02-15T23:59:59.999999”对应于 9506970925887602638。

(2) 计算“2014-11-15”在月一级(21 层)的祖先编码是 9506909697379139583，其对应于“2014-11”，位于$[tc_{A\mathrm{dmin}}, tc_{B\mathrm{dmax}}]$内，则继续判断年一级 17 层的祖先编码 9506887707146584063，其对应于“2014”，不位于$[tc_{A\mathrm{dmin}}, tc_{B\mathrm{dmax}}]$内，则加入查询集合中。

(3) 计算“2015-02-15”在月一级(21 层)的祖先编码是 9506971270030295039，其对应于“2015-02”，位于$[tc_{A\mathrm{dmin}}, tc_{B\mathrm{dmax}}]$内，则将其加入查询集合中，并将上层年一级(17 层)的祖先编码 9507028444634939391 加入查询集合中。将上述涉及的编码值整理如下：

“2014”编码是 9506887707146584063；

“2014-11”编码是 9506909697379139583；

“2014-11-15T00:00:00.000000”编码是 9506909147623325696；

“2015-02-15T23:59:59.999999”编码是 9506970925887602638；

“2015-02”编码是 9506971270030295039；

“2015”编码是 9507028444634939391。

因此，最终的查询集合为：(等于 $A$)或(大于等于 $C$ 且小于等于 $D$)或(等于 $E$)或(等于 $F$)。

## 3.7 本章小结

本章系统阐述了时间剖分编码模型，其可以分为三个层次：基础层、计算层、应用层。

基础层：设计了一种 64 位整型多尺度时间剖分编码，通过整数的排序体现编码的大小和层次关系，从而体现时间的先后和尺度关系，并深入分析了其剖分本质与基本性质，以及设计了时间跨度编码处理时间跨度信息。

计算层：初步建立了时间剖分编码计算方法体系，以支持基于已有编码的高效计算，包括编码本体运算和编码时间运算。

应用层：探讨了时间剖分编码应用方法，包括时间标识方法、时间数据存储与检索方法。

# 第4章　时空四维剖分编码与数据建模

## 4.1　时 空 对 象

移动智能终端和嵌入式技术的发展，推动着越来越多的移动便携设备配有微型传感器，其中位置感知设备(location-aware devices)得到广泛普及和应用。泛在感知系统获取的是关于人类活动及其所处现实物理世界运行状态的数据，这些数据通常具有与地理位置、时间相关的固有特性，即时空属性。

全空间地理信息系统的建设和智慧城市等GIS应用的发展，需将各类地理实体或地理现象抽象成时空对象(刘朝辉等，2017)。从数据来源上来讲，各种时空对象包括历史数据、移动目标数据及时空多媒体对象数据等。时空对象的动态表达与建模是地理信息科学的核心内容，也是时空分析、地理深层知识获取和数据挖掘的基础(Yuan and Mcintosh, 2003)，对进一步的时空信息模拟、预测与决策分析具有重要意义和应用价值。

时空数据库并不一定是移动对象数据库，时空对象可能是一个移动点，如飞机航行时随着时间变化而改变它的空间位置；也可能是一个区域，如森林发生火灾时的火灾区，该区域可能会随着时间扩大、缩小、移动甚至与其他火灾区合并。时空对象会随着时间推移发生动态变化，既有时空对象的空间位置、几何形态和属性特征变化，也有时空对象之间的关联关系变化。时空对象的变化包括(成波等，2017)：

(1)空间位置变化是时空对象的位置发生移动，如汽车在公路上行驶、舰船在海上航行。

(2)几何形态变化是时空对象的形状产生收缩或扩张，如土地的扩张、湖泊的形成和消亡。

(3)属性特征变化是某一属性的数值随时间的变化，如某段时间内，城市的温度持续变化。

随时间发生变化的时空对象的空间现象具有离散和连续两种类型。以往的时空数据模型研究主要集中在离散化的时空现象，如地籍变更、道路变更等。虽然有些也可能适用于表达与时间紧密相关的变化，但仍不能很好地反映时空对象在时间上的连续变化。能够表达空间位置及地理范围在时间上连续变化的时空数据模型，目前还不太成熟，但亟待满足的应用需求却是可以预见的，如交通运输系统、出租车自动派遣系统、无人机智能飞行系统以及高智能的物流配送系统等。

### 1. 地理世界的时间

从信息系统的角度来观察，时间在逻辑上可以是一条没有端点、向过去和未来无限延伸的坐标轴——时间轴，在每一设定的时间分辨率的坐标点上，都可以扩展其三维数据。它是现实世界的第四维，除了与三维空间一样具有通用性、连续性和可量测性，还具有运动的不可逆性或单向性，而地理学中的时间是对于某一地理事件发生过程的度量(李天峻, 1997)，地理空间中发生的事件可以定位在时间轴上。对于地理时间，绝对时间的表达是必不可少的，否则会直接影响到空间过程的表达。相对时间实际上是时间维上的一种变化，其通过一定的转换方式，可以同绝对时间的时间轴关联到一起。

有两种基本的时空观点：一种观点是将时间理解为一种特殊含义的度量尺度，则可以将时间、空间和属性平等地作为地理空间对象的三种数据成分或一个基本特征；另一种观点是将时间理解为事件序列的表现形式，或者说将变化作为时间的深层含义，则时间特征应居于空间特征和属性特征之上，即地理实体的时间特征由其空间特征变化和属性特征变化来共同表现。

本书所提到的时间不涉及对时间本质的讨论。但因为具体研究中对时间问题涉及的深浅程度不同、侧重方向不同，研究者赋予时间问题中相关概念的名称和定义存有一定差异。考虑到时空对象事件的时态对象、过程解释、量测尺度、观察视点，可以认为时间有三种结构类型，其对应三种基本的时间模型，即线性时间模型、分支时间模型和周期(循环)时间模型(张山山，2001)，如图 4.1。

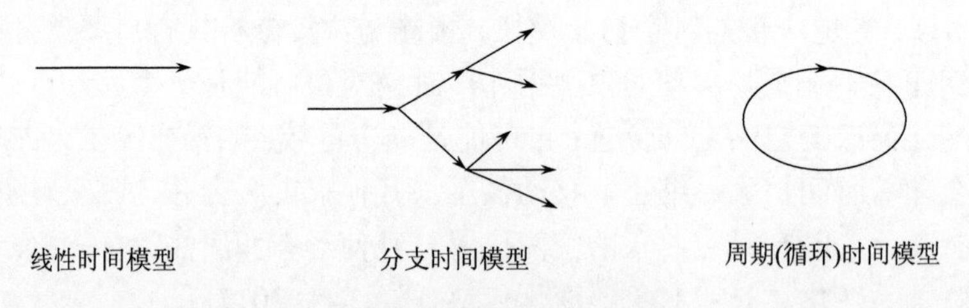


图 4.1　基本时间结构类型(模型)

(1)线性时间模型：在某个主题中，如果所有事件发生的先后可按全序排序，则称此种时间结构为线性的。线性结构中时间从过去、现在到将来是线性递增的。线性时间结构是最常用的，也是最简单的一种时间结构。

(2)分支时间模型：在某些主题中，事件发生的先后是一个偏序关系，这种时间结构称为分支结构。分支结构有两种情况：一是时间从过去到现在是线性递增的，从现在到未来有多种可能；二是时间从过去到现在有许多可能，而从现在到未来的变化是单调递增的。对于分支时间模型，相同的事件能在不同的分支发生，而且不需连接分支。分支结构不仅可用来进行未来行动的规划，而且可用来分析导致目前状况的过去行动的可能顺序。

(3)周期(循环)时间模型：在线性和分支结构中，老对象和新对象不会重复，而在周期结构中，对象在一个周期内将返回为原来状态。空间和时间的一些过程是循环的，典型的范例是天体的宇宙运动。在通常定义的循环时间中，点的次序关系是无意义的，任何点都在任何点之前和之后。

### 2. 时空域

时间和空间是运动物质存在的两种基本形式。空间刻画了地理实体的空间位置、空间分布与空间相关性；时间刻画了地理实体的存在时间、变化状况、时间相关性。时间、空间和属性是地理实体的三个基本特征，通常时空域由经纬度坐标空间和时间构成。地学中时间的作用有以下 4 个方面：

(1)描述当前状态；

(2)描述变化的方向和频率；

(3)为理解地理现象提供历史背景；

(4)解释地表特征发展变化的因果。

空间和时间是客观事物存在的形式，两者之间是互相联系而不能分割的。地理时空变化规律是地理信息系统的中心研究内容，时空数据建模应考虑不同类型的时空过程和应用。根据事物变化过程的快慢、周期的长短，可将地理变化分为：超长期的(如地壳运动)、长期的(如水土流失、城市化等)、中期的(如土地利用、作物估产等)、短期的(如江河洪水、作物长势等)、超短期的(如台风、地震)。主要的时空分类方法包括：

(1)根据一个对象在时间、空间和属性三方面的变化特性分类；

(2)突然性和渐变性分类；

(3)根据变化现象在时空方面的特性分类。

长期以来，地理信息科学领域研究倾向于关注空间属性。在很多传统空间应用中，由于空间数据的采样频率较低，通常时间信息只是作为空间对象的属性之一，用于标识空间数据的采样时间点。因此，对于时间信息往往只是采用如时间戳、字符串、时间计数等简单的方式进行组织和管理，这些方式广泛应用在文件系统、数据库系统和各类编程语言中(童晓冲等, 2016)。然而，时间信息的种类十分丰富，不同时空应用中数据尺度与粒度各不相同，对时间的编码方式、存储方式也不一致，有的应用采用时间戳，而有的则记录了准确或模糊的时间段信息。以目前的时间信息组织管理方式很难对这些丰富的信息进行充分利用。随着位置感知设备的发展和普及，高时空分辨率的数据被广泛采集，一个典型的基于位置应用的采样时间间隔可达到秒级。这类数据的大规模生产与积累推动着研究热点逐渐从静态空间数据转向时空数据。从时空维度来研究物理对象，可以为分析对象行为、空间对象变化规律等提供全新的视角。因此，时间越来越被视作一个至关重要的维度，且亟须与空间维度进行整合(Dijst，2013)。在此背景下，研究人员对时空剖分展开了尝试。Ježek 和 Kolingerová(2014)提出了 STCode，STCode 用一个简短的、唯一的字符串表示经度、纬度和时间，STCode 既可以作为如 Twitter、Facebook、Google+等社交媒体中标注主题的 hashtag(以符号#作为前缀的标签，用于信息分组)，也可以在时空数据库中用于索引时空数据，提高时空查询的效率(Van et al., 2015)。然而，现有的时空剖分方法都是采取对时空域直接划分的方式，所产生的各层级网格单元尺度难以与现实应用中常用的度量单位对应。以 STCode 所选用时空剖分方法在时间维上的划分为例，该方法将以分钟为基本单位的一年时间域[0, 527 040](考虑到闰年的存在，527 040=366×24×60)进行递归二等分操作，形成共 24 层级网格，生成的各级网格单元在时间维度上的大小如表 4.1 所示，可以看到，各层级网格单元在时间维上的尺度无法体现常用的时间度量单位。

**表 4.1　STCode 各层级时间剖分网格大小**(Ježek and Kolingerová, 2014)

| 网格层级 | 时间维尺度/分钟 | 网格层级 | 时间维尺度/分钟 |
|---|---|---|---|
| 0 | 527 040.00 | 12 | 128.67 |
| 1 | 263 520.00 | 13 | 64.34 |
| 2 | 131 760.00 | 14 | 32.17 |
| 3 | 65 880.00 | 15 | 16.08 |
| 4 | 32 940.00 | 16 | 8.04 |
| 5 | 16 470.00 | 17 | 4.02 |
| 6 | 8 235.00 | 18 | 2.01 |
| 7 | 4 117.50 | 19 | 1.01 |
| 8 | 2 058.75 | 20 | 0.50 |
| 9 | 1 029.38 | 21 | 0.25 |
| 10 | 514.69 | 22 | 0.13 |
| 11 | 257.34 | 23 | 0.06 |

### 3. 时空对象的基本类型

时空对象由地理实体抽象而来，对时空对象进行类型划分是进行时空表达与建模的前提。从不同角度研究，其基本类型存在差异，薛存金等(2010)从地理时空认知理论和人的行为习惯出发，根据地理实体的属性、功能、关系在时空域上的变化特性，将地理实体归纳为 7 种基本类型(图 4.2)，语义见表 4.2。其中，*XOY* 代表二维地理空间，*T* 代表时间轴，椭圆的形状和尺寸代表地理实体的空间信息，灰度代表属性信息。

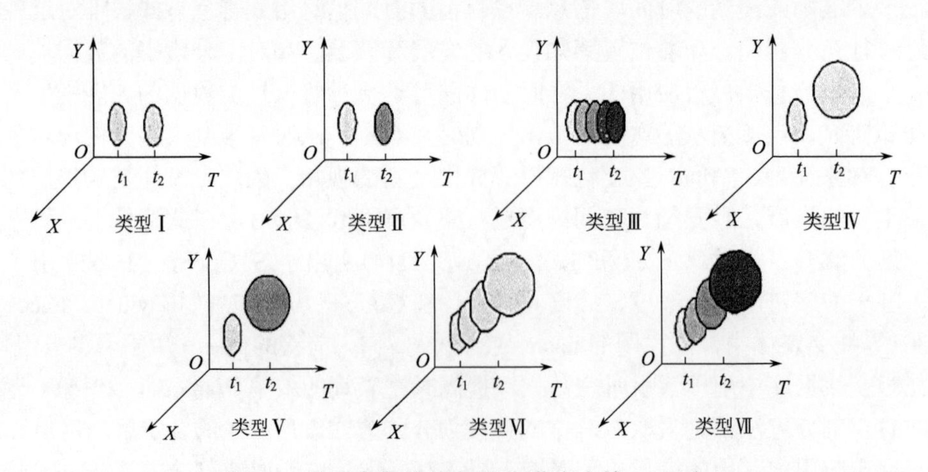


图 4.2　地理实体的基本类型(薛存金等，2010)

**表 4.2　地理实体基本类型的语义描述**

| 类型 | 描述语义 |
|---|---|
| Ⅰ | 空间位置相对不变，属性信息也相对不变 |
| Ⅱ | 空间位置相对不变，属性信息在某一时刻发生变化 |
| Ⅲ | 空间位置相对不变，属性信息在某时段内连续发生变化 |
| Ⅳ | 属性信息相对不变，空间位置信息在某一时刻发生变化 |
| Ⅴ | 空间位置信息在某时刻发生变化，属性信息也发生相应变化 |
| Ⅵ | 属性信息相对不变，空间位置信息在某时段内连续发生变化 |
| Ⅶ | 空间位置信息在某时段内连续发生变化，属性信息也连续发生变化 |

## 4.2　时空剖分网格与编码

本章在 GeoSOT 剖分理论体系的基础上，进一步发展并阐述 GeoSOT-ST 时空四维剖分方法。GeoSOT 全称为 $2^n$ 一维整型数组地理坐标的全球剖分参考网格(geographical coordinates subdividing grid with one dimension integral coding on $2^n$-tree，GeoSOT)，其核心思想在于通过对划分域的虚拟扩展来保证剖分过程所产生的各级网格单元尺度具有整型特性。以对剖分空间域的三次虚拟扩展为基础，GeoSOT 将地球表面经纬度坐标空间递归划分，形成图 4.3 所示的 32 层级网格体系(程承旗等，2012)。

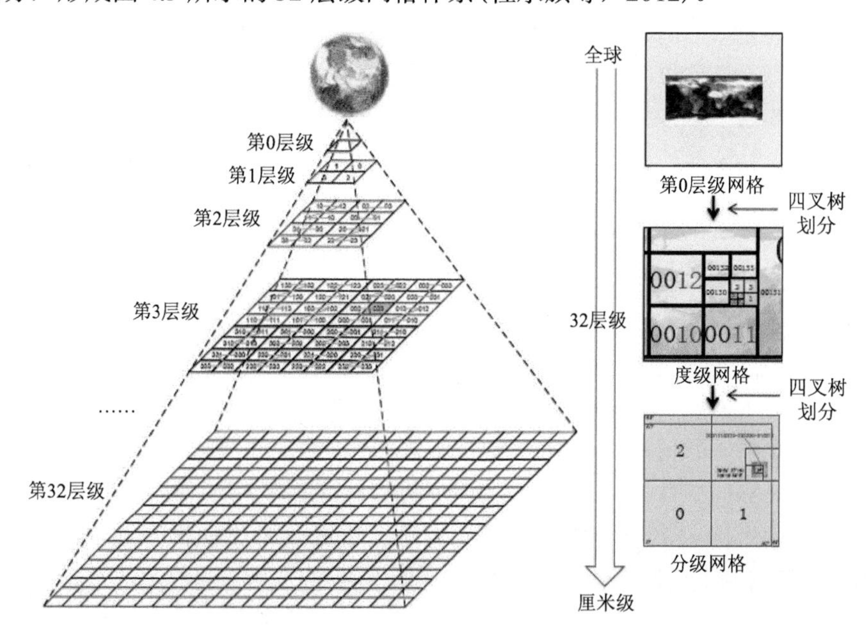


图 4.3　GeoSOT 空间剖分网格体系(共 32 层级)(Cheng et al.，2012)

针对海量时间信息的统一管理与高效应用需求，北京大学研究团队提出了一套时间剖分编码模型，将时间进行多尺度的统一化处理，旨在解决大数据环境中复杂多样的时间数据标识、组织和计算问题。在该时间剖分编码模型中，初始剖分时间域选择公元前65536～公元65535年，对该时间域进行17次递归二等分操作，得到尺度为1年的时间片。在限定的时间域上(公元前65536～公元65535年)，在最大精度1微秒的限制下，共进行年、月、日、时、分、秒、毫秒七次虚拟扩展处理。在上述七个层级，时间片的尺度都被虚拟扩展为2的整数次幂，再进行递归二等分时，将可以保证在剖分过程中，各层级时间片尺度的整型性质。所生成的剖分网格与编码能够与常用时间单位对应起来，具有更高的实用价值。相反地，如果在这些层级不进行虚拟扩展处理，而直接采用递归二等分，将会产生诸多不符合人们使用习惯的时间片尺度范围。例如，1年(12个月)的时间域在三次划分后将出现大小为1.5个月的时间单元，而继续二等分后将形成0.75个月、0.375个月、0.1875个月……依此类推，以该方式进行时间剖分时，很难与现实中的月、日、时、分、秒等常用时间单位对应起来。与GeoSOT地球空间剖分所形成的虚拟空间类似，该时间剖分形成的虚拟时间编码只是占用了编码空间，在实际应用中，由于相应的时间并不存在，虚拟时间编码的增加并不会对编码时间计算产生任何影响。

**1. 时空整合与线性化**

结合时间和空间维对对象进行研究具有十分重要的意义。然而，要真正实现时空维度的整合，却面临着诸多难题。因此，一直以来各研究对时间维度和空间维度的处理方式相差很大。这是由于时间维和空间维存在本质差异：首先，时间具有单调递增性质。地球上任意物理对象所产生的时空数据可以在纬度维[90°S，90°N ]向南或向北变化，在经度维[180°W, 180°E ]向西或向东变化，而在时间维只能递增变化，且是不可逆的。其次，时间和空间的组成粒度也并不一致。常用的空间粒度为公里、米、分米、厘米等，常用的时间粒度为年、月、日、时、分、秒等。空间的($x$，$y$ [，$z$])这两(三)维度具有同质粒度，而时间维粒度则与之不同。然而，可以看到，时间维和空间维之间也有重要的相同点，即多尺度特性。

根据时空整合的程度和不同维度的优先地位权重，对时空维度的整合可以分为空间优先、时间优先和时空一体化三类。其中，空间优先方法和时间优先方法是半整合方法，是考虑到当数据在时空维度上的应用需求(如读写请求)差异较大，并且时空维度本质存在差异的前提下，对时间、空间分别采用不同处理手段的方式。而时空一体化属于时空维度的完全整合，不对时间、空间差别化处理，而是采用相同的方式处理时间维和空间维。考虑到时空维度的特性，时空一体化组织过程中面临的挑战主要包括：①如何应对时间的单调性；②选择何种时间粒度与何种空间粒度进行整合，以形成时空参考框架的粒度；③如何处理时空多尺度特性，来支持时空数据的多尺度表达与查询分析等。实际应用中，应当根据在不同维度上对数据的具体应用需求与场景，选择最佳的时空整合方法。

另外，随着时空数据的不断积累与迅速增长，对时空数据的管理从用关系型数据库转向了具有良好水平可扩展性的NoSQL数据存储，基于空间填充曲线这类线性化技术，可以将多维数据映射到一维空间，其是利用NoSQL数据系统存储时空数据的重要一步。同时，空间填充曲线能够保持良好的局部性。局部性是指下一个将被访问的元素仍位于之前被访问过的某个元素的附近。在空间上相邻的数据利用空间填充曲线映射到一维空间后，大概率仍然保持邻近。基于空间填充曲线这类线性化技术的空间索引，属于空间驱动方法，其相比于数据驱动方法(如 R-树及其变种)，能够在数据频繁更新时仍保证较高的插入效率，且不需要对索引结构重新调整，非常适合于可扩展的数据存储环境。因此，时空数据的线性化成为近年来分布式云存储环境下时空数据管理的一个研究热点问题(Lee et al., 2014)。

目前对时空数据的存储管理，主要都是基于时空半整合方法。为了实现时空完全整合，本章在 GeoSOT 理论体系现有的基础上，进一步提出 GeoSOT-ST 时空剖分网格与编码模型(spatio-temporal grid based on GeoSOT, GeoSOT-ST)，以及相应的时空剖分体元关系计算方法，从而为时空一体化存储管理提供基础组织框架。同时，利用本节提出的一维时空剖分网格编码，可以将多维时空数据映射到 NoSQL 数据存储中的一维键空间(key-space)，并保持良好的局部性。

基于上述研究背景，本章提出的 GeoSOT-ST 时空剖分网格与编码模型的设计原则如下。

(1)时空完全整合。GeoSOT-ST 对由经纬度坐标空间和时间构成的时空域进行剖分，采用一致的方式对待空间维度(纬度维、经度维)和时间维度，旨在提供时空一体化的组织参考框架。

(2)尺度整型性质。GeoSOT-ST 继承 GeoSOT 理论体系的核心思想，即在剖分过程中，通过虚拟扩展处理，将剖分域尺度大小保持为 $2^n(n \in \mathbb{Z}^+)$，使得递归二等分不破坏剖分网格单元尺度的整型性质。

(3)一维网格编码。GeoSOT-ST 为时空数据提供一维编码，将多维时空数据映射到一维空间，为在分布式云存储环境中管理时空数据提供线性化方法。

(4)良好的局部性。考虑到时空数据的访问模式，即时空上相近的数据对象经常被一起访问，GeoSOT-ST 将时空相近的数据对象组织在一起。在原时空域上邻近的数据转换到 GeoSOT-ST 一维编码空间后，仍大概率相邻。

**2. GeoSOT-ST 时空域选择**

GeoSOT-ST 时空域 $\boldsymbol{D}_{\mathrm{ST}}=(\boldsymbol{D}_{\mathrm{Lat}},\boldsymbol{D}_{\mathrm{Lon}},\boldsymbol{D}_T)$，其中 $\boldsymbol{D}_{\mathrm{Lat}}=[-90°,90°]$，$\boldsymbol{D}_{\mathrm{Lon}}=[-180°,180°]$，$\boldsymbol{D}_T=1$ 年。GeoSOT-ST 采用的空间域与 GeoSOT 一致，即全球经纬度坐标空间。在时间维上，GeoSOT-ST 选择的时间域范围为 1 年时间，主要出于以下几点考虑：

(1)此处在选择时空域时，将时间域区间限定为 1 年，这是为了避免利用时空剖分网格组织数据时，绝大部分数据集中处于极少数时空剖分网格的现象。前文所述时间剖分编码模型中第 0～第 17 层级时间单元为年级时间单元，共利用 18 位编码来表达公元前 65536～公元 65535 年。然而，在这样的时间范围内数据倾斜十分严重：关于当前时间往前较早年份的数据基本只产生在地球科学等特定领域，关于当前时间往后较远年份的数据更是少之又少。在实际应用中，所积累和采集的大规模时空数据在时间维度上基本集中在近几十年，因此，若初始剖分时间域尺度太大，将导致大量剖分网格节点上数据极为稀疏，且形成大量空节点。

(2)尽可能避免时空剖分网格各维度尺度相差太大的情况。若采用时间剖分编码模型中的初始时间域，同步对空间域划分后，将会导致时空剖分网格在时间维粒度过大的情况。例如，当时间维度剖分至第 17 层级时，将得到尺度为 1 年的时间剖分单元，此时空间维度剖分至第 17 层级，已经得到尺度为 16″(赤道附近尺度约 512 m)的空间剖分单元。在进行数据组织时，意味着空间范围约 512 m×512 m 的全年数据将组织在同一个时空网格里。

(3) GeoSOT-ST 以年为初始时间域，一方面，经过 26 次时空剖分后，将得到空间粒度为 1 m、时间粒度为 1 s 的时空剖分单元，使得时空剖分单元粒度与当前一般的位置应用的数据精度一致，非常适合于此类时空数据的管理；另一方面，该初始剖分域基本能够涵盖实际应用中时空范围查询所涉及的尺度，即使在查询范围跨年尺度时，仍然可以通过查询以年份标识的不同初始时空域来得到查询结果。

**3. 时空域虚拟扩展处理**

在选择的时空域 $\boldsymbol{D}_{ST}$ 上，为了保证剖分过程中各维度上二等分的整型性质，同样需要进行虚拟扩展处理。考虑到现有位置感知应用的数据分辨率在时空维度上通常为秒级和米级，此处 GeoSOT-ST 在纬度、经度、时间维度上只分别划分 26 次，得到最小的时空网格单元尺度在时间维达到 1s、纬度维和经度维达(1/32)″(赤道附近约 1 m)，在其他应用场景中，可根据实际需求继续细分。在 26 次剖分过程中，为了将剖分域尺度大小保持为 $2^n(n\in\mathbb{Z}^+)$，在纬度维和经度维上各进行三次虚拟扩展(度、分、秒)，以及在时间维上进行五次虚拟扩展(月、日、时、分、秒)，实际共有六个层级需要进行虚拟扩展，即第 0、第 4、第 9、第 14、第 15、第 20 层级(表 4.3)。

**表 4.3 GeoSOT-ST 时空剖分域的虚拟扩展**

| 维度 | 网格层级 | 原始尺度 | 虚拟扩展后 |
|---|---|---|---|
| 纬度 | 0 | [−90°，90°] | [−256°，256°] |
| | 9 | 1° | 64′ |
| | 15 | 1′ | 64″ |
| 经度 | 0 | [−180°，180°] | [−256°，256°] |
| | 9 | 1° | 64′ |
| | 15 | 1′ | 64″ |
| 时间 | 0 | 1yr | 16 mon |
| | 4 | 1 mon | 32 d |
| | 9 | 1 d | 32 h |
| | 14 | 1 h | 64 min |
| | 20 | 1 min | 64 sec |

在各个层级，对于三个维度 $\mathrm{Dim}=\{\mathrm{Lat},\ \mathrm{Lon},\ T\}$，采取同样的虚拟扩展处理。设某时空网格单元在维度 $d\,(d\in \mathrm{Dim})$ 上原始尺度大小为 $G_d$，则经虚拟扩展后该网格在维度 $d$ 上的尺度 $G_d'$ 如式(4.1)所示。

$$G_d' = 2^{\lceil \log_2 G_d \rceil} \tag{4.1}$$

**4. 时空网格划分方法**

在所选定的初始时空域 $\boldsymbol{D}_{\mathrm{ST}}$ 上，通过六次虚拟扩展，进行 26 次递归八叉树划分，即形成大至全球 1 年尺度、小至 1m 1s 尺度，共 26 层的多尺度时空剖分网格与编码体系 GeoSOT-ST。

第 0 层级时空剖分网格对应 $\boldsymbol{D}_{\mathrm{ST}}$ [图 4.4(a)]经虚拟扩展后形成的初始剖分时空域 $\boldsymbol{D}_{\mathrm{ST}}'$ 如图 4.4(b)所示。

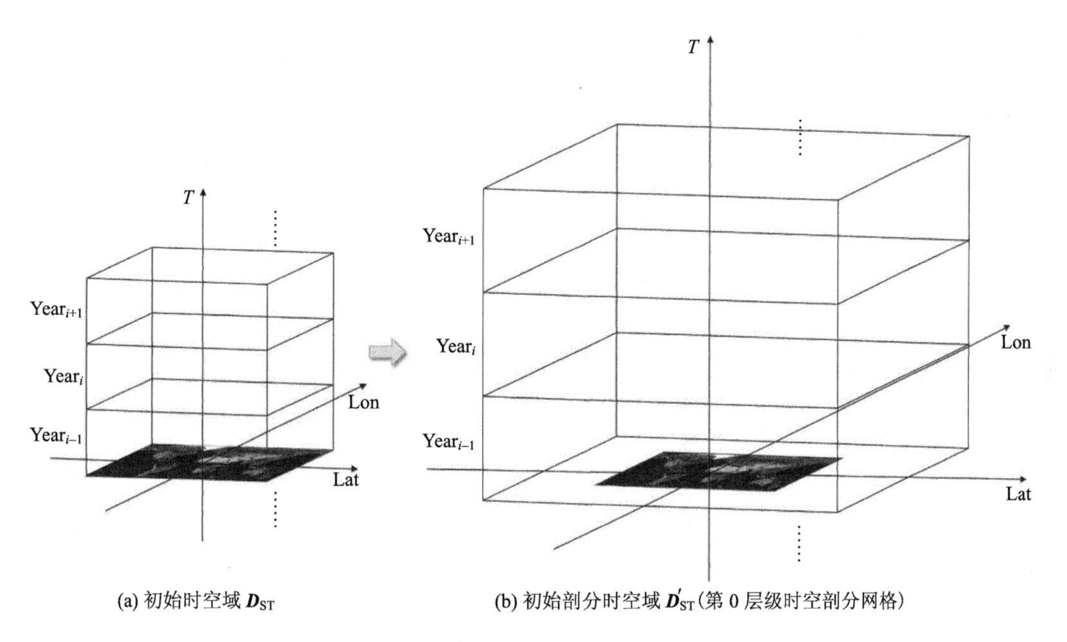


(a) 初始时空域 $\boldsymbol{D}_{\mathrm{ST}}$　(b) 初始剖分时空域 $\boldsymbol{D}_{\mathrm{ST}}'$(第 0 层级时空剖分网格)

图 4.4　第 0 层级时空剖分网格的形成

第 1 层级时空剖分网格是在第 0 层级时空剖分网格的基础上，按经度、纬度、时间各二等分形成的八个大小为(256°，256°，8mon)的时空网格单元。

第 2 层级时空剖分网格是在第 1 层级网格的基础上继续八叉树划分形成的。需要注意的是，剖分过程中所产生的时空剖分网格并不是都具备现实意义。对于一个时空剖分网格，若该网格存在任一维度上的尺度范围与现实域的交集为空，则该网格称为虚拟时空网格。例如，第 2 层级所生产的 64 个时空剖分网格中，共有 40 个属于虚拟时空网格。虚拟时空网格由虚拟扩展处理而引入，并不具备现实含义，在实际应用中也不会产生属于虚拟时空网格的数据对象。因此，在剖分过程中，虚拟时空网格产生后将不再继续细分。

依照此规则进行逐级递归划分，直到得到共 26 层级的时空剖分网格体系，各层级的时空网格尺度大小如表 4.4 所示。

**表 4.4　GeoSOT-ST 各层级时空剖分网格大小**

| 层级 | 纬/经度维尺度（赤道附近大致空间尺度） | 时间维尺度 | 层级 | 纬/经度维尺度（赤道附近大致空间尺度） | 时间维尺度 |
|---|---|---|---|---|---|
| 0 | 512°(全球) | 16 mon | 14 | 2′(4 km) | 1 h |
| 1 | 256°(1/4 地球) | 8 mon | 15 | 1′(2 km) | 32 min |
| 2 | 128° | 4 mon | 16 | 32″(1 km) | 16 min |
| 3 | 64° | 2 mon | 17 | 16″(512 m) | 8 min |
| 4 | 32° | 1 mon | 18 | 8″(256 m) | 4 min |
| 5 | 16° | 16 d | 19 | 4″(128 m) | 2 min |
| 6 | 8°(1024 km) | 8 d | 20 | 2″(64 m) | 1 min |
| 7 | 4°(512 km) | 4 d | 21 | 1″(32 m) | 32 s |
| 8 | 2°(256 km) | 2 d | 22 | 1/2″(16 m) | 16 s |
| 9 | 1°(128 km) | 1 d | 23 | 1/4″(8 m) | 8 s |
| 10 | 32′(64 km) | 16 h | 24 | 1/8″(4 m) | 4 s |
| 11 | 16′(32 km) | 8 h | 25 | 1/16″(2 m) | 2 s |
| 12 | 8′(16 km) | 4 h | 26 | 1/32″(1 m) | 1 s |
| 13 | 4′(8 km) | 2 h | | | |

### 5. 时空网格编码模型

GeoSOT-ST 各层级时空网格被赋予唯一的网格编码。针对时空数据剖分组织管理需求，给出三种时空网格一维编码形式的计算方法及其性质。

给定时空域 $\boldsymbol{D}_{\mathrm{ST}}$ 中一个坐标对 $P(\varphi,\lambda,t)$，其中 $\varphi=\varphi_{\mathrm{deg}}{}^{\circ}\varphi'_{\mathrm{min}}\varphi''_{\mathrm{sec}}\varphi_{\mathrm{subs}}$ 且 $\varphi\in\boldsymbol{D}_{\mathrm{Lat}}$，$\lambda=\lambda_{\mathrm{deg}}{}^{\circ}\lambda'_{\mathrm{min}}\lambda''_{\mathrm{sec}}\lambda_{\mathrm{subs}}$ 且 $\lambda\in\boldsymbol{D}_{\mathrm{Lon}}$，$t=t_{\mathrm{MM}}t_{\mathrm{dd}}t_{\mathrm{HH}}t_{\mathrm{mm}}t_{\mathrm{ss}}$ 且 $t\in\boldsymbol{D}_{T}$。$P(\varphi,\lambda,t)$ 可映射到剖分时空域中任意层级 $n$ 的一个时空剖分网格 ${}_{n}\mathrm{Cell}$，当 $n=0$ 时，第 0 层级时空剖分网格 ${}_{0}\mathrm{Cell}$ 无整型编码，标记为ST。当 $1\leqslant n\leqslant 26$ 时，${}_{n}\mathrm{Cell}$ 网格具有二进制一维编码 ${}^{2}_{n}\mathrm{Code}$、八进制一维编码 ${}^{8}_{n}\mathrm{Code}$ 和六十四进制一维编码 ${}^{64}_{n}\mathrm{Code}$ 等不同形式。其中，二进制一维编码是 GeoSOT-ST 三种不同形式一维编码的基础，八进制一维编码便于进行父子节点关系判断，六十四进制一维编码长度最短，适合于需要进行编码压缩的应用场景。图 4.5 给出了第 14 层级时空剖分网格三种形式的一维编码示例。

1）二进制一维时空网格编码生成方法

首先通过位运算，求出 ${}_{n}\mathrm{Cell}$ 的二进制三维编码 $({}^{2}_{n}\varphi\mathrm{Code},\ {}^{2}_{n}\lambda\mathrm{Code},\ {}^{2}_{n}t\mathrm{Code})$，GeoSOT-ST 剖分至第 26 层级截止，因此，各维度编码长度为 1～26 位，单个维度所产生的编码长度等于该网格的层级。

| | | | | | | | | | | | | | | |
|---|---|---|---|---|---|---|---|---|---|---|---|---|---|---|
| ${}^{8}_{14}$Code | 1 | 0 | 3 | 6 | 2 | 1 | 7 | 5 | 4 | 4 | 6 | 1 | 4 | 3 |
| ${}^{2}_{14}$Code | 001 | 000 | 011 | 110 | 010 | 001 | 111 | 101 | 100 | 100 | 110 | 001 | 100 | 011 |
| ${}^{64}_{14}$Code | 8 | | T | | G | | V | | Z | | I | | Y | |

图 4.5　GeoSOT-ST 三种形式的一维编码示例

利用位运算获得(${}^{2}_{n}\varphi$Code，${}^{2}_{n}\lambda$Code，${}^{2}_{n}t$Code) 的基本过程如图 4.6 所示。时空域上度量单位集$\mathbb{U}=\{\mathbb{U}_{\text{Lat}},\mathbb{U}_{\text{Lon}},\mathbb{U}_{T}\}$。其中，$\mathbb{U}_{\text{Lat}}=\mathbb{U}_{\text{Lon}}=\{\text{deg},\text{min},\text{sec},\text{subs}\}$，$\mathbb{U}_{T}=\{\text{MM},\text{dd},\text{HH},\text{mm},\text{ss}\}$。对于$u\in\mathbb{U}$，获取$u$的二进制数$\text{bits}_u$，其长度为$\text{bitslen}_u$，以$t=t_{\text{MM}}t_{\text{dd}}t_{\text{HH}}t_{\text{mm}}t_{\text{ss}}$为例。时间维上月级网格尺度范围取值为$[1,2^4]$，以 4 位二进制数$\text{bits}_{\text{MM}}$表示，$\text{bitslen}_{\text{MM}}=4$。类似地，日级、小时级网格尺度范围为$[1', 2^{5'}]$，$\text{bitslen}_{\text{dd}}$=$\text{bitslen}_{\text{HH}}=5$，分钟级、秒级网格尺度范围为$[1', 2^{6'}]$，$\text{bitslen}_{\text{ss}}$=$\text{bitslen}_{\text{ss}}$=6。为了使得三个维度上二进制编码的最长长度一致，对于经度维和纬度维上的 subs，其二进制表达位数$\text{bitslen}_{\text{subs}}$=5。将$u$对应的编码段向左移动$\text{move}_{\text{u}}$位数。设$u\in\mathbb{U}_{\text{dim}}$，$\dim\in\{\text{Lat, Lon}, T\}$，则

$$\text{move}_u=n-\sum_{u'\in\mathbb{U}_{\text{dim}}\ \text{and}\ u'\leqslant u}\text{bitslen}_{u'} \tag{4.2}$$

例如，时间维上月级网格编码段左移位数为$\text{move}_{\text{MM}}=26-4=22$，如图 4.6(a)所示，左移后得到编码$\text{bits}_{\text{MM}}'$。对于所有的$u\in\mathbb{U}_{\text{dim}}$，进行上述移位处理。对移位后的二进制数集合中的元素进行按位或运算，使得不同各级网格编码段按照$u$的尺度大小拼接起来，如图 4.6(b)为$\text{bits}_{\text{MM}}'$与$\text{bits}_{\text{dd}}'$按位或运算结果，图 4.6(c)为所有元素按位或得到的${}^{2}_{26}t$Code。最后，由于三个维度上第$n$层级的二进制编码长度均为 $26-n$，按照先右移$(26-n)$位，再左移$(26-n)$位的方式，即可得到相应维度上的长度为$(26-n)$的二进制编码。以$n$=14 为例，右移 12 位获取第 14 层级时间维二进制编码${}^{2}_{14}t$Code 示例，如图 4.6 (d)所示。

| 31 | 30 | 29 | 28 | 27 | 26 | 25 | 24 | 23 | 22 | 21 | 20 | 19 | 18 | 17 | 16 | 15 | 14 | 13 | 12 | 11 | 10 | 9 | 8 | 7 | 6 | 5 | 4 | 3 | 2 | 1 | 0 |
|---|---|---|---|---|---|---|---|---|---|---|---|---|---|---|---|---|---|---|---|---|---|---|---|---|---|---|---|---|---|---|---|
| 0 | 0 | 0 | 0 | 0 | 0 | 0 | 0 | 0 | 0 | 0 | 0 | 0 | 0 | 0 | 0 | 0 | 0 | 0 | 0 | 0 | 0 | 0 | 0 | 0 | 0 | 0 | 0 | MM | MM | MM | MM |

(a) $\text{bits}_{\text{MM}}$左移$\text{move}_{\text{MM}}$位

| 31 | 30 | 29 | 28 | 27 | 26 | 25 | 24 | 23 | 22 | 21 | 20 | 19 | 18 | 17 | 16 | 15 | 14 | 13 | 12 | 11 | 10 | 9 | 8 | 7 | 6 | 5 | 4 | 3 | 2 | 1 | 0 |
|---|---|---|---|---|---|---|---|---|---|---|---|---|---|---|---|---|---|---|---|---|---|---|---|---|---|---|---|---|---|---|---|
| 0 | 0 | 0 | 0 | 0 | 0 | MM | MM | MM | MM | dd | dd | dd | dd | dd | 0 | 0 | 0 | 0 | 0 | 0 | 0 | 0 | 0 | 0 | 0 | 0 | 0 | 0 | 0 | 0 | 0 |

(b) $\text{bits}_{\text{MM}}'$与$\text{bits}_{\text{dd}}'$按位或运算结果

| 31 | 30 | 29 | 28 | 27 | 26 | 25 | 24 | 23 | 22 | 21 | 20 | 19 | 18 | 17 | 16 | 15 | 14 | 13 | 12 | 11 | 10 | 9 | 8 | 7 | 6 | 5 | 4 | 3 | 2 | 1 | 0 |
|---|---|---|---|---|---|---|---|---|---|---|---|---|---|---|---|---|---|---|---|---|---|---|---|---|---|---|---|---|---|---|---|
| 0 | 0 | 0 | 0 | 0 | 0 | MM | MM | MM | MM | dd | dd | dd | dd | dd | HH | HH | HH | HH | HH | mm | mm | mm | mm | mm | mm | ss | ss | ss | ss | ss | ss |

(c) 所有元素按位或得到 ${}^{2}_{26}t$ Code

| 31 | 30 | 29 | 28 | 27 | 26 | 25 | 24 | 23 | 22 | 21 | 20 | 19 | 18 | 17 | 16 | 15 | 14 | 13 | 12 | 11 | 10 | 9 | 8 | 7 | 6 | 5 | 4 | 3 | 2 | 1 | 0 |
|---|---|---|---|---|---|---|---|---|---|---|---|---|---|---|---|---|---|---|---|---|---|---|---|---|---|---|---|---|---|---|---|
| 0 | 0 | 0 | 0 | 0 | 0 | 0 | 0 | 0 | 0 | 0 | 0 | 0 | 0 | 0 | 0 | 0 | 0 | MM | MM | MM | MM | dd | dd | dd | dd | dd | HH | HH | HH | HH | HH |

(d) ${}^{2}_{14}t$Code 右移$(26-n)$位运算结果

图 4.6　GeoSOT-ST 编码过程中位运算示例

根据上述过程，得到各维度上二进制编码（${}_{n}^{2}\varphi\text{Code}$，${}_{n}^{2}\lambda\text{Code}$，${}_{n}^{2}t\text{Code}$）的计算如式(4.3)～式(4.5)。

$$ {}_{n}^{2}\varphi\text{Code}=\left(\varphi_{\text{deg}}\ll\text{move}_{\text{deg}}\left|\varphi_{\min}\ll\text{move}_{\min}\right|\varphi_{\text{sec}}\ll\text{move}_{\text{sec}}\mid\varphi_{\text{subs}}\right)\gg(26-n) \tag{4.3}$$

$$ {}_{n}^{2}\lambda\text{Code}=\left(\lambda_{\text{deg}}\ll\text{move}_{\text{deg}}\left|\lambda_{\min}\ll\text{move}_{\min}\right|\lambda_{\text{sec}}\ll\text{move}_{\text{sec}}\mid\lambda_{\text{subs}}\right)\gg(26-n) \tag{4.4}$$

$$ {}_{n}^{2}t\text{Code}=\left(t_{\text{MM}}\ll\text{move}_{\text{MM}}\left|t_{\text{dd}}\ll\text{move}_{\text{dd}}\right|t_{\text{HH}}\ll\text{move}_{\text{HH}}\left|t_{\text{mm}}\ll\text{move}_{\text{mm}}\right|t_{\text{ss}}\right)\gg(26-n) \tag{4.5}$$

最后，将获取的二进制三维编码$\left({}_{n}^{2}\varphi\text{Code}, {}_{n}^{2}\lambda\text{Code}, {}_{n}^{2}t\text{Code}\right)$，按照纬度、经度、时间的顺序进行按位交叉编码(图 4.7)，生成相应的二进制一维编码${}_{n}^{2}\text{Code}$。

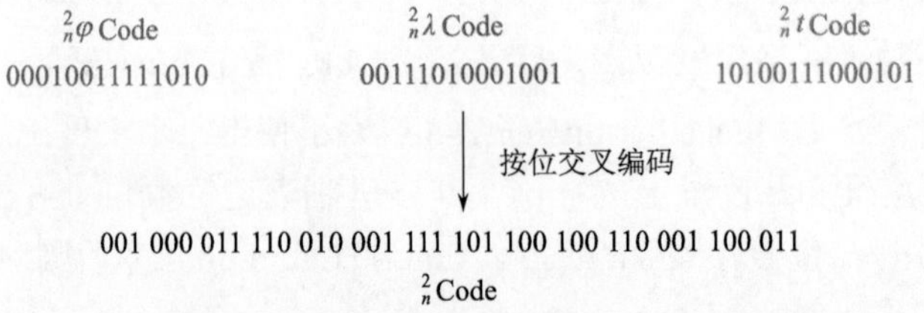

| ${}_{n}^{2}\varphi$ Code | ${}_{n}^{2}\lambda$ Code | ${}_{n}^{2}t$ Code |
|---|---|---|
| 00010011111010 | 00111010001001 | 10100111000101 |

↓ 按位交叉编码

001 000 011 110 010 001 111 101 100 100 110 001 100 011

${}_{n}^{2}$Code

图 4.7　二进制三维编码按位交叉编码得到二进制一维编码

GeoSOT-ST 时空剖分网格二进制一维编码生成算法如表 4.5 所示。

**表 4.5　GeoSOT-ST 时空剖分网格二进制一维编码生成算法**

| | **Algorithm EncodeGeoSOT_STBinaryCode** |
|---|---|
| 1 | **Input:** Lat = (deg1, min1, sec1, subs1), Lon = (deg2, min2, sec2, subs2), Time = (MM, dd, HH, mm, ss), Level, $Move=\{move_u \mid u\in\mathbb{U}_{dim}\}$ |
| 2 | **Output:** ${}_{Level}^{2}Code$ //GeoSOT-ST 第 Level 层级网格的二进制一维编码 |
| 3 | ${}_{Level}^{2}Code$ = ""; |
| 4 | LatBinaryCode = (deg1<<$move_{deg}$\|min1<<$move_{min}$\|sec1<<$move_{sec}$\|subs1) >>(26-Level); |
| 5 | LatBinaryCode = LatBinaryCode.toBinaryString(); |
| 6 | LonBinaryCode = (deg2<<$move_{deg}$\|min2<<$move_{min}$\|sec2<<$move_{sec}$\|subs2) >>(26-Level); |
| 7 | LonBinaryCode = LonBinaryCode.toBinaryString(); |
| 8 | TimeBinaryCode=(month<<$move_{MM}$\|day<<$move_{dd}$\|hour<<$move_{HH}$\|minute<<$move_{mm}$\| ss)>>(26-Level); |
| 9 | TimeBinaryCode = TimeBinaryCode.toBinaryString(); |
| 10 | **for** index in 1 to Level **do**<br>${}_{Level}^{2}Code$ = ${}_{Level}^{2}Code$ + LatBinaryCode.getCharAt(index)+<br>LonBinaryCode. getCharAt(index) + TimeBinaryCode. getCharAt(index); |
| 11 | **end for** |
| 12 | **return** ${}_{Level}^{2}Code$ |

2) 二进制一维时空网格编码解码方法

二进制一维编码的解码是上述编码的逆过程。

首先，将二进制一维编码 ${}_{n}^{2}\text{Code}$ 还原为二进制三维编码 $\left({}_{n}^{2}\varphi\text{Code}, {}_{n}^{2}\lambda\text{Code}, {}_{n}^{2}t\text{Code}\right)$。然后，利用位运算计算各维度二进制编码在时空域 $\boldsymbol{D}_{\text{ST}}$ 对应的值。设 $\dim \in \{\text{Lat}, \text{Lon}, T\}$，维度 dim 第 $n$ 层级二进制码为 ${}_{n}^{2}\text{dimCode}$，其在时空域 $\boldsymbol{D}_{\text{ST}}$ 上度量单位 $u\left(u \in \mathbb{U}_{\dim}\right)$ 对应值为 $\text{value}_u$，$\text{value}_u$ 计算如式(4.6)：

$$\text{value}_u = \left\{\left[{}_{n}^{2}\text{dimCode} \ll (26-n)\right] \gg \text{move}_u\right\} \& \left(2^{\text{bitslen}_u} - 1\right) \tag{4.6}$$

例如，利用位运算求 ${}_{14}^{2}t\text{Code}$ 在时空域 $\boldsymbol{D}_{\text{ST}}$ 上对应 $t_{\text{dd}}$ 的过程如下。首先，二进制码 ${}_{14}^{2}t\text{Code}$ 左移 12 位，还原为图 4.6(d)。再右移 $\text{move}_{\text{dd}} = 17$，还原至图 4.8 (a)所示 ${}_{14}^{2}t\text{Code}_{\text{dd}}'$，最后将该二进制码与 $\left(2^{\text{bitslen}_{\text{dd}}} - 1\right) = 2^5 - 1 = 31$ [图 4.8 (b)]进行按位与(&)运算，得到 $\text{value}_{\text{dd}}$，如图 4.8 (c)。

| 31 | 30 | 29 | 28 | 27 | 26 | 25 | 24 | 23 | 22 | 21 | 20 | 19 | 18 | 17 | 16 | 15 | 14 | 13 | 12 | 11 | 10 | 9 | 8 | 7 | 6 | 5 | 4 | 3 | 2 | 1 | 0 |
|---|---|---|---|---|---|---|---|---|---|---|---|---|---|---|---|---|---|---|---|---|---|---|---|---|---|---|---|---|---|---|---|
| 0 | 0 | 0 | 0 | 0 | 0 | 0 | 0 | 0 | 0 | 0 | 0 | 0 | 0 | 0 | 0 | 0 | 0 | 0 | 0 | 0 | 0 | 0 | MM | MM | MM | MM | dd | dd | dd | dd | dd |

(a) 右移$\text{move}_{\text{dd}}$=17得到 ${}_{14}^{2}t\,\text{Code}_{\text{dd}}'$

| 31 | 30 | 29 | 28 | 27 | 26 | 25 | 24 | 23 | 22 | 21 | 20 | 19 | 18 | 17 | 16 | 15 | 14 | 13 | 12 | 11 | 10 | 9 | 8 | 7 | 6 | 5 | 4 | 3 | 2 | 1 | 0 |
|---|---|---|---|---|---|---|---|---|---|---|---|---|---|---|---|---|---|---|---|---|---|---|---|---|---|---|---|---|---|---|---|
| 0 | 0 | 0 | 0 | 0 | 0 | 0 | 0 | 0 | 0 | 0 | 0 | 0 | 0 | 0 | 0 | 0 | 0 | 0 | 0 | 0 | 0 | 0 | 0 | 0 | 0 | 0 | 1 | 1 | 1 | 1 | 1 |

(b) 二进制码 $(2^{\text{bitslen}_{\text{dd}}}-1)$

| 31 | 30 | 29 | 28 | 27 | 26 | 25 | 24 | 23 | 22 | 21 | 20 | 19 | 18 | 17 | 16 | 15 | 14 | 13 | 12 | 11 | 10 | 9 | 8 | 7 | 6 | 5 | 4 | 3 | 2 | 1 | 0 |
|---|---|---|---|---|---|---|---|---|---|---|---|---|---|---|---|---|---|---|---|---|---|---|---|---|---|---|---|---|---|---|---|
| 0 | 0 | 0 | 0 | 0 | 0 | 0 | 0 | 0 | 0 | 0 | 0 | 0 | 0 | 0 | 0 | 0 | 0 | 0 | 0 | 0 | 0 | 0 | 0 | 0 | 0 | 0 | dd | dd | dd | dd | dd |

(b) $t_{\text{dd}}$计算结果

图 4.8　GeoSOT-ST 解码过程中位运算示例

GeoSOT-ST 时空剖分网格二进制一维编码的解码算法如表 4.6 所示。

**表 4.6　GeoSOT-ST 时空剖分网格二进制一维编码的解码算法**

| | **Algorithm DecodeGeoSOT_STBinaryCode** |
|---|---|
| 1 | **Input:** ${}_{Level}^{2}Code$ |
| 2 | **Output:** Lat={ $value_u$ \| u ∈ $\mathbb{U}_{Lat}$ }, Lon=={ $value_u$ \| u ∈ $\mathbb{U}_{Lon}$ }, Time=={ $value_u$ \| u ∈ $\mathbb{U}_{T}$ } |
| 3 | Level = ${}_{Level}^{2}Code$.length() / 3 |
| 4 | Lat, Lon, Time={}; |
| 5 | { ${}_{Level}^{2}LatCode$ , ${}_{Level}^{2}LonCode$ , ${}_{Level}^{2}TimeCode$ } = SplitCode ( ${}_{Level}^{2}Code$ ) //拆分为二进制三维编码 |
| 6 | **foreach** dim ∈ $\{Lat, Lon, Time\}$ **do** |
| 7 | ${}_{level}^{2}dimCode = GetdimCode$ ( dim ) |
| 8 | **foreach** u in $\mathbb{U}_{dim}$ **do** |

| | |
|---|---|
| 9 | $value_u = \left( \left( {}_{level}^{2}dimCode \ll (26 - Level) \right) \gg move_u \right) \& \left( 2^{bitslen_u} - 1 \right)$ |

续表

| | **Algorithm DecodeGeoSOT_STBinaryCode** |
|---|---|
| 10 | dim.add( $value_u$ ) |
| 11 | **end for** |
| 12 | **end for** |
| 13 | **return** Lat, Lon, Time |

二进制一维编码具有以下性质：

(1) 第 $n$ 层级二进制一维编码 ${}_{n}^{2}$Code 的编码长度为 $3n$，每 3 位代表八叉树中一个剖分层级的节点编码。

(2) 第 $n_1$ 层级父网格二进制一维编码 ${}_{n_1}^{2}$Code 是其在第 $n_2$ 层级子网格二进制一维编码 ${}_{n_2}^{2}$Code 的前缀，且 ${}_{n_1}^{2}\text{Code} = \text{Prefix}({}_{n_2}^{2}\text{Code}, 3n_1)$，如图 4.9 所示。

(3) 将二进制一维编码按数值大小排列，在各层级形成剖分时空网格编码的三维 $Z$ 序(图 4.10)。

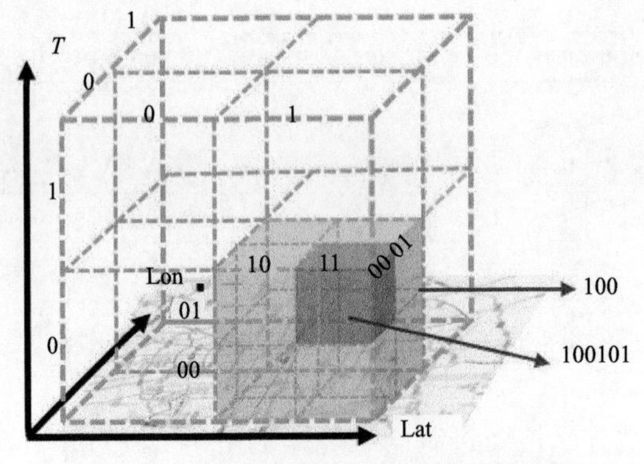


图 4.9　父网格编码是子网格编码的前缀

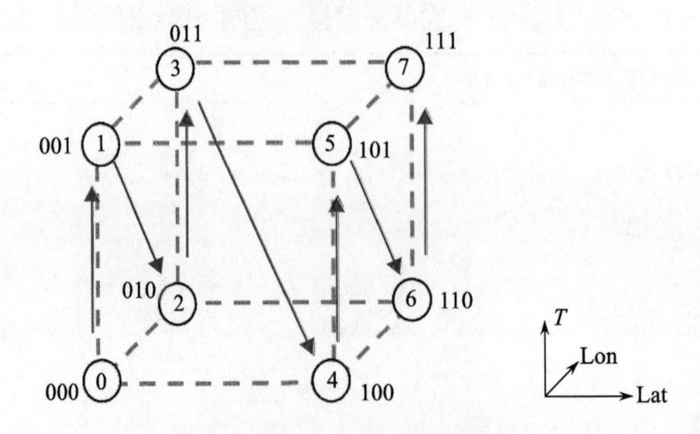


图 4.10　GeoSOT-ST 的 $Z$ 序编码

需要指出的是，图 4.9 和图 4.10 所示编码方向是 GeoSOT-ST 剖分网格位于东北半球的情况，由于 GeoSOT-ST 时空剖分编码在空间维与 GeoSOT 空间剖分编码一致，因此，在不同象限中，时空剖分编码的排序方向不同(图 4.11)。空间位置在赤道及本初子午线附近的剖分网格单元会出现编码跨界的现象。

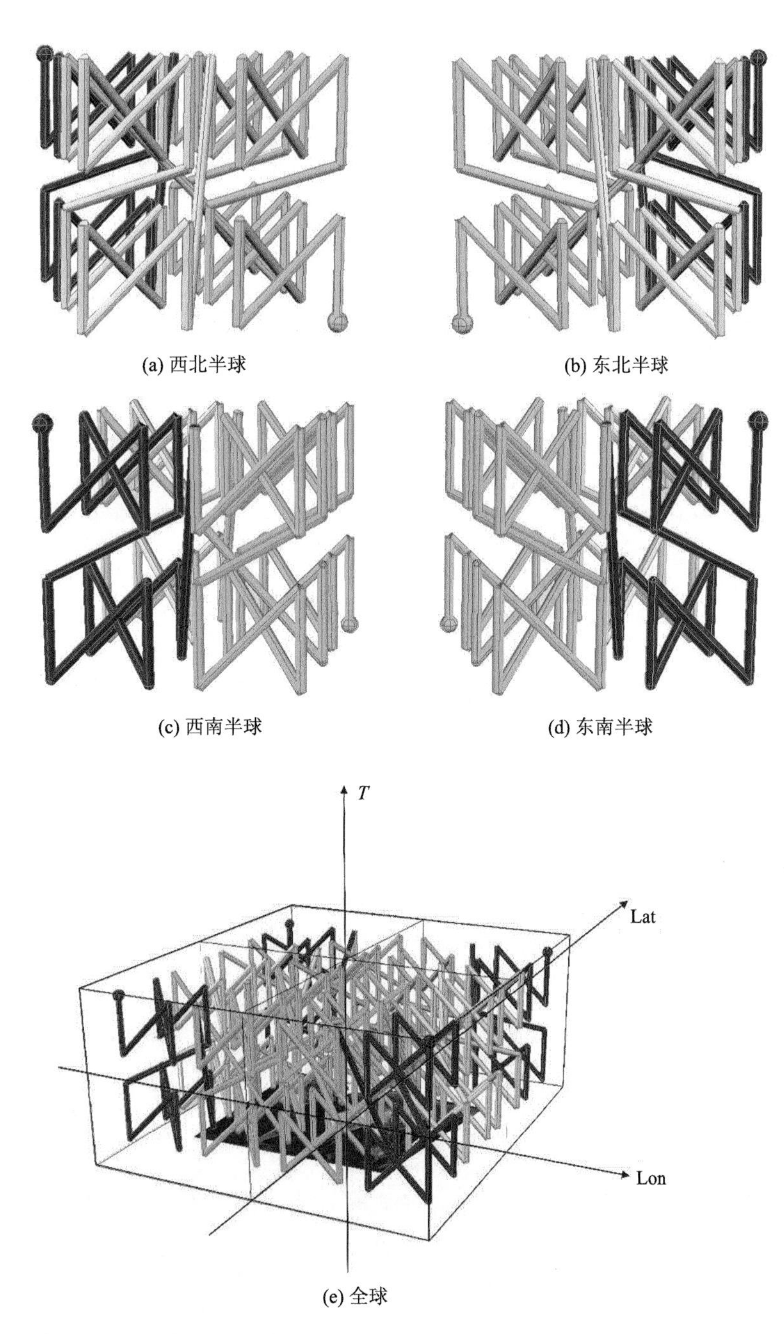


(a) 西北半球　(b) 东北半球

(c) 西南半球　(d) 东南半球

(e) 全球

图 4.11　三维 Z 序方向(蓝球为起点，红球为终点)

图 4.12 为东北半球三个层级编码顺序的示例，可以看到，时空剖分网格编码形成的 *Z* 序，使得在三维时空域 $\boldsymbol{D}_{\mathrm{ST}}$ 上相邻的数据对象，经过编码映射到一维空间 $\boldsymbol{D}_{\text{GeoSOT-STCode}}$ 后仍大概率邻近(*Z* 序编码跳跃性使之无法确保绝对相邻)，从而保持较好的局部性。

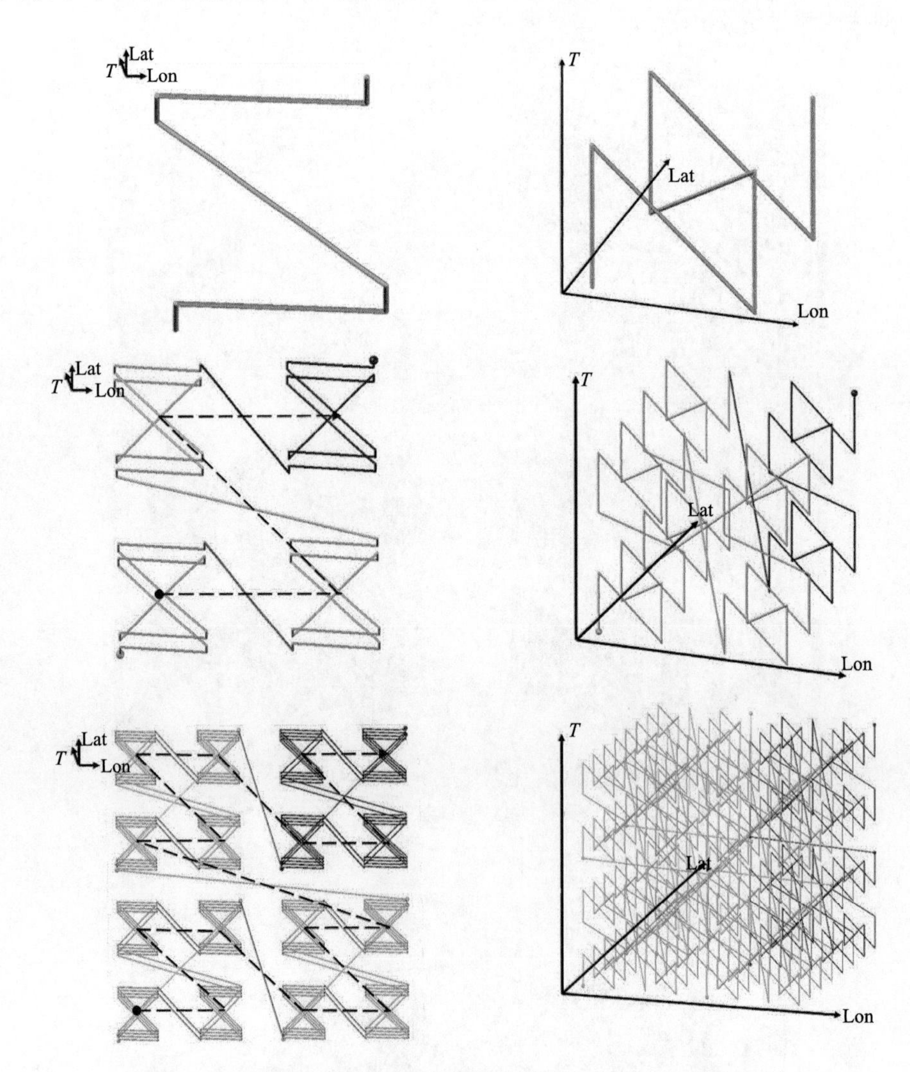


图 4.12　*Z* 序编码保持较好的局部性(蓝球为起点，红球为终点)

3) 八进制一维编码

二进制一维编码转换为八进制一维编码，将便于进行八叉树节点关系判断。转换过程为：从 ${}_{n}^{2}\mathrm{Code}$ 末置位开始，每 3 位进行拆分，并转换为相应的八进制数表示。八进制一维编码具有以下性质。

(1) 第 $n$ 层级八进制一维编码 ${}_{n}^{8}\mathrm{Code}$ 的编码长度为 $n$，每一位代表八叉树中 1 个剖分层级的节点编码。

(2)第 $n_1$ 层级父网格的八进制一维编码 ${}_{n_1}^{8}\text{Code}$ 是其在第 $n_2$ 层级子网格的八进制一维编码 ${}_{n_2}^{8}\text{Code}$ 的前缀，且 ${}_{n_1}^{8}\text{Code}=\text{Prefix}\left({}_{n_2}^{8}\text{Code},n_1\right)$。

(3)将八进制一维编码在各个层级按数值大小排列，在各层级形成剖分时空网格编码的三维 $Z$ 序。

4)六十四进制一维编码

在某些应用场景中，编码长度对数据查询、传输有较大的影响。此时为了进一步缩短编码位数，可将二进制一维编码 ${}_{n}^{2}\text{Code}$ 转换为六十四进制一维编码 ${}_{n}^{64}\text{Code}$。转换过程为：从 ${}_{n}^{2}\text{Code}$ 末置位开始，每 6 位进行拆分，并用六十四进制编码表中对应的字符表示。本书中 GeoSOT-ST 所采用的 Base64 编码如表 4.7 所示。在该编码表中，字符的字典序仍保留了原始值的顺序信息。

**表 4.7　Base64 编码表**

| 二进制码 | 字符 | 二进制码 | 字符 | 二进制码 | 字符 | 二进制码 | 字符 |
|---|---|---|---|---|---|---|---|
| 000000 | 0 | 010000 | F | 100000 | V | 110000 | k |
| 000001 | 1 | 010001 | G | 100001 | W | 110001 | l |
| 000010 | 2 | 010010 | H | 100010 | X | 110010 | m |
| 000011 | 3 | 010011 | I | 100011 | Y | 110011 | n |
| 000100 | 4 | 010100 | J | 100100 | Z | 110100 | o |
| 000101 | 5 | 010101 | K | 100101 | _ | 110101 | p |
| 000110 | 6 | 010110 | L | 100110 | a | 110110 | q |
| 000111 | 7 | 010111 | M | 100111 | b | 110111 | r |
| 001000 | 8 | 011000 | N | 101000 | c | 111000 | s |
| 001001 | 9 | 011001 | O | 101001 | d | 111001 | t |
| 001010 | : | 011010 | P | 101010 | e | 111010 | u |
| 001011 | A | 011011 | Q | 101011 | f | 111011 | v |
| 001100 | B | 011100 | R | 101100 | g | 111100 | w |
| 001101 | C | 011101 | S | 101101 | h | 111101 | x |
| 001110 | D | 011110 | T | 101110 | i | 111110 | y |
| 001111 | E | 011111 | U | 101111 | j | 111111 | z |

六十四进制一维编码具有以下性质：

(1)第 $n$ 层级六十四进制一维编码 ${}_{n}^{64}\text{Code}$ 的编码长度为 $\left\lceil\frac{\text{len}\left({}_{n}^{2}\text{Code}\right)}{6}\right\rceil$，每 1 个 bits 代表八叉树中 2 个剖分层级的节点编码。

(2)第 $n_1$ 层级六十四进制一维编码 ${}_{n_1}^{64}\text{Code}$ 是其在第 $n_2$ 层级子网格的六十四进制一维编码 ${}_{n_2}^{64}\text{Code}$ 的前缀，当且仅当 $n_1$、$n_2$ 奇偶性质相同。

(3) 将六十四进制一维编码在各个层级按照字典序排列，在奇偶性质相同的层级上形成剖分时空网格编码的三维 Z 序。

## 4.3　时空对象建模

已有的时空数据模型大都是扩充空间模型或时态模型来表示和处理时间数据或空间数据。从底层结构上来看，空间数据模型可分为两类：基于对象的模型和基于位置的模型，前者为矢量数据模型，后者为栅格数据模型。在空间数据模型中集成时间维的方法是将时间维分别集成到基于对象和基于位置的模型中去。所以现有的时空数据模型可分为基于位置(栅格)的时空数据模型、基于对象(矢量)的时空数据模型、基于时间(事件)的时空数据模型和基于语义的时空数据模型。

根据对时间信息组织方式不同，时空数据库主要有拓展关系型时空数据库和面向对象型时空数据库两类。

**1. 拓展关系型时空数据建模**

传统的关系模型具有语义丰富、理论完善以及许多高效灵活的实现机制，使人们开始尝试在传统关系模型中加入时间维，扩充关系模型，用关系代数以及查询语言来处理时空数据，从而直接或者间接地基于关系模型支持时空数据的存储、表示和处理(Lum and Dadam, 1984)。基于这一思想，主要有下列方法。

(1) 归档保存。这是一种支持时空数据的最原始、最简单的方法，就是以规则的时间间隔备份所有存储在库中的数据。这种方法的不足非常明显，主要有：①发生在备份间的事件未被记录，致使部分信息丢失；②对存档信息的搜索慢且笨拙；③许多数据重复归档，存在大量的数据冗余。

(2) 时间片。这种方法是将库中某时刻的时空信息存储在一个平面文件或二维表格中，即所谓的时间片(time-slice)。当发生变化时，将当前状态表存储起来，并给定一个时间戳(用 since 和 until 来标记，表明状态的一段区间)，然后复制出来并更新为新状态。与归档保存相比，这一方法在效率上有所改善，但仍存在大量数据冗余，而且使用一个时间戳时，对有关生命周期的查询会非常烦琐。使用两个时间戳时，对特定属性变化的查询，又需检测所有时间片。

(3) 记录级时间戳。这种方法将时间戳作用于记录(或元组)级，而非整个关系，时间戳可采用前面提到的两种方法。其实现过程是：当发生事件时，将当前记录标记时间戳，然后建立一个具有变化后新属性值的记录加入表中，新记录的加入可以有 3 种不同的方法：①最低效的方法是把新记录加在表尾，从而将得到一个规整的时序视图，但也意味着需要频繁顺序搜索来应答查询；②Snodgrass 和 Ahn (1985) 描述了另一种方法，将相关的记录依时序放在一起，这种方法对于关于生命期的查询非常便利；③对每一时间片以同样的方式对表中记录排序，这种方法的问题在于若发生一个事件时，某记录没有发生变化，那它仍需复制或以空白填充不变的记录。上述这些方法都存在一个共同缺陷，关系表会变得越来越长，导致应答时间下降，Lum 和 Dadam (1984) 提出了另一种称作链式元组级时态 GIS 的实现方法。其工作原理是由 2 个关系而不是 1 个关系来表示时态实体：第 1 个关系只存储当前状态，每当事件发生时便更新；第 2 个关系以链式保存所有的历史记录。这样在相关的记录间建立了简单的便利存取路径，提高了效率，而且删除记录也非常简单，但需要整个记录时并不方便，一种改进的方法是分离时变属性和非时变属性，从而节省内存开销，对历史数据存取快速，减少更新费用。

早期的时空数据模型具有代表性的有时空立方体模型和时空快照模型，该类模型首次在语义上实现了“静态-动态”的扩展，丰富了地理实体的动态语义。通过把时态信息离散地标示在矢量或栅格数据的状态上，利用不同时刻状态的变化检测操作，实现矢量或栅格数据变化信息的表达。该类数据模型在动态语义上的突破，为后续时空建模的时态信息表达奠定了理论基础。

从表达的地理实体类型上分析，由于时态信息离散地标示在矢量或栅格数据的状态上，该数据模型只能表达某时刻状态发生变化的地理实体，无法实现时间范围内连续变化的地理实体的描述与表达。例如，该类数据模型能表达海岸线的变迁、土地的利用变更，却无法实现台风、火势蔓延等现象动态变化的描述与表达。

由于在时空语义下缺少变化信息和变化机制，该类数据模型能够回答某时刻地理实体的状态问题，而对于地理实体某时段内的变化问题，则需要通过模型外部或内部的操作算子实现，问题的复杂性与操作算子的复杂度呈线性比例关系；而对于引起变化的原因、变化的程度及趋势等问题却无能为力。

该类数据模型表达地理实体类型和解决地球信息科学问题的能力有限，不足之处主要包括：①数据冗余问题。不同时刻状态信息的重复存储。②地理实体的变化尺度与表达的时态尺度一致性问题。如何解决两者的同步性，尽可能减少信息丢失。③时刻状态间的信息丢失问题。地理实体的变化尺度与表达的时态尺度不一致和表达连续变化的地理实体时，都会存在信息的丢失问题。

**2. 面向对象型时空数据建模**

对于复杂的时间信息，大部分基于关系模型的 GIS 是通过大量元祖牵强地表示，对于一些无法表示的语义属性只能在外部描述，所以说关系模型的数据类型简单，缺少表达能力，GIS 中的许多实体和结构很难映射到关系模型中。而在面向对象(object-oriented，OO)模型中，其提供了泛化、特例化、聚合和关联等机制，易于支持 GIS 中各种形式的时空数据，其可以是矢量数据或栅格数据，也可以是不同数据类型的集成。面向对象技术以更自然的方式对复杂的时空信息模型化，是支持时空复杂对象建模的最有效手段，它的最基本优点是打破关系模型范式的限制，直接支持对象的嵌套和变长记录。数据结构和方法的封装便于数据对象不同表示间的转换，在处理地理时空不确定性方面，OO 技术也体现了优越性。

面向对象的时空数据模型的核心内容是在静态对象数据模型的基础上扩展时态信息的表达。从时空语义上分析，时态信息离散地标示在变化地理对象上，等同地记录对象的空间信息、属性信息和空间关系，而信息的变化需通过不同时刻状态对象的变化操作获取。与基于传统数据模型扩展不同的是，该类数据模型能隐式地表达空间关系的动态变化。

Michael F. Worboys 提出了基于三维时空特征$(x, y, t)$的对象时空模型。其基本思想是：空间对象(只考虑平面维)加上其时间轴信息，即构成了一个完整的三维时空对象(ST-objects)。Inith OO 模型提供了唯一的对象标识，将对象完全封装起来，用灵活的相关语义说明内部对象的关联。OSAM/T 模型使用了对象时间戳方法，记录对象、对象实例的历史和对象间关联的历史，使历史数据和当前数据在物理上、逻辑上分离，历史区可采用分布式存储或静态存储。

模型中时空对象的一般结构示例：以对象结构描述时空对象的时间、空间和属性 3 个基本成分。

<OBJ:{O-ID, Attr$(t)$, Spatial$(t)$, Temporal$(T_v, T_d)$, Actions}>

(1) OBJ：时空对象，包括点、线、多边形、体、简单对象、复杂对象。

(2) O-ID：对象的唯一标识符。

(3) Attr$(t)$：对象随时间 $t$ 变化的非空间属性描述。

(4) Spatial$(t)$：对象随时间 $t$ 变化的空间特征描述。

(5) Temporal$(T_v, T_d)$：对象的时态性描述，反映对象的产生、演变和消亡的生命历程，其中有效时间 $T_v$ 与数据库时间 $T_d$ 是正交的(有效时间也称逻辑时间、事件时间、数据时间或世界时间，是指时间在现实中发生的时间；数据库时间也称事务时间、物理时间，指事件被记录在数据库中的时间)。

(6) Actions：对象的行为操作描述，定义对象的时间、空间及属性的各种运算操作，实现同类对象或不同类对象间的互相联系，使对象的数据和操作部分紧密联系起来，通过面向对象技术的多态性和继承性，以自然简洁的方式实现运算符重载、各种拓扑关系集合关系的重载。对时态关系及操作符的实现，对空间、非空间属性随时间变化的描述，都具有较好的灵活性、可扩充性和可维护性。

该类数据模型以地理对象作为表达载体，能表达空间信息、属性信息和空间关系同时发生变化的地理实体类型；从解决的地球信息科学问题上分析，其不仅能解决空间和属性信息的状态变化问题，也能回答空间关系的变化问题。例如，龚健雅(1997)利用面向对象技术把时态信息分别标示在属性信息、空间信息、空间关系和对象版本上，实现地理实体的属性信息、空间信息及关系和地理对象的动态变化。与基于静态数据模型的扩展类似，该类数据模型无法直接表达对象的变化信息，需要通过模型内部和外部的操作算子实现，且同样无法回答对象变化原因、变化程度、变化趋势等问题。其不足之处与基于静态数据模型的扩展类似，主要存在数据冗余和信息丢失。

由于时空对象的复杂性和多样性，现有的时空表达与建模理论多基于特定的应用领域、针对特定的科学问题设计，致使时空动态语义表达框架体系不完整。因而，有必要对现有的时空数据模型的时空动态语义和表达框架体系进行分析，力求为开展时空表达与建模理论提供新的研究思路。

## 4.4　时空剖分编码生成与解码试验

本章时空四维剖分编码与数据建模试验采用的软硬件环境如下。

### 1. 硬件环境

CPU：Intel(R) Xeon(R) Platinum 8163 CPU @ 2.50GHz，双核；
内存：8GB；
硬盘：1TB。

### 2. 软件环境

操作系统：CentOS 7.4 64bit；
编程语言：Java；
编译器：Eclipse 4.9.0。

### 3. 编解码试验

为了验证 GeoSOT-ST 时空剖分网格编码与解码方法的可行性与正确性，设计试验步骤如下。

随机生成 $m$ 个由时空域 $\boldsymbol{D}_{\mathrm{ST}}$ 中的坐标对组成的集合 $P=\{p_i(\varphi_i,\lambda_i,t_i)\mid 1\leqslant i\leqslant m\}$。$\forall p_i\in P$，随机生成层级 $\mathrm{level}(1\leqslant \mathrm{level}\leqslant 26)$。根据本章提出的时空剖分网格编码方法，分别得到 ${}_{\mathrm{level}}^{2}\mathrm{Code}_i$、${}_{\mathrm{level}}^{8}\mathrm{Code}_i$ 和 ${}_{\mathrm{level}}^{64}\mathrm{Code}_i$。利用时空剖分网格解码方法，将 ${}_{\mathrm{level}}^{2}\mathrm{Code}_i$、${}_{\mathrm{level}}^{8}\mathrm{Code}_i$ 和 ${}_{\mathrm{level}}^{64}\mathrm{Code}_i$ 还原为第 level 层级网格的角点坐标 $C_i=(\mathrm{lat}_i,\mathrm{lon}_i,t_i)$。对于 $P_i$ 和 $C_i$，计算两个坐标点在各个维度上的距离 $\mathrm{dist}_{\mathrm{dim}}(\mathrm{dim}\in\{\mathrm{Lat},\mathrm{Lon},T\})$，正确的编码与解码过程应满足：$\forall i\in m,\forall \mathrm{dim}\in\{\mathrm{Lat},\mathrm{Lon},T\}$，有 $\mathrm{dist}_{\mathrm{dim}}\leqslant \mathrm{scale}_{\mathrm{dim}}^{\mathrm{level}}$，其中 $\mathrm{scale}_{\mathrm{dim}}^{\mathrm{level}}$ 为第 level 层级网格在维度 dim 上的尺度。

按照上述方法，本节设定 $m=100\ 000$ 进行了测试，验证了编码与解码方法的可行性和正确性。以 $p_i(\varphi_i,\lambda_i,t_i)=$ (39°59′35.375″, 116°18′45.344″, 2019-03-29 08:30:00)为例，给出以下部分示例结果。

1) 当 level =8 时

(1) 得到二进制一维、八进制一维和六十四进制一维编码分别为
${}_{8}^{2}\mathrm{Code}_i=000000011111011001111100$；
${}_{8}^{8}\mathrm{Code}_i=00373174$；
${}_{8}^{64}\mathrm{Code}_i=0\mathrm{UOw}$。
(2) 通过解码，还原得第 8 层级 GeoSOT-ST 网格的角点坐标 $C_i$：
$\mathrm{lat}_i=38°0′0.0″$；
$\mathrm{lon}_i=116°0′0.0″$；

$t_i = $ 03-28 00:00:00。

(3) $P_i$ 和 $C_i$ 在各个维度上的距离 $\text{dist}_{\text{dim}}\left(\text{dim} \in \{\text{Lat}, \text{Lon}, T\}\right)$：

$\text{dist}_{\text{Lat}} = 1°59'35.375'' \leqslant \text{scale}_{\text{Lat}}^{8} = 2°$；

$\text{dist}_{\text{Lon}} = 0°18'45.344'' \leqslant \text{scale}_{\text{Lon}}^{8} = 2°$；

$\text{dist}_{T} = 1\text{d}\ 8\text{h}\ 30\text{min} \leqslant \text{scale}_{T}^{8} = 2\ \text{d}$。

2) 当 level =17 时

(1) 得到二进制一维、八进制一维和六十四进制一维编码分别为

${}_{17}^{2}\text{Code}_i$ = 000000011111011001111100101100111100000110100111001；

${}_{17}^{8}\text{Code}_i$ = 00373174547406471；

${}_{17}^{64}\text{Code}_i$ = 03vE_bVot。

(2) 通过解码，还原得第 17 层级 GeoSOT-ST 网格的角点坐标 $C_i$：

$\text{lat}_i = 39°59'32.0''$；

$\text{lon}_i = 116°18'32.0''$；

$t_i = $ 03-29 08:24:00。

(3) $P_i$ 和 $C_i$ 在各个维度上的距离 $\text{dist}_{\text{dim}}\left(\text{dim} \in \{\text{Lat}, \text{Lon}, T\}\right)$：

$\text{dist}_{\text{Lat}} = 0°0'3.375'' \leqslant \text{scale}_{\text{Lat}}^{17} = 16''$；

$\text{dist}_{\text{Lon}} = 0°0'13.344'' \leqslant \text{scale}_{\text{Lon}}^{17} = 16''$；

$\text{dist}_{T} = 6\ \text{min} \leqslant \text{scale}_{T}^{17} = 8\ \text{min}$。

3) 当 level =26 时

(1) 得到二进制一维、八进制一维和六十四进制一维编码分别为

${}_{26}^{2}\text{Code}_i$ = 0000000111110110011111001011001111000001101001110010110
11100110000110100010010；

${}_{26}^{8}\text{Code}_i$ = 00373174547406471334606422；

${}_{26}^{64}\text{Code}_i$ = 0UOwgw6bARkoH。

(2) 通过解码，还原得第 26 层级 GeoSOT-ST 网格的角点坐标 $C_i$：

$\text{lat}_i = 39°59'35.375''$；

$\text{lon}_i = 116°18'45.344''$；

$t_i = $ 03-29 08:30:00。

(3) $P_i$ 和 $C_i$ 在各个维度上的距离 $\text{dist}_{\text{dim}}\left(\text{dim} \in \{\text{Lat}, \text{Lon}, T\}\right)$：

$\text{dist}_{\text{Lat}} = 0 \leqslant \text{scale}_{\text{Lat}}^{26} = 1/32''$；

$\text{dist}_{\text{Lon}} = 0.00025 \leqslant \text{scale}_{\text{Lon}}^{26} = 1/32''$；

$\text{dist}_{T} = 0 \leqslant \text{scale}_{T}^{26} = 1$。

在示例给出的三个层级中，原始输入点坐标 $P_i$ 和解码后得到的网格角点坐标 $C_i$ 在纬度、经度、时间维上的距离 $\text{dist}_{\text{dim}}\left(\text{dim} \in \{\text{Lat}, \text{Lon}, T\}\right)$ 均分别小于该层级网格在相应维

度上的尺度大小，即满足编码与解码的正确性条件。

对比不同的时空网格层级，当层级越高，对应的时空网格尺度越小，精度越高，故编码过程对时空信息损失越少，还原得到的网格角点坐标与原始输入点坐标相差越小。

对比不同的编码形式，二进制一维和八进制一维形式的时空网格编码在各层级体现出良好的前缀关系，而六十四进制一维编码只有当层级奇偶性相同时，才具有前缀关系，如偶数层级对应的 ${}^{64}_{8}\mathrm{Code}_i$ 是 ${}^{64}_{26}\mathrm{Code}_i$ 的前缀，而奇数层级的六十四进制一维编码 ${}^{64}_{17}\mathrm{Code}_i$ 与前两者互相不存在前缀关系。

为了验证 GeoSOT-ST 时空剖分网格编码与解码方法的高效性，与 Geohash 在时间维的扩展编码 ST-Code(钟运琴等, 2013)进行对比试验，试验步骤设计如下。

首先随机生成 $m$ 个($m = 200\,000, 1\,000\,000, 5\,000\,000, 25\,000\,000$)由时空域 $D_{\mathrm{ST}}$ 中的坐标对组成的集合 $P = \{p_i(\varphi_i, \lambda_i, t_i) | 1 \leqslant i \leqslant m\}$，$\forall p_i \in P$，分别基于 GeoSOT-ST 和 ST-Code 方法，生成第 9、第 15、第 21、第 26 层级二进制一维网格编码并记录耗时 $t_{\mathrm{encode}}$，将这些生成的二进制一维网格编码按各自解码方法还原为 $D_{\mathrm{ST}}$ 中的坐标对并记录耗时 $t_{\mathrm{decode}}$。

ST-Code 具有二进制一维和六十四进制一维两种编码形式，本示例只比较 GeoSOT-ST 和 ST-Code 二进制一维形式的编码与解码效率，这是由于其他形式编码都是由二进制一维形式转换而成的，两种方法的转换过程区别不大，因此该步骤不会产生显著的效率差。编码效率对比试验结果如表 4.8 和图 4.13 所示，解码效率对比试验结果如表 4.9 和图 4.14 所示。

**表 4.8　编码时间**　　(单位：ms)

| 层级 | 方法 | $m = 200\,000$ | $m = 1\,000\,000$ | $m = 5\,000\,000$ | $m = 25\,000\,000$ |
|---|---|---|---|---|---|
| 第 9 层 | GeoSOT-ST | 198 | 699 | 3 476 | 17 574 |
| | ST-Code | 313 | 1 124 | 5 522 | 27 585 |
| 第 15 层 | GeoSOT-ST | 224 | 974 | 5 468 | 26 908 |
| | ST-Code | 387 | 1 413 | 7 519 | 35 729 |
| 第 21 层 | GeoSOT-ST | 307 | 1 426 | 6 687 | 35 850 |
| | ST-Code | 462 | 1 875 | 9 385 | 46 850 |
| 第 26 层 | GeoSOT-ST | 357 | 1 728 | 8 991 | 41 506 |
| | ST-Code | 480 | 2 225 | 11 047 | 55 255 |

**表 4.9　解码时间**　　(单位：ms)

| 层级 | 方法 | $m = 200\,000$ | $m = 1\,000\,000$ | $m = 5\,000\,000$ | $m = 25\,000\,000$ |
|---|---|---|---|---|---|
| 第 9 层 | GeoSOT-ST | 72 | 351 | 1 760 | 8 635 |
| | ST-Code | 129 | 627 | 3 101 | 15 754 |
| 第 15 层 | GeoSOT-ST | 94 | 443 | 2 234 | 10 840 |
| | ST-Code | 150 | 721 | 3 668 | 18 046 |
| 第 21 层 | GeoSOT-ST | 133 | 635 | 3 148 | 15 749 |
| | ST-Code | 189 | 921 | 4 610 | 22 833 |
| 第 26 层 | GeoSOT-ST | 152 | 722 | 3 519 | 17 562 |
| | ST-Code | 209 | 1 004 | 5 033 | 25 014 |

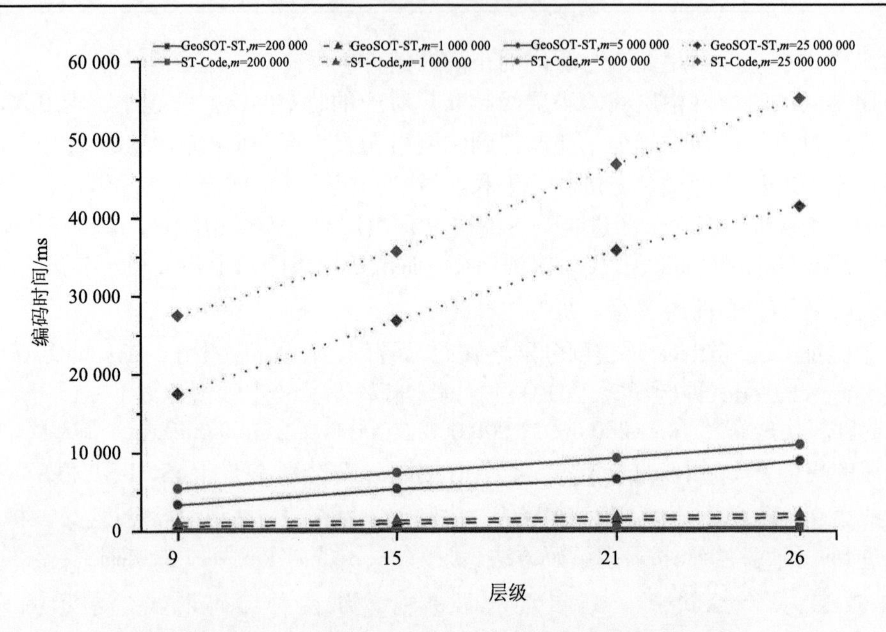


图 4.13　GeoSOT-ST 和 ST-Code 不同层级的编码时间对比

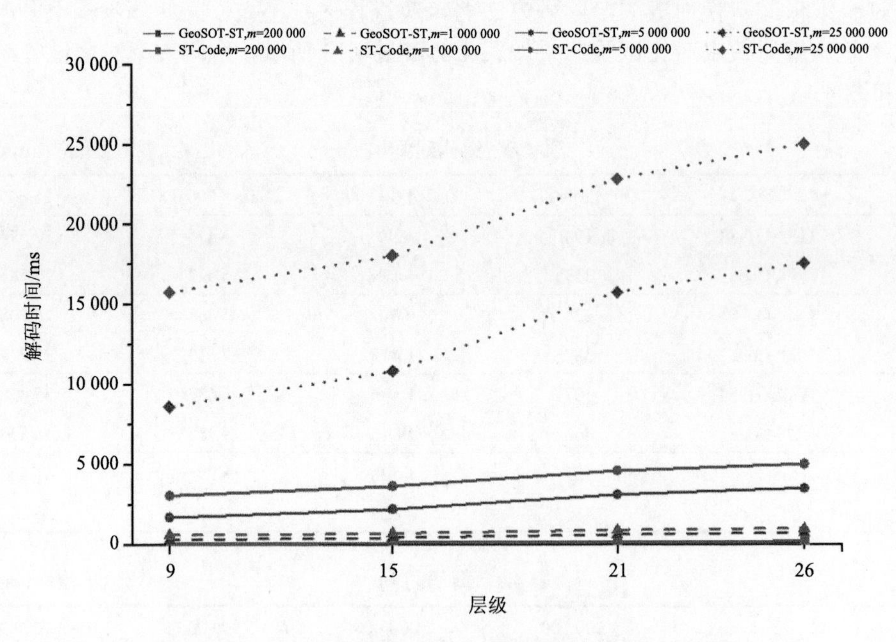


图 4.14　GeoSOT-ST 和 ST-Code 不同层级的解码时间对比

1) 数据量的影响

对于同一层级，随数据量 $m$ 的增加，GeoSOT-ST 和 ST-Code 的编码和解码时间均呈现近线性增长。

2) 层级的影响

相同数据量的情况下，层级越高，GeoSOT-ST 和 ST-Code 的编码和解码耗时都越多。这是随着层级增大，时空网格精度变高，时空编码长度变长，使得两种方法的二进制三维编码生成过程和交叉编码过程耗时均增加。

3) 不同方法的效率对比

在同等数据量、相同层级的各种情况中，GeoSOT-ST 相对于 ST-Code 的编码与解码效率都更高。两种方法在编码与解码的主要区别在于 GeoSOT-ST 通过位运算计算各维度编码值，因此提高了由坐标值计算编码值的效率。获得各维度编码值后，两种方法都是通过交叉编码求出时空剖分编码，该步骤效率无明显差异。

需要指出的是，GeoSOT-ST 二进制一维编码最长为 78 位，由于目前计算机存储能力限制，该编码只能以字符串的形式进行存储，而无法采用整型，因此在各维度交叉编码步骤无法利用位运算进行。一个可能的解决方法是在局部应用中，根据数据产生的时空范围缩小初始剖分域，当编码小于 64 位时，可以通过位运算完成交叉编码过程，进一步提高编码效率。

## 4.5　本 章 小 结

基于时空一体化组织需求，本章提出了 GeoSOT-ST 时空剖分网格与编码模型以及相应的时空剖分体元关系计算方法。通过对时空域的虚拟扩展处理，GeoSOT-ST 剖分过程中产生的各级时空网格单元尺度具有整型特性。利用 GeoSOT-ST 时空网格编码，可以将多维时空数据映射到一维编码空间，并使得时空相近的数据对象组织在一起，保持了良好的局部性，为后续在分布式云存储环境中管理时空数据奠定基础。与现有时空编码方法相比，GeoSOT-ST 时空网格在编码与解码方面都具有高效性。同时，本章基于编码的时空剖分体元关系判断为云数据管理系统中的时空查询提供了理论依据。

# 第5章 地球剖分时空数据库体系架构

## 5.1 经典数据库系统

传统的数据库架构都是在数据库里建立一个表，使数据集中到一起，这就是集中式数据库架构。它主要是靠提高硬件设备的性能来提升数据的处理能力，一般采用双机备份模式：一台服务器装有数据库管理软件；另一台服务器作为备份使用，但作为备份的服务器不能运行数据库实例。这种模式下，数据的处理能力只能取决于一台服务器的性能，它的扩展能力十分有限。此外，这样对设备的依赖，会导致系统的成本大幅度的增加，甚至可能会导致系统被主机和硬件厂商所“绑架”，不得不持续增加投入成本。

**1. 系统组成**

数据库系统一般由五个部分组成：数据库(数据)、数据库管理系统(软件)、数据库管理员(人员)、系统硬件平台(硬件)、系统软件平台(软件)。这五个部分构成了一个以数据库为核心的完整运行实体。

在数据库系统中，硬件平台主要包括以下两类。

(1)计算机：它是系统中硬件的基础平台，目前常用的有微型机、小型机、中型机、大型机及巨型机。近期还扩展到移动终端、智能手机等。

(2)网络：过去，数据库系统一般部署并运行在单机上，但是近年来多建立在网络上，包括局域网、广域网及互联网，其结构形式以客户/服务器(C/S)方式与浏览器/服务器(B/S)方式为主。

数据库系统的软件平台包括以下三类。

(1)操作系统：它是系统的基础软件平台，目前常用的有 Windows 与 UNIX(包括 Linux)等，以及运行在移动终端的 Android 及 iOS 等。

(2)数据库系统开发工具：为开发数据库应用提供的工具，包括过程化程序设计语言(如 Java、C、C++等)、可视化开发工具(VB、PB、Delphi 等)，还包括近期与互联网有关的 ASP、JSP、PHP、HTML 及 XML 等工具以及一些专用开发工具。

(3)中间件：在网络环境下，数据库系统中的数据库与应用间需要有一个提供标准接口与服务的统一平台，它们称为中间件(middleware)。目前，使用较普遍的中间件有微软的 NET、ODMG 的 CORBA 以及基于 Java 的 J2EE 等。它们为支持数据库应用开发、方便用户使用提供基础性的服务。

**2. 系统结构**

数据库应用系统(data base applied system，DBAS)是以数据库为核心，以数据处理为内容的应用系统。数据库应用系统由数据库系统、应用软件及应用界面三部分组成，具体组成包括：数据库、数据库管理系统、数据库管理员、硬件平台、软件平台、应用软件、应用界面。其中，应用软件是由数据库接口工具及应用开发工具编写而成的，应用界面大都由相关的可视化工具开发而成的。数据库应用系统有八个部分，它们以一定的逻辑层次结构方式组成一个以数据库系统为核心的应用实体。

数据库应用系统是根据需求开发的，其开发内容有 4 个部分：数据库生成、应用程序编写、界面开发、接口组成，其层次结构如图 5.1 所示。

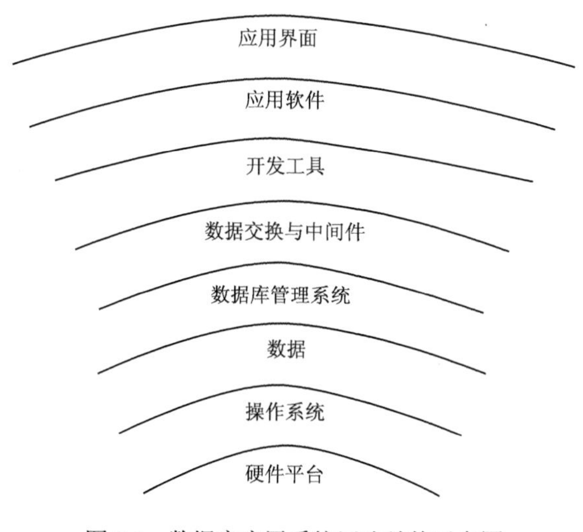


图 5.1　数据库应用系统层次结构示意图

## 5.2　分布式数据库系统

分布式数据库系统(DDBS)包含分布式数据库管理系统(DDBMS)和分布式数据库(DDB)。在分布式数据库系统中，一个应用程序可以对数据库进行透明操作，数据库中的数据分别在不同的局部数据库中存储、由不同的数据库管理系统(DBMS)进行管理、在不同的机器上运行、由不同的操作系统支持、由通信网络连接在一起。

### 1. 系统组成

分布式数据库结构是从数据库数据的组织形式上来说的，传统的数据库数据的组织形式是集中在一起，数据在数据库系统里都是集中在一张数据表中，这就使数据有冗余。分布式数据库数据的组织形式是数据分布于多少个数据库系统节点上。各个数据库节点的数据库系统可以看作一个完整的数据库，但实际上其分布在不同的物理节点上。更确切地讲，是一种“物理上分布、逻辑上整体”的组织模式，即各子数据库不存储在同一计算机的存储设备上，但在逻辑上是相关的。用户可以在任何一个场景下执行全局应用。就好像那些数据是存储在同一台计算机上，有单个数据库管理系统管理一样，用户并没有什么不一样的感觉。其内部运行机制如图 5.2 所示。

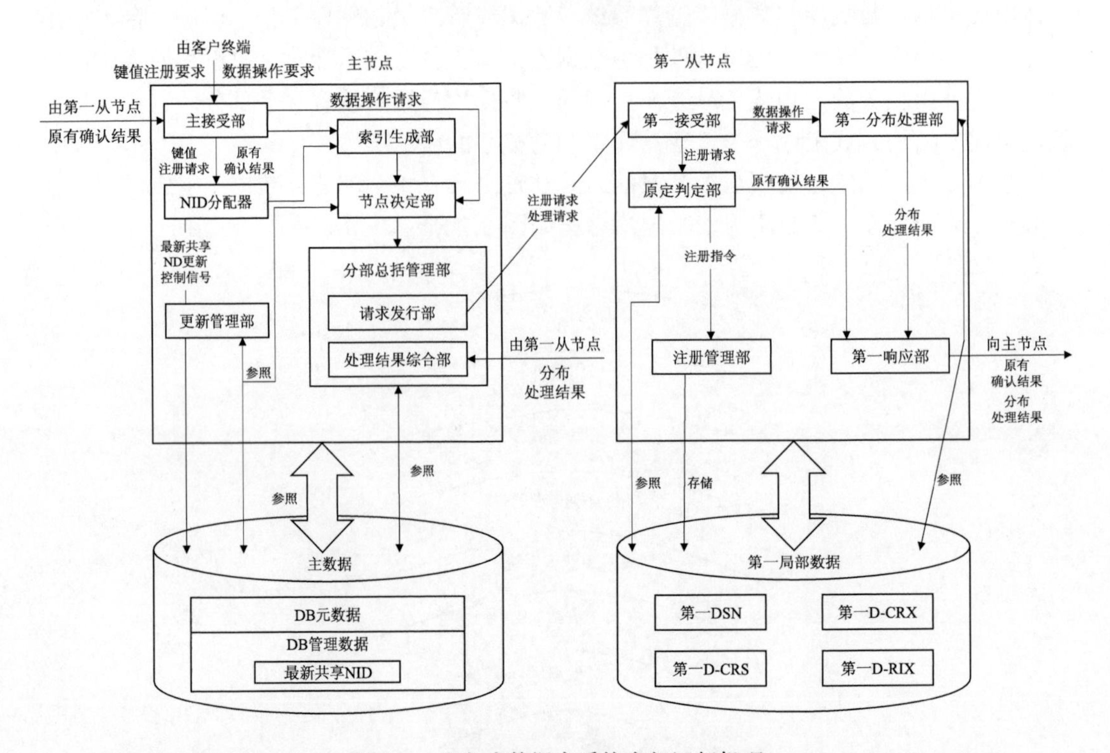


图 5.2　分布式数据库系统内部运行机理

分布式数据库可分为四层：全局外层、全局概念层、局部概念层、局部内层。数据库可看作逻辑上的全局数据库和局部的物理数据库的集合。全局数据库到局部数据库由分配和分片的模式进行描述，如图 5.3 所示。

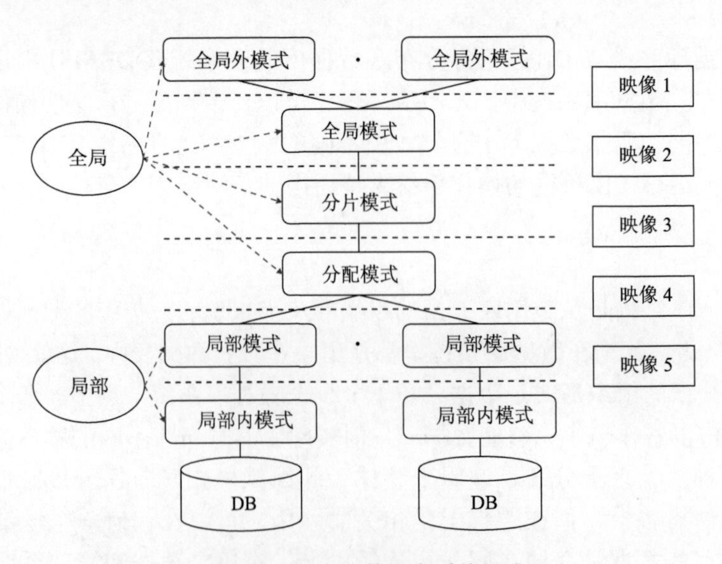


图 5.3　分布式数据库系统组成

**2. 系统结构**

分布式数据库系统有两种形式：第一种就是物理的分布逻辑集成，该形式可以理解为在物理上呈现的分布形式，而在逻辑上则是一个整体的统一。这种形式的数据库系统大多适用于用途单一的专业性较强的部门以及中小企业。第二种则是在物理上和逻辑上都呈现分布形式，简称联邦式，这种形式的数据库系统主要用于大量数据的集成，所以这样的数据库系统主要是由有明显差异以及不同用途的数据库来组成的。分布式数据库的逻辑集中性主要体现在：不管用户在哪个地理位置或者是使用了本局域网里的哪一台电脑，都可以通过应用程序来对数据进行有效的操作；而物理分布性主要体现在：数据库中的数据分别储存在不同的电脑上或者是不同的地域里，都可以通过应用程序来对数据进行有效的操作；但是其也存在着缺陷，用户不知道这些数据库的具体分布位置。

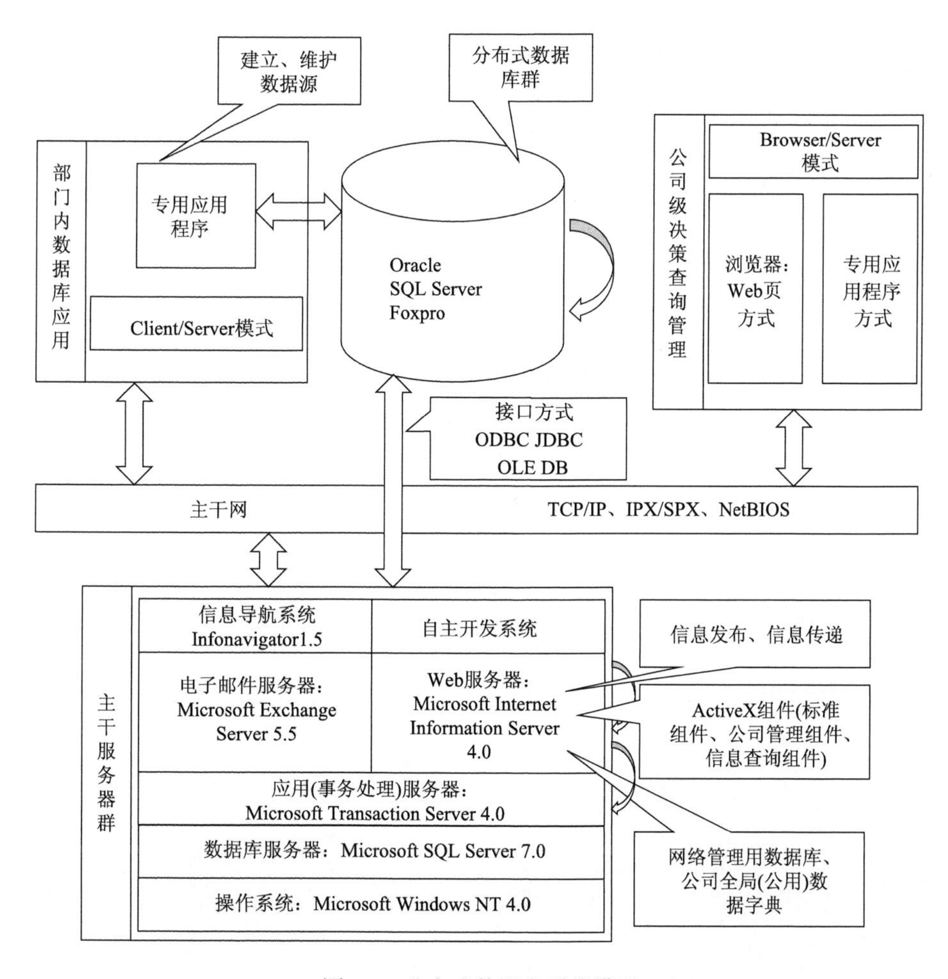


图 5.4　分布式数据库系统模型

分布式数据库系统的应用一般可分为3类：①部门内部的应用，如设计部门的产品结构设计、出口部门的合同档案应用；②部门之间的应用，典型的由设计到工艺到生产计划部门的产品数据传递应用；③公司级的应用，主要是管理与决策系统的应用。三者之间有相对的独立性，更有交叉与融合对一个部门内部来说，不管涉及上面哪种应用，归根至底是“数据源”的建立、管理与维护。这个“数据源”是一个笼统的概念，一般分为两类：一类是支持复杂事务处理的数据库应用的数据；另一类是支持办公自动化的文档数据。而在建立“数据源”时应从以下两方面进行考虑：①相对独立的主要供内部使用的数据；②需向外公布的，供其他部门和公司管理与决策系统应用的数据。根据以上特点，就部门内部来说，开发模式可采用 Client/Server 模式。因为一个部门内部一般不会涉及多个数据库集成的情况，可充分利用 Client/Server 模式高效专业的特点。并且这种模式能有效地利用过去开发的系统，节约大量的人力和物力，这样在建立主干网数据库应用时就不用使用“集中式”数据库的应用模式，而实现“虚拟分布式”数据库应用模式，即企业网上运行的数据将分布于各部门内的数据库中，由各部门结合自己的业

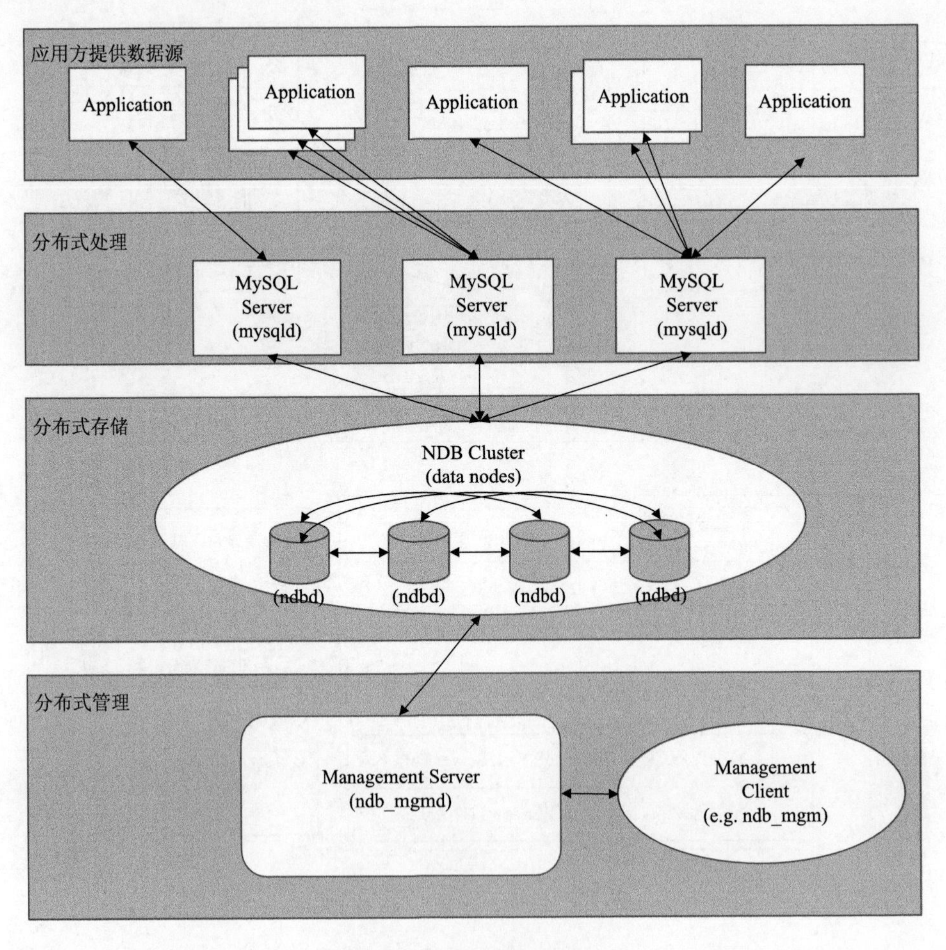


图 5.5　分布式数据库系统

务动态实时地管理和维护，在主干网上利用构建的“企业应用集成平台”来实现公用数据的集成、发布与应用，而在企业级别的应用开发时开发模式采用 Browser/Server 模式，这样可以充分利用 Web 易于发布信息、界面统一，部署与操作方便的特点，也可以有效地减轻客户端应用的负担，实现“瘦”客户机模式，最终降低应用的成本。

部门之间的应用重点放在开发模式的统一上，根据部门内部和企业级应用模式来规范部门级应用的开发。根据以上应用需求，经反复论证，主干网建成后将建立 Internet 模式的企业应用、集成各局域网系统，为决策管理系统和信息发布系统服务，系统集成模型如图 5.4。

在实际应用中，分布式数据库系统可分为应用方提供数据源——分布式处理——分布式存储——分布式管理四级系统，如图 5.5 所示。

## 5.3　云数据库系统

云数据库是指被部署到一个虚拟计算环境中的数据库，具有按需扩展、高可用性以及存储整合等优势。根据数据库类型，其一般分为关系型数据库和非关系型数据库(NoSQL 数据库)。云数据库的特性有：实例创建快速、支持只读实例、读写分离、故障自动切换、数据备份、Binlog 备份、SQL 审计、访问白名单、监控与消息通知等。

### 1. 系统组成

针对云数据库的需求，一种“存储-SQL 分离”架构渐渐成为主流。存储-SQL 分离架构，即数据库的存储引擎和 SQL 引擎两部分互相松耦合、独立工作的架构(图 5.6)。通常这一架构可以分为存储层、SQL 层和元数据区三个部分。

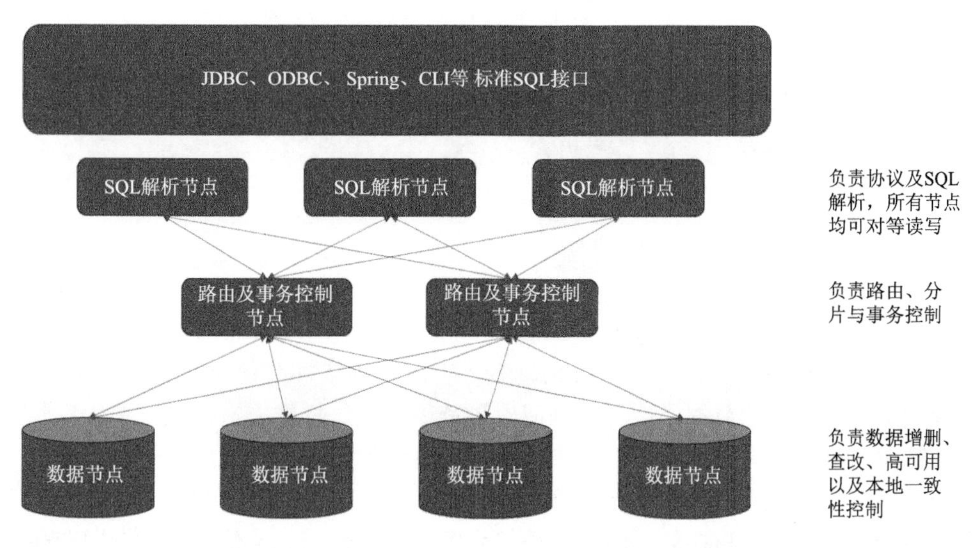


图 5.6　云数据库架构示意图

(1)存储层：即数据库的存储引擎，存储引擎负责处理数据的存储管理，同时包含路由及事务控制，保障数据的 ACID 特性。此外，存储层还应还具备索引、查询条件过滤、排序等一系列功能。

(2)SQL 层：SQL 层主要负责处理 SQL 请求，上层直接面对应用程序，将应用程序的访问请求分发给存储层，并且接受存储层返回的数据结果。

(3)元数据区：元数据区负责存储整个数据库的所有元数据信息。

MySQL 数据库具有典型的 SQL——存储分离架构，其架构较为灵活，而其开源的生态也支持将不同的产品、引擎和工具进行充分的对接。插件式的存储引擎架构将查询处理和其他的系统任务以及数据的存储提取相分离。这种架构可以根据业务的需求和实际需要选择合适的存储引擎(图 5.7)。

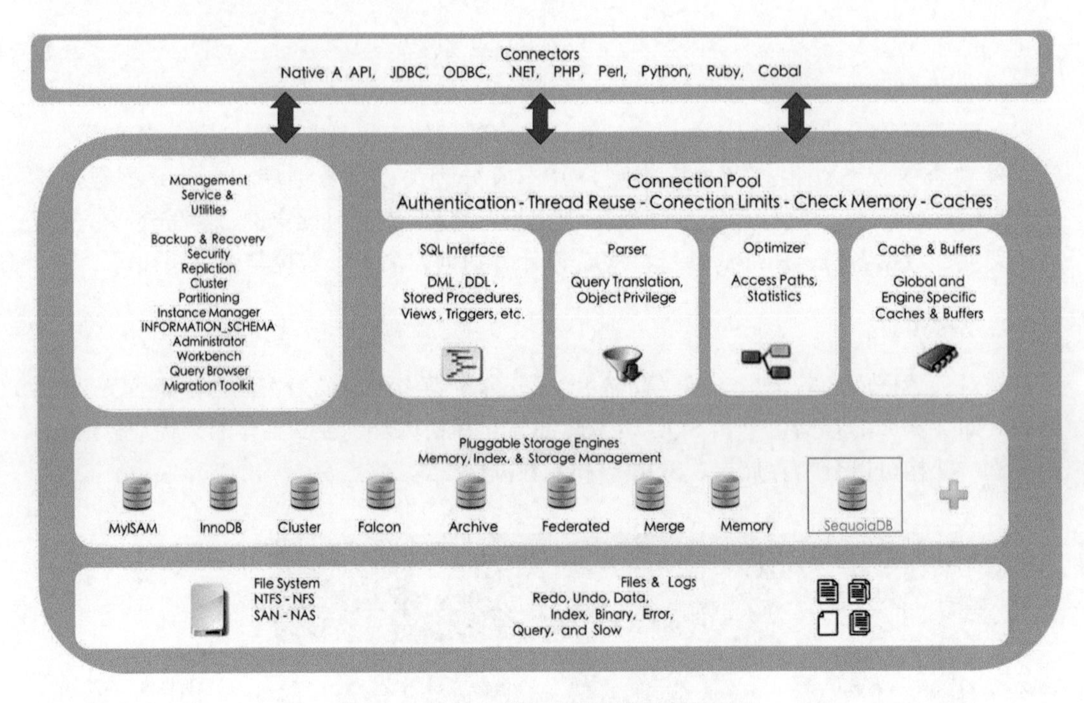


图 5.7　MySQL 数据库整体技术模块架构

**2. 系统架构**

企业使用云数据库对接的应用越来越多，需求多种多样。传统的做法是在 dbPaaS 里面提供十几个不同的数据库产品分别应对各种需求。这样的方法在系统增加后整体维护性和数据一致性管理成本较高，会影响到整个系统的使用(图 5.8)。

为了实现业务数据的统一管理和数据融合，新型数据库需要具备多模式(multi-model)数据管理和存储的能力。数据库多模式是指同一个数据库支持多个存储引擎，可以同时满足应用程序对结构化、半结构化、非结构化数据统一管理的需求。

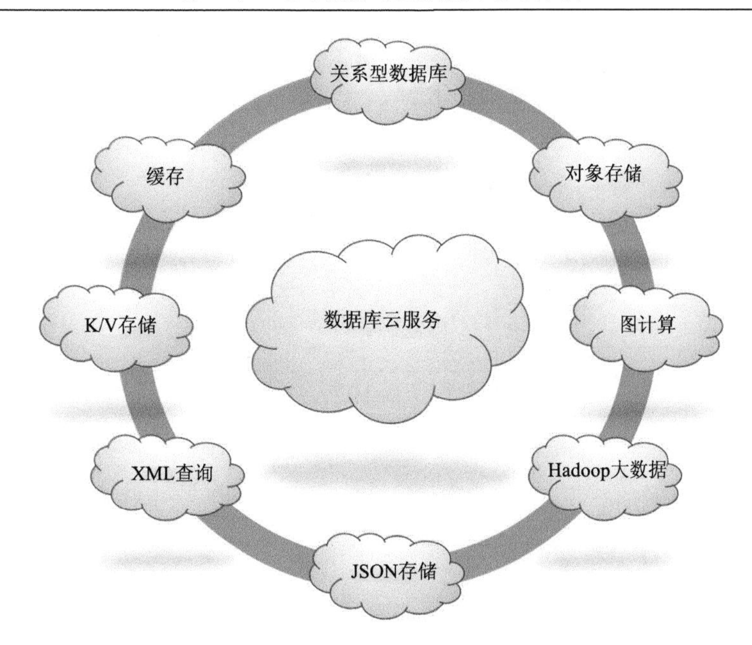


图 5.8　云数据库的“多模式”示意图

通常来说，结构化数据特指表单类型的数据存储结构，典型应用包括银行核心交易等传统业务；而半结构化数据则在用户画像、物联网设备日志采集、应用点击流分析等场景中得到大规模使用；非结构化数据则对应着海量的图片、视频和文档处理等业务。多模式数据管理能力，使得企业级数据库能够进行跨部门、跨业务的数据统一存储与管理，实现多业务数据融合，支撑多样化的金融服务。

在架构上，多模式也是面向云数据库业务需求的，从而使得数据库使用一套数据管理体系可以支撑多种数据类型，支持多种业务模式，从而降低使用和运维的成本。

## 5.4　地球剖分时空数据库架构

云数据管理系统的出现，为满足大规模时空数据管理的可扩展性和高并发性需求提供了可能。时空数据本身具有时空分布不均的特点，在实际应用中对于不同时空范围的数据，用户访问请求具有较大差异。与此同时，数据与访问分布都会随着时间发生动态变化，这些都为云存储环境中管理时空数据带来了巨大的挑战。基于 GeoSOT-ST 时空剖分网格与编码模型，依托分布式云环境下的地球剖分时空数据库应运而生。

### 1. 系统组成

地球剖分时空数据库由数据加载器、NoSQL 数据存储、存储优化、索引构建器、索引管理器、查询规划器、查询执行器等组成，如图 5.9 所示。

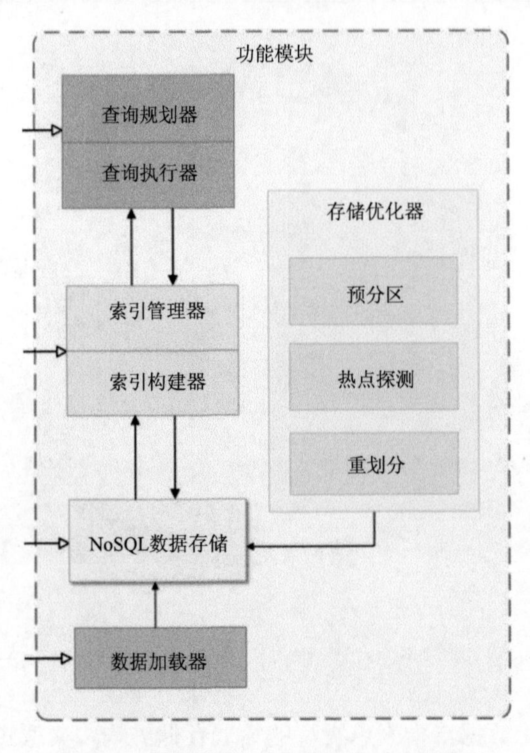


图 5.9　地球剖分时空数据库系统组成

(1) 分布式两级时空索引机制：基于 GeoSOT-ST 空间剖分方法对大规模数据集进行逻辑划分，并使得各子划分的数据量尽可能均衡。在数据划分过程中构建全局索引，负责索引子划分数据块。对于各子划分数据块，建立块内的局部索引，GeoSOT-ST 时空网格编码作为行键，索引子划分数据块内的数据对象，使得子划分数据块内的时空数据保持良好的局部性。

(2) 顾及数据差异访问模式的物理部署方法：充分利用时空数据访问请求在时间维上分布不均的特点，将时间维上访问分布互补的子划分数据块分配到同一服务器节点上，来实现集群服务器资源利用率的最大化，同时避免热点问题。

(3) 时空数据的重分布机制：通过周期性监测子划分单元层、服务器节点层的读写访问需求，动态地实现数据块合并或再划分、集群服务器资源的调度，以应对时空数据的高动态性。

(4) 时空查询策略：针对实际应用中两类常见的时空查询，即时空范围查询和时空 k 近邻查询，分别给出相应的基本查询策略和优化方法，以支持高效的时空查询需求。

**2. 系统结构**

组织模型和云存储环境下，地球剖分时空数据库系统架构和功能模块如图 5.10 所示。

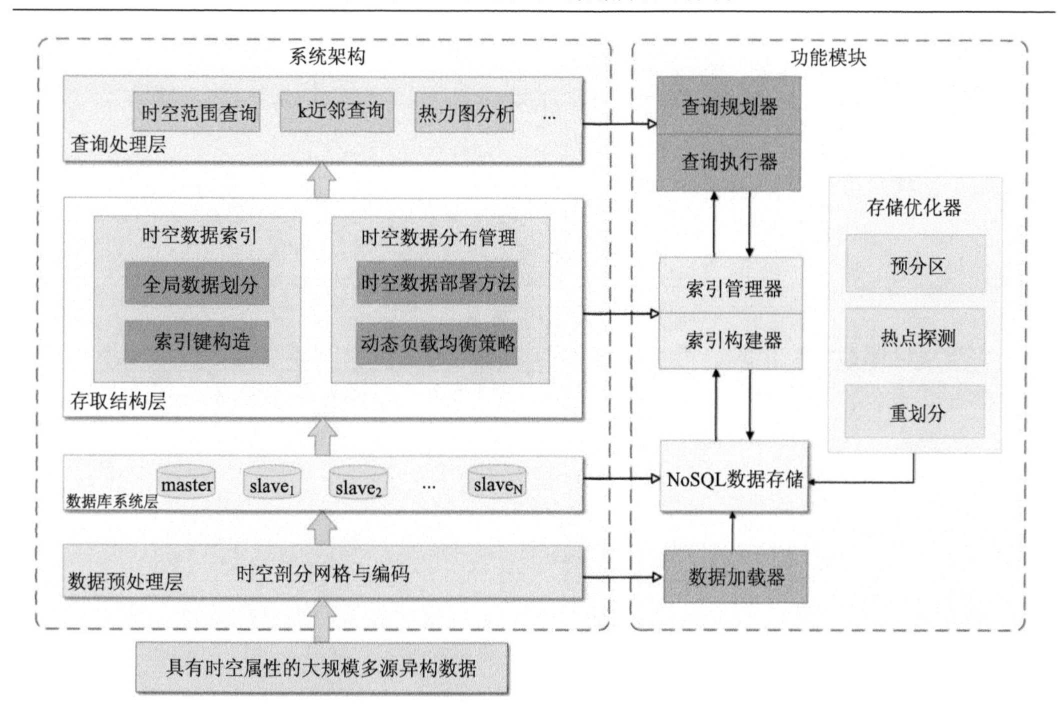


图 5.10　地球剖分时空数据库系统架构与功能模块

地球剖分时空数据库主要由数据预处理层、数据库系统层、存取结构层和查询处理层四层构成，具体介绍如下。

1) 数据预处理层

剖分预处理层是地球剖分时空数据库的基础。一方面，利用时空剖分编码可以将多维时空数据映射到一维键空间，其既是基于现有键值存储数据系统管理多维时空数据的必要条件，又使得时空维度上相近的数据点经映射变换后在一维键空间中仍尽可能相邻。另一方面，时空剖分理论体系为具有时空属性的多源异构数据集成组织提供可能。

2) 数据库系统层

考虑到目前时空应用对数据存储的水平可扩展性、数据访问的高并发性及数据处理的高效性需求，地球剖分时空数据库基于云存储和 NoSQL 数据库技术，为大规模时空数据的存储管理提供底层支撑。

3) 存取结构层

存取结构层是地球剖分时空数据库的核心，主要由时空数据索引和时空数据分布管理两个部分组成，分别对应于索引构建器与管理器、存储优化器两个功能模块。

4) 查询处理层

查询处理层是基于地球剖分时空数据库进行高效时空应用的重要支撑，包括查询规划器和查询执行器两个功能模块。

## 5.5 本章小结

本章从早期数据库出发，沿着数据库的发展历程，依次阐述了经典数据库系统、分布式数据库系统和云数据库系统。在此基础上，结合时空四维剖分模型，提出了地球剖分时空数据库系统的系统组成、硬件架构与系统结构。地球剖分时空数据库的设计由剖分预处理层、数据库系统层、存取结构层和查询处理层构成。

# 第 6 章　地球剖分时空数据库存储结构

## 6.1　典型数据库存储结构

### 1. 关系型数据库

基于成熟的关系型数据库设计空间数据引擎，集中式存储管理空间数据是当前信息系统领域的主流模式。目前，许多成熟的关系型数据库管理系统已经开始支持空间对象的数据存储、索引和查询，如 PostGIS、Oracle Spatial 等。时空数据存储管理方面，目前基于关系型数据库所提出的时空数据存储管理系统根据其体系结构可以分为层次型、整体型和扩展型三类(Breunig et al., 2003) (图 6.1)。

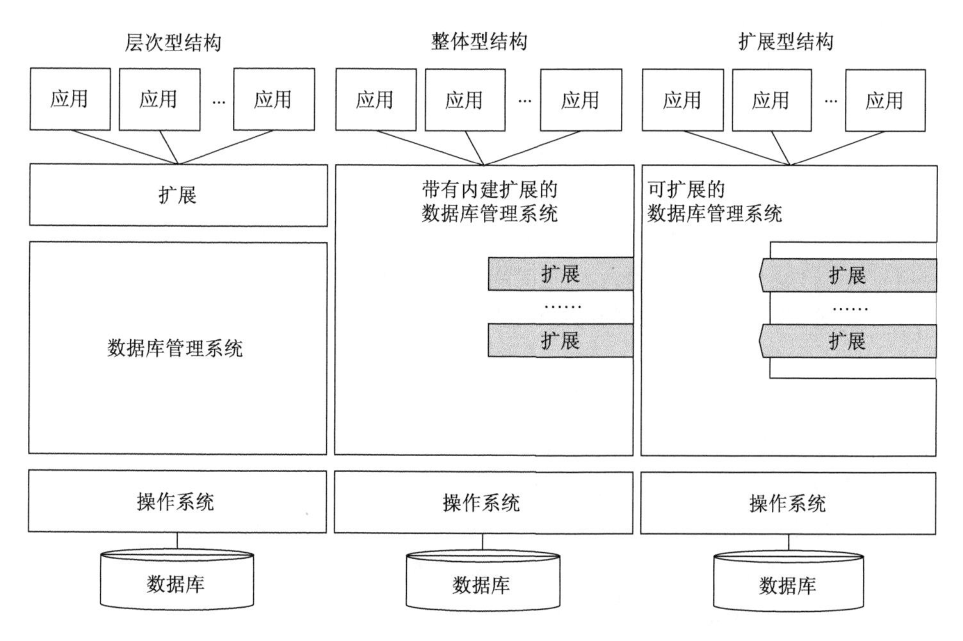


图 6.1　基于关系型数据库的时空数据存储管理系统分类

层次型结构是指在成熟的数据库管理系统基础上，通过添加一个时空层来实现对时空数据的操作。所有的时空数据请求都需要先经过时空层的处理，该层负责时空数据库语言与 SQL 之间的翻译以及时空查询优化等。层次型结构不对底层数据库管理系统的内核进行任何改造，但时空查询转换成 SQL 之后十分复杂，将不利于底层的关系数据库管理系统的查询优化，而时空层作为完全独立于数据库管理系统的一层，几乎承担了所有的时空数据管理工作，灵活性有限，这也常常成为应用开发的瓶颈。

为了克服上述问题，用户希望直接通过数据库管理系统内核的扩展，来实现时空数据存储管理及查询等服务。这种方式需要改进数据库管理系统中的模块，包括查询编译和执行、事务管理以及存储管理等。因此，整体型结构的实现是一项相当困难的任务。

扩展型结构则结合了层次型结构和整体型结构的优势，在关系型数据库管理系统中进行时空扩展而不影响其内核。通常需要利用关系型数据库管理系统提供的用户定义数据类型和用户定义过程的扩展功能。常见的商业关系型数据库管理系统中提供扩展功能的模块包括 Oracle Cartridges、Informix Datablades 和 IBM DB2 Extenders 等。这种方式可以很好地支持事务管理、索引和查询优化等，同时时空扩展在数据库管理系统内部易于实现。因此，扩展型结构成为目前研究人员利用关系型数据库进行时空数据存储时普遍采用的一种主流方式。

基于关系型数据库的时空扩展一般包括以下几个方面：①时空数据类型的定义；②与时空数据类型相关的时空操作函数的定义；③时空数据类型及相关时空操作通过 SQL 可访问。Zhao 等(2011)基于 Oracle 和 Oracle Spatial 实现了一个支持时空信息管理的 Cartridge——STOC，STOC 提供多种时空数据类型及数十种不同的时空操作，将 STOC 作为 Oracle 的组件，用户使用标准 SQL 即可存取时空数据。Matos 等(2012)通过扩展 Oracle 设计了针对移动对象的时空数据模型与操作，所使用的数据模型是基于 Güting 等(2000)提出的抽象数据类型，对其修改以降低所需的存储空间和实现查询过程中数据的复用，同时利用 Oracle 已有的空间函数，对移动对象数据库中常用的时空操作进行了实现。基于 Ferreira 等(2014)提出的时空数据概念模型，Simoes 等(2016)研究人员在 PostgreSQL 和 PostGIS 的基础上提出了 PostGIS-T 模型。PostGIS-T 模型利用 PostGIS 的几何数据类型作为空间表达的基础，同时结合了时间戳和数值类型的度量值，将一个观测以一个三元组(TIMESTAMP, GEOMETRY, NUMERIC)表示，这些三元组被进一步用于构造 PostGIS-T 模型的时空数据类型，该文献未涉及时空数据类型在物理层的实现。袁一泓和高勇(2008)在基于时间片的连续快照模型的基础上，基于 OpenGIS 定义的几何类型扩充了时态类型，构建了面向对象的时空数据模型，定义其抽象数据类型及相关操作，同时采用 PostgreSQL 作为实现平台，扩展其时空数据存储和查询能力。通过结合层次型和扩展型时空数据库管理系统体系结构，金培权等(2004)提出了一种基于对象关系模型的优化型体系结构，在扩展型架构的基础上增加一个时空查询优化层。具体地，该体系结构采用时空数据类型扩展和时空操作扩展技术对数据库管理系统的内核进行扩充，使其具有内建的时空数据管理能力，同时以时空查询优化层实现时空查询的逻辑优化，来解决底层数据库管理系统的查询优化问题。

上述研究均是利用集中式关系型数据库存储管理时空数据。关系型数据库具有强大的理论和应用基础，在管理较小规模时空数据、提供复杂时空查询等方面具有一定的优势。然而，当面临如泛在感知应用中产生的这类规模庞大的异构数据时，集中式的关系型数据库在诸多方面存在着瓶颈，只能通过垂直扩展的方式来提升数据库系统的性能，这样代价较高且仍难满足高并发、低延迟的实际应用需求。

为了解决上述问题，云环境下面向海量数据管理的新模式被提出，目前典型的云数据管理(cloud data managements, CDMs)系统包括 NoSQL 数据系统或可扩展的关系型数据管理系统等。两者相比而言，NoSQL 数据系统由于具有数据模型灵活、易扩展、高可用、费用低等优势，成为大规模数据存储管理的主流方式。近几年来，学界和业界不约而同地转向利用 NoSQL 数据系统来解决大规模时空数据存储管理和实时查询问题。可以预见，基于 NoSQL 的时空数据分布式存储管理，将会在未来几年得到持续关注，并发挥重要价值。

### 2. 非关系型数据库

NoSQL 数据库系统的提出并非为了应对时空数据的存储管理需求。然而，随着基于位置应用的流行和普及，时间、空间越来越被看作是极其重要的两个维度，众多相关商业公司都开始使用 NoSQL 数据系统来存储管理时空数据。例如，Foursquare (2019) 使用 MongoDB 存储用户签到数据，Google Earth 利用 BigTable 存储管理卫星影像数据 (Chang et al., 2008)，SimpleGeo (2019) 基于 Cassandra 存储地理位置数据等。

#### 1) NoSQL 数据存储概述

自 2009 年以来，NoSQL 运动在学术界和产业界广泛展开。NoSQL 是一个较为宽泛的术语，泛指与传统关系型数据库管理系统不同的、分布式的、遵循 BASE 原则 (Pritchett, 2008) (而不确保遵循 ACID) 的数据存储技术。Strozzi (2019) 最早使用"NoSQL"一词来命名其所开发的一个轻量级、开源、不提供 SQL 功能的关系型数据库，Strozzi 当初使用该词只是为了与其他使用 SQL 的关系型数据管理系统区分，而他所指的 NoSQL 本质仍然是基于关系型模型，因此其与目前的 NoSQL 运动并不相关。直到 2009 年年初，Johan Oskarsson 发起了一次关于开源分布式数据库的讨论，云计算公司 Rackspace 的工程师 Eric Evans 再次提出"NoSQL"这个术语 (Strauch et al.，2011)，"NoSQL"自此成为许多新兴的非关系型、分布式数据存储的统称，并迅速在 Google、Facebook、Amazon 等各大互联网公司得到了广泛认同。

基于分布式数据库实现半结构化或非结构化时空大数据的存储与管理，是当前数据库的重要发展趋势。NoSQL 是指非关系型、分布式、不保证遵循关系型数据库 ACID 原则的数据库的统称，可为时空大数据提供低成本、高扩展性、高通量 I/O 平台，从而解决多用户高并发场景下海量、快速增长的半结构化和非结构化数据的高效、灵活的存储和管理问题 (Ghemawat et al., 2003; 马林, 2009)。根据数据模型的不同，目前主流的 NoSQL 数据库可以分为：键-值数据库 (key-value databases)、文档型数据库 (document-oriented databases)、列式数据库 (column-oriented databases) 和图结构数据库 (graph-oriented databases) 四类 (Gourav et al., 2018)，如图 6.2 所示。

(1) 面向键-值存储，如 Redis、Berkeley DB、MemcacheDB 等；

(2) 面向列存储，如 HBase、Cassandra 等；

(3) 面向文档存储，如 MongoDB、CouchDB 等；

(4) 面向图存储，如 Neo4j、FlockDB 等。

键-值数据存储系统有一个简单的数据模型，即键-值映射表。表中一个键对应一个值，且每个键是唯一的，通过主键可以很好地支持数据的查找和修改等操作。键-值数据存储的实现大多采用哈希表结构。键-值数据模型的优势在于支持大数据存储、操作简便且易部署。常见的键-值数据存储系统主要有 Amazon Dynamo、Redis、Oracle Berkeley DB 等。

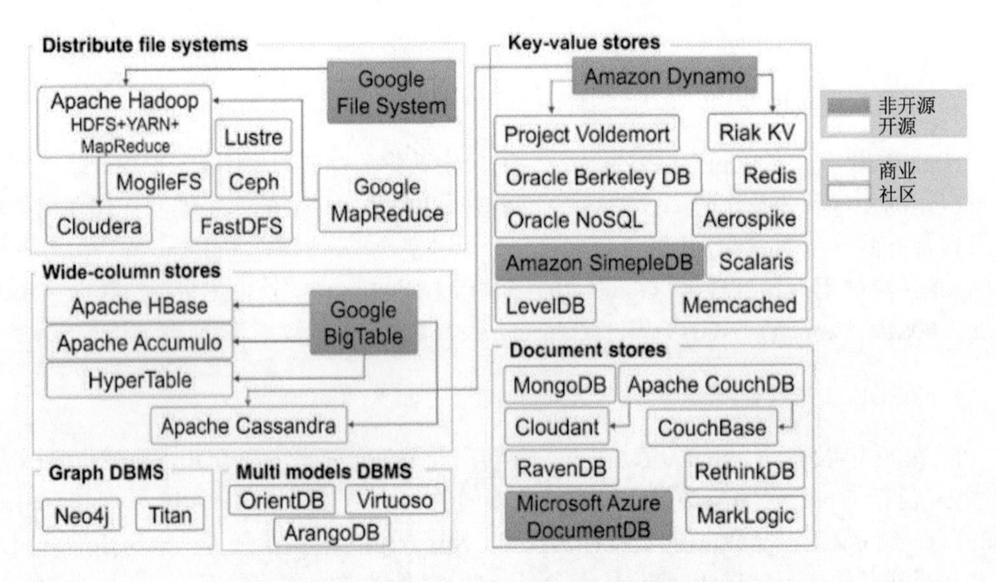


图 6.2　基于数据模型的 NoSQL 数据库系统分类

文档型数据存储可以看作一种值限制为结构化或者半结构化形式(如 JOSN、XML 或 BSON)的键-值存储(Han et al., 2011)。它实现了键-值的嵌套存储，但相比于键-值数据存储，其查询更加灵活和高效。常见的文档型数据存储系统主要有 MongoDB、CouchDB、Microsoft Azure DocumentDB 等。

列数据存储中数据按列划分，将一列的所有数据存放在一起。该模型相当于一个分布式的多级有序映射(Gessert et al., 2017)：第一级键标识行(称为行键)，行本身由键值对构成；第二级键称为列键。列式数据存储更易于存储结构化和半结构化数据，便于数据压缩，针对列子集的查找具有很好的 I/O 优势，但其功能相对局限。常见的列式数据存储系统主要有 Google Bigtable、Apache HBase、Apache Accumulo、Apache Cassandra 等。

图数据存储应用图形理论来存储对象及其之间的交互关系(如社交网络关系)，主要关注于数据之间的关系(Kaliyar, 2015)。图数据库善于处理大量复杂多变的、具有强联系数据，且具有一定的横向扩展能力。典型的图数据存储系统主要有 Neo4j、Amazon Neptune、Apache JanusGraph 等。

分布式非关系型数据库提供了分布式 I/O、索引结构、查询执行和优化等一系列高效管理操作，目前主流的 NoSQL 数据库分类对比如表 6.1 所示。

表 6.1　目前主流的 NoSQL 数据库分类对比

| 分类 | 数据库 | 支持平台 | 存储性能 | 灵活性 | 复杂性 | 优势 | 不足 |
|---|---|---|---|---|---|---|---|
| 面向键-值 | Redis、MemcacheDB 等 | Linux | 高 | 高 | 无 | 内存数据库、可实现高速读写 | 内存消耗较大，扩展性较差 |
| 面向列 | HBase、Cassandra 等 | Linux、Windows | 高 | 中等 | 低 | 数据压缩率高、支持快速的 OLAP | 没有原生的二级索引 |
| 面向文档 | MongoDB、CouchDB 等 | Linux、Mac、Windows | 高 | 高 | 低 | 面向 Document，支持空间数据管理 | 不支持事务操作，占用空间过大 |
| 面向图 | Neo4j、FlockDB 等 | Linux、Mac、Windows | 可变 | 高 | 高 | 高精度的图算法、图查询迅速 | 没有分片存储机制，图数据结构写入性能较差 |

Redis 作为面向键-值存储的高性能数据库，数据吞吐量大，可实现高速读写，适合数据读写操作多的应用场景。然而，Redis 基于内存存储的特点也导致其对内存的消耗过大，扩展性较差。在 Redis 应用中，张景云(2013)为了提高元数据信息和矢量空间数据几何与属性信息的存储效率，采用了 Redis，实现矢量空间数据库按照库、集、层、要素 4 级结构进行存储的层次组织，提高了矢量空间数据的管理组织效率；闫密巧等(2017)基于 Redis 数据库为海量轨迹数据设计了针对轨迹数据特性的存储方案及存储结构，从而提高了在线平台的轨迹数据实时存储效率。

HBase 分布式数据库支持半结构化和非结构化时空数据存储与管理，可以满足海量数据存取和时空查询的应用需求。在矢量数据存储方面，郑坤和付艳丽(2015)针对矢量空间数据设计了基于 HBase 的高效存储模型，实现了对矢量空间数据的直接存取与展示，提高了矢量空间数据的存储效率；在栅格数据存储方面，张晓兵(2016)基于 HBase 的高扩展性设计了一个弹性可视化遥感影像存储系统，解决了海量影像瓦片数据的快速存储问题。

MongoDB 提供了多种类型的空间索引，包括 B-tree 索引、GeoHash 索引等，从而更好地支持海量数据的分片存储。在矢量数据存储方面，雷德龙等(2014)基于 MongoDB 和三层云存储架构的优势，为海量矢量空间数据的高效存储管理与处理分析设计出了 VectorDB；在栅格数据存储方面，田帅(2013)、张飞龙(2016)都将 MongoDB 和分布式文件系统结合起来，设计了海量遥感数据存储管理系统，其中采用基于 MongoDB 的高性能存储架构对遥感影像元数据进行高效存取，针对遥感影像文件数据则采用了分布式文件系统进行存储，该系统的混合存储策略实现了海量遥感影像数据的高效存取并提高了存储资源的利用率。

Neo4j 是一个面向图操作的高性能、高可靠性的开源图形数据库。马义松和武志刚(2016)基于 Neo4j 构建了一个电网的全景数据库，基于该数据库对电网中具有分散、隔离特性的电力大数据进行了有序整合。廖理(2015)针对关系型数据库存储效率低、扩展性差等特点，提出了一种基于 Neo4j 的时空数据存储模型，该模型能够有效地将空间、时间和属性信息整合起来进行建模和存储，提高时空数据存储效率。

2) 对空间数据的支持

尽管各种 NoSQL 数据库系统层出不穷，已出现 120 多种解决方案(Tudorica et al., 2011)，但这些系统主要是为了管理大规模非空间数据而设计，因此能够直接支持空间数据存储管理及满足相应时空应用需求的 NoSQL 数据系统仍十分有限。目前，直接提供空间数据支持的 NoSQL 数据系统主要有 Neoj4、CouchDB 和 MongoDB。

Neo4j 通过 Neo4j Spatial 库来支持空间数据存储和空间操作。Neo4j Spatial 支持导入 ESRI Shapefile(.SHP) 和 Open Street Map(.OSM) 格式的数据，其空间索引构建在 Neo4j 所提供的图结构上。

GeoCouch 是 CouchDB 的一个插件，为 CouchDB 提供空间索引。GeoCouch 有两类不同的索引方式：为键-值查询提供的 B-树索引和为空间查询提供的 R-树索引。目前支持的几何类型包括点、多线和多边形，支持的查询类型有基于多边形查询和基于半径的查询。GeoCouch 主要利用 R-树索引结合 MapReduce 的方式进行空间查询，查询效率较低。在单节点环境下，GeoCouch 的查询性能比 PostGIS 差近 300%；而在多节点环境下，对地理空间数据的存储管理和查询性能还有待验证(Ogden et al., 2016)。

MongoDB 专门针对地理空间查询建立了相应的索引，即 2D 和 2DSphere 索引，2D 索引适用于在二维平面(欧几里得平面)上以普通坐标对存储的数据，2D 索引支持欧几里得平面和球面上的空间数据。对于球面上的空间数据，需要将数据存为 GeoJSON 对象，然后使用 2DSphere 索引。MongoDB 支持的 GeoJSON 对象类型包括点、线、多边形、多点、多线、多个多边形、几何集合，支持的地理空间查询主要包括包含、相交、邻近。

研究人员通过试验证明了 CouchDB 和 MongoDB 等文档型数据存储更适合于支持中、小规模的空间数据集管理与查询应用(Veen et al., 2012)，但对大规模空间数据的存储管理存在局限性(Aydin et al., 2016)。另外，对大规模数据的存储管理，更常采用的是自 BigTable 发展而来的列式数据存储，如 HBase、Accumulo 和 Cassandra。

**3. 基于 NoSQL 的大规模时空数据存储**

针对体量庞大的时空数据，许多研究结合如 HBase、Accumulo、Cassandra 等分布式 NoSQL 数据系统展开，使其适用于时空数据存储管理需求，同时支持大规模时空应用。

Nishimura 等(2013)在键-值存储结构上建立多维索引 MD-HBase，MD-HBase 基于底层的键-值数据模型来支持大规模数据的存储管理、实现高可用性和应对高并发访问，与此同时，通过构建索引层来支持多维查询处理需求，从而弥补现有 NoSQL 存储系统在可扩展性和时空应用功能性之间的差距。MD-HBase 的索引构建主要包括三个步骤：首先，基于 K-D 树划分数据空间，通过在一个 $K$ 维数据集上构建 K-D 树，对由 $K$ 维数据集构成的 $K$ 维空间进行划分，树中的每个节点对应一个 $K$ 维的超矩形区域。然后，MD-HBase 基于 $Z$ 曲线对产生的子划分空间进行降维处理，赋予各个子划分空间相应的 $Z$ 序编码，使得子划分空间中的多维数据可以用一维编码表示。最后，当进行多条件查询时，查询条件转换为 $Z$ 值，用于决定扫描起始的子划分空间和结束的子划分空间。

为了在基于键-值存储结构的云数据管理系统中支持多维查询，Wei 等(2014)提出通过设计 R+树叶节点的键名称构建一种多维索引，即 KR+索引。KR+索引首先使用 R+树划分数据，叶节点上的数据对象被单独存储在表中一行。KR+索引由固定大小的网格单元 Z 序编码值以及与该网格单元相交的叶节点行键构成。在 HBase 和 Cassandra 上的试验结果表明，KR+索引性能优于 MD-Hbase。

针对 R 树索引构建与维护代价较高，且自顶向下的多级索引结构无法利用 MapReduce 并行构建，付仲良等(2016)提出了一种适用于云存储环境下的基于改进四叉树编码方法的空间索引，即 M-Quadtree 索引。该方法解决了各子划分内数据量不均衡的问题，同时提出了基于 MapReduce 框架的索引快速构建。

针对时空数据，Van 和 Takasu(2015)基于时空编码 STCode 提出了 HBase 中相应的索引机制，时空上临近的数据对象经过 STCode 编码后将拥有相同的前缀，从而在 HBase 中实现时空邻近的对象被存储在一起。该方法可以支持快速更新的数据对象，同时能够支持高效的时空查询。类似地，Guan 等(2017)通过扩展被广泛应用于键-值存储结构的 GeoHash 编码算法，将经度、纬度、时间编码成一个简短且唯一的字符串，来满足快速更新的轨迹数据索引。在 MongoDB 试验中验证了相比于 GeoHash+时间戳的复合索引结构，发现该方法具有更高的查询效率。

Chen 等(2015)进一步研究了 HBase 的索引机制，提出了 STEHIX 索引框架。STEHIX 通过修改 HBase 的内部索引架构，为每个 Region Server 上的 Storefile 实现局部时空索引。

考虑到上述方法难以应对时空应用中动态热点问题，专用的时空大数据存储系统 Pyro 被提出(Wei et al., 2014)，Pyro 通过修改 Hadoop 和 HBase 的核心来从系统层支持空间查询处理，该方法优化了文件访问策略，从而提高了数据获取的效率，同时通过强制性执行块副本放置策略来支持 Region Server 的负载均衡。相比于其他方法，STEHIX 和 Pyro 这种系统级的改造方法非常复杂且代价很高。

GeoMesa(2019)是一套开源的、基于 NoSQL 的大规模时空数据存储、索引与查询组件，支持建立在 Accumulo、HBase、Cassandra、Google Bigtable 等分布式 NoSQL 数据系统之上。GeoMesa 通过 Geohash 地理编码与时间戳字符串的拆分与结合构造索引键(Fox et al., 2013)。类似地，由美国国家地理空间情报局与 RadiantBlue 和 Booz Allen Hamilton 合作开发了一套类库 GeoWave(Whitby et al., 2017)，它利用分布式键-值存储的可伸缩性，有效地存储、检索和分析大量的地理数据集。

## 6.2　地球剖分时空数据库存储结构

**1. 分布式时空数据部署**

集中式数据管理环境中，数据由一个单节点服务器管理，当数据规模增大时只能利用垂直扩展的方式，通过添加更多内存、磁盘或 CPU 数来增加系统的总体可使用资源。然而，这种方式对系统性能的改善有限且代价很高。除此之外，集中式数据管理系统在面对时空应用中高并发访问场景时，很容易出现单节点失效的现象，从而影响系统的可用性。与集中式环境不同，分布式云存储环境中，将大规模时空数据部署到集群，使得负载压力被分散到不同服务器节点，一方面为时空数据管理系统的水平可扩展性奠定基础；另一方面可应对时空应用中高并发数据访问需求，提高系统的可用性。

时空数据部署指的是，数据划分完成后，将所产生的各子划分数据块通过实际物理分配，映射到集群服务器节点的过程。具体地，给定一个划分 $P=\{p_i \mid 1\leqslant i\leqslant n\}$，和一个由 $m$ 台服务器节点组成的集群 $M=\{\text{server}_k \mid 1\leqslant k\leqslant m\}$，通过映射 $f: p_i \to \text{server}_k$，将$P$中每个子划分单元分配到$M$的一个服务器节点上，每个节点负责管理其上所有子划分单元内的数据。

本节首先提出时空数据部署的一般方法，其基本思想是将空间邻近的子划分片段映射到集群的不同节点上，以实现下述目标：

(1)集群中各个节点所管理的数据量均衡；

(2)集群中各个节点上所承载的数据块热度尽可能一致。

由于全局数据划分所生成的各子划分单元数据量是均衡的，所以其为物理映射阶段实现系统的负载均衡提供了良好的基础，为各个节点分配数量相当的子划分单元，可使得不同服务器节点承载的数据量规模一致。与此同时，考虑到空间范围越邻近，其上数据的热度越可能相似，本章先提出时空数据部署的一般方法，其基本思想是将邻近的划分子片段映射到集群的不同节点上，其实现步骤如下。

设全局数据划分阶段生成的划分集为$P$，$P$中每个子划分单元 $p_i$ 有唯一的PartitionID。通过 $p_i$ 的 PartitionID 与服务器节点数 $m$ 进行取模运算，获得每个子划分片段 $p_i$ 被分配的 ServerID，其对应一个服务器节点 $\text{server}_k$，ServerID 相同的子划分 $p_i$ 将被映射到同一节点上。

$$\text{ServerID}_{p_i} = \text{PartitionID MOD } m \tag{6.1}$$

**2. 顾及差异访问模式的时空数据部署模式**

时空数据部署的一般方法是基于空间范围邻近的子划分块具有相似数据访问热度的假设，利用子划分块的空间属性分布数据，以此达到分散热度的目的。然而，除了空间属性，从时间维看，各子划分块上的数据访问随时间变化呈现不同的访问模式。这是由于实际应用中，不同空间范围上数据存取的时间特征具有显著差别。想象以下场景：两个子划分块 $p_i$ 和 $p_j$ 分别对应某商业区和住宅区，当 $p_i$ 上数据访问请求频繁发生时(如白天的下午)，$p_j$ 上数据访问请求稀疏，两者所处理的数据存取随时间分布的模式可能呈现互补状态(图 6.3)。基于此现象，将访问模式在时间维上具有明显差异的子划分单元分配到同一服务器节点上，既能降低热点问题出现的概率，又能大大提高集群服务器资源利用率。

因此，本节提出另一种基于差异访问模式的时空数据部署方法。该方法通过对历史数据采样，考察不同空间范围上数据访问随时间的分布情况，以此将具有差异访问模式的空间范围所对应的子划分单元分配到相同的服务器节点上，具体步骤如下。

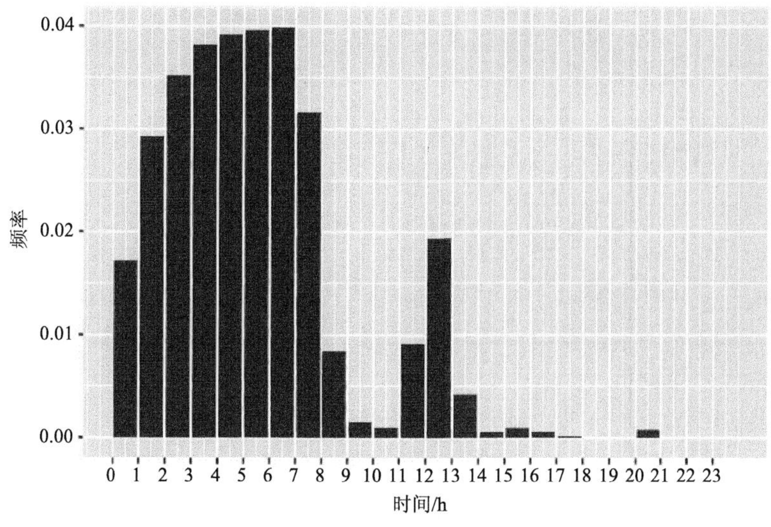


(a) 某住宅区数据访问

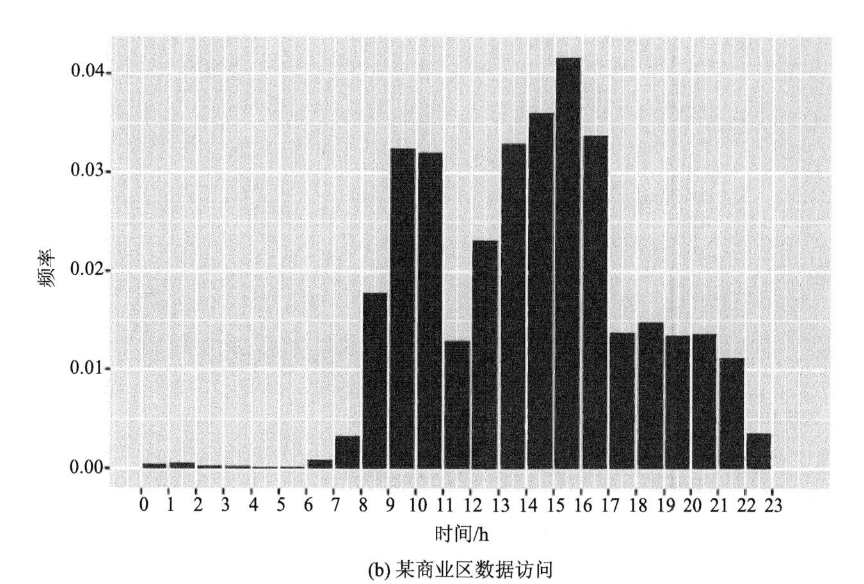


(b) 某商业区数据访问

图 6.3　不同子划分单元上数据访问频率分布示例

首先，对于全局数据划分阶段生成的划分集$P$，获取每个子划分单元 $p_i$ 上数据访问的时间分布。本节以 h 为单位，生成 $p_i$ 上一天内数据访问的时间分布，实际应用中可根据具体需求以其他时间尺度生成不同分布。将一天分为 24 个长度为 1 h 的时间区间，对于 $P$ 中每一个子划分 $p_i$，统计样本 $S$ 中属于 $p_i$ 的对应的空间范围，且落入各时间区间的记录数，构造 $p_i$ 上数据访问随时间的分布直方图 $\mathrm{pd}_{p_i}(t)$ 。

其次，定义子划分单元访问模式的差异度量：给定两个子划分单元 $p_i$ 和 $p_j$，其上数据访问频率分布分别为 $\mathrm{pd}_{p_i}(t)$ 和 $\mathrm{pd}_{p_j}(t)$ ，两个分布的时间距离利用 KL 散度 (Kullback-Leibler divergence) 度量，如式 (6.2) 和式 (6.3)。当 $\mathrm{pd}_1(t) \neq 0$ 且 $\mathrm{pd}_2(t) = 0$ 时，

为了避免 $D_{\mathrm{KL}}[\mathrm{pd}_1(t)\|\mathrm{pd}_2(t)]$ 无穷大，引入一个很小的常数 $C$，使用平滑方法来计算 KL 散度。

$$\mathrm{dist}_{\mathrm{temporal}}\left(p_i, p_j\right)=\frac{1}{2}\left\{D_{\mathrm{KL}}[\mathrm{pd}_{p_i}(t)\|\mathrm{pd}_{p_j}(t)]+D_{\mathrm{KL}}[\mathrm{pd}_{p_j}(t)\|\mathrm{pd}_{p_i}(t)]\right\} \tag{6.2}$$

$$D_{\mathrm{KL}}[\mathrm{pd}_1(t)\|\mathrm{pd}_2(t)]=\sum \mathrm{pd}_1(t)\log\frac{1}{\mathrm{pd}_2(t)} \tag{6.3}$$

再次，基于上述时间距离，对 $P$ 中的 $n$ 个子划分单元自底向上进行聚类，直至形成 $m$ 个大小相当的簇。为了使得每个簇内包含的子划分单元数尽可能相同，聚类采用广度优先搜索，基本步骤如下。

(1)初始化簇集合 $C$，每个子划分单元作为一类，形成 $n$ 个簇：$C=\left\{p_1,p_2,p_3,\cdots,p_n\right\}$。

(2)对 $C$ 中每一个簇，两两计算各簇上数据访问频率分布的时间距离，形成一个距离矩阵。

(3)根据距离矩阵，寻找时间距离最大的两个簇(即访问模式差异最大的簇)。若两个簇内包含的子片段数目之和小于阈值，将它们合并为一个新簇，更新 $C$，转至第(4)步。

(4)计算新生成的簇上的数据访问频率分布，并重新计算它与 $C$ 中其他各簇的时间距离，更新距离矩阵。

(5)重复步骤(3)和步骤(4)，直到 $C$ 的大小为 $m$。

最后，将上述步骤所形成的 $m$ 个簇，分别分配到 $m$ 台服务器节点上，这样既可以使得各服务器节点上数据规模一致，又因为每个节点上不同子划分单元访问模式互补而最大化了服务器节点资源利用率。基于差异访问模式的子划分聚类算法如表 6.2 所示。

**表 6.2　基于差异访问模式的子划分聚类算法**

| | **Algorithm DistributebyVisitPattern** |
|---|---|
| 1 | **Input:** P = $\{p_1,p_2,p_3,\ldots,p_n\}$,S,m |
| 2 | **Output:** C |
| 3 | PD={}, TDMat, C= $\{p_1,p_2,p_3,\ldots,p_n\}$ // PD 为时间分布,TDMat 为 n*n 的时间距离矩阵 |
| 4 | //计算各子划分块数据访问的时间分布 |
| 5 | **foreach** $p_i$ in P **do** |
| 6 |     $pd_i$=GenerateTemporalDistribution($p_i$,S) |
| 7 |     PD.add($pd_i$) |
| 8 | **end for** |
| 9 | //由各子划分块数据访问的时间分布计算访问模式的时间距离矩阵 |
| 10 | **for** i in 1 to n **do** |
| 11 |     **for** j in 1 to n **do** |
| 12 |         TDMat[i][j]=CalTemporalDistance($pd_i$,$pd_j$) |
| 13 |     **end for** |
| 14 | **end for** |
| 15 | //利用广度优先搜索，自底向上聚类 |

续表

| | **Algorithm DistributebyVisitPattern** |
|---|---|
| 16 | **while** $\lvert C \rvert > m$ **do** |
| 17 | $C' = []$ |
| 18 | **while** $C \neq \emptyset$ **do** |
| 19 | **if** $(\lvert C \rvert + \lvert C' \rvert) == m$ **do** |
| 20 | **break** |
| 21 | **end if** |
| 22 | c=C[0] |
| 23 | $c_m$ = GetFarestPartion(c, TDMat) |
| 24 | $C'$.add (Merge ( c, $c_m$)) |
| 25 | C.remove (c, $c_m$) |
| 26 | UpdateTemporalDistMat(TDMat) |
| 27 | **end while** |
| 28 | C.add ($C'$) |
| 29 | **end while** |
| 30 | **return** C |

时空数据部署阶段生成的物理映射表如表 6.3 所示。当新数据产生时，先根据数据的空间属性得到其 GeoSOT 空间网格，然后通过编码的包含关系计算，获取该 GeoSOT 空间网格所属的子划分单元，最后查找物理映射表，得到对应的服务器节点 ID。

**表 6.3　物理映射表**

| ServerID | PartitionID | GeoSOT Codes |
|---|---|---|
| 1 | {1, 3} | {0000, 010000} |
| 2 | {2, 4} | {0001,0010,0011, 010001, 010010, 010011,0101,0110,0111} |
| 3 | 5 | {10,11} |

## 6.3　基于时空网格的数据重分布机制

时空数据具有高动态性。随着数据不断插入，需要对全局数据重新划分以适应新的数据分布；同时，当大量用户频繁访问某一时空范围内的数据(如热点事件产生)时，部分子划分块热度可能突增，此时也需要通过调整数据划分与物理部署来平衡负载，以消除热点。针对时空数据的动态性，本节进一步提出时空数据重分布策略，其基本思想是：通过周期性地对集群服务器节点负载和其上子划分单元数据访问情况的采集，动态监测子划分块热度并评估节点性能。当某一子划分块成为热点时，即该子划分单元对应的空间范围上出现大量存取请求，继续按照地理空间划分该存储单元，使得数据访问请求平均地分布在两个新的基本存储单元上。根据节点性能评估结果，重新调整基本存储单元的物理映射，以实现集群节点的负载均衡。时空数据重分布主要包括三个阶段：负载监控信息采集、基本存储单元再划分、服务器节点上存储单元的转移。

### 1. 基于时空网格的区域负载指标监控

负载监控包括对基本存储单元的监控和对集群服务器节点的监控。在基本存储单元层面，负载的监控指标包括读写请求数和响应时间，其中读写请求数反映了该存储单元对应的空间区域热度。在服务器节点层面，负载的监控指标包括节点承载的基本存储单元数量和节点上总的读写请求数。根据这些监控信息，对各基本存储单元和集群服务器节点的负载情况进行评分。

设 $P$ 的 $n$ 个子划分 $\{p_1, p_2, p_3, \cdots, p_n\}$ 分别对应 $n$ 个基本存储单元 $\{r_1, r_2, r_3, \cdots, r_n\}$，通过一次负载信息采集，得到 $r_i$ 上读写请求数为 $\mathrm{RC}_i$，响应时间为 $\mathrm{RT}_i$，根据式(6.4)和式(6.5)对 $r_i$ 进行评分：

$$\mathrm{RScore} = \left(w_{\mathrm{RC}} \cdot S_{\mathrm{RC}} + w_{\mathrm{RT}} \cdot S_{\mathrm{RT}}\right) / 2 \tag{6.4}$$

$$S_{\mathrm{RC}} = \frac{\mathrm{RC}_i}{\sum_{1 \leqslant i \leqslant n} \mathrm{RC}_i}, \quad S_{\mathrm{RT}} = \begin{cases} \dfrac{\mathrm{RT}_i}{\theta_{\mathrm{RT}}} & \mathrm{RT}_i \leqslant \theta_{\mathrm{RT}} \\ 1 & \mathrm{RT}_i > \theta_{\mathrm{RT}} \end{cases} \tag{6.5}$$

式中，$\theta_{\mathrm{RT}}$ 为响应时间阈值；$w_{\mathrm{RC}}$ 和 $w_{\mathrm{RT}}$ 分别为读写请求数和响应时间在 $r_i$ 评分中的权重，需根据实际需求选择。当 $r_i$ 上读写请求数越高时，$S_{\mathrm{RC}}$ 越大，所有的读写请求都集中在 $r_i$ 上时，$S_{\mathrm{RC}}=1$；当 $r_i$ 响应时间越长时，$S_{\mathrm{RT}}$ 越大，$r_i$ 响应时间超过一定阈值 $\theta_{\mathrm{RT}}$ 时，$S_{\mathrm{RT}}=1$。RScore 范围为[0,1]，$\mathrm{Score}_{r_i}$ 值越大，$r_i$ 负载越大。

设集群中有 $m$ 个服务器节点 $\{\mathrm{rs}_1, \mathrm{rs}_2, \mathrm{rs}_3, \cdots, \mathrm{rs}_m\}$，通过一次负载信息采集，得到 $\mathrm{rs}_k$ 上读写请求数为 $\mathrm{RC}_k$，基本存储单元个数为 $\mathrm{NR}_k$，$\theta_{\mathrm{NR}}$ 为基本存储单元个数的阈值，通过类似式(6.4)和式(6.5)的计算，即可得到服务器节点 $\mathrm{rs}_k$ 的评分 RSScore。具体应用中，可以根据需求增加参与评分的指标参数，如在 HBase 中，其他参数还包括 Storefile 的大小和数量、Region 中 Memstore 的大小等。

### 2. 时空网格负载驱动的自适应重分布策略

时空数据重分布涉及在基本存储单元层、集群服务器层两个不同层面的调整。在基本存储单元层包括子划分块的分裂和合并，在集群服务器层包括基本存储单元在节点间的移动、服务器节点的扩展等。每隔一定的周期 $T$，按照下述步骤对时空数据进行重分布。

(1)采集负载监控信息，并据此对各个服务器节点及其上各基本存储单元进行评分，分别得到两个集合：

$$\left\{\left(\mathrm{rs}_1, \mathrm{RSScore}_{\mathrm{rs}_1}\right), \left(\mathrm{rs}_2, \mathrm{RSScore}_{\mathrm{rs}_2}\right), \cdots, \left(\mathrm{rs}_m, \mathrm{RSScore}_{\mathrm{rs}_m}\right)\right\}$$

$$\left\{\left(r_1, \mathrm{RScore}_{r_1}\right), \left(r_2, \mathrm{RScore}_{r_2}\right), \cdots, \left(r_n, \mathrm{RScore}_{r_n}\right)\right\}$$

(2) 设定基本存储单元分数阈值 $\theta_{\mathrm{RScore}}$，将步骤(1)生成的基本存储单元集合按照 $\mathrm{RScore}_{r_i}$ 由大到小进行排序，取出前 $h$ 个 RScore 大于 $\theta_{\mathrm{RScore}}$ 的基本存储单元集合 $\mathrm{HR}=\{\mathrm{hr}_1,\mathrm{hr}_2,\mathrm{hr}_3,\cdots,\mathrm{hr}_h\}$ 进行处理。对于 HR 中的每一个基本存储单元，先找到划分键，使得数据访问请求数能平均地分配到划分后产生的两个新存储单元上。对于 $\mathrm{hr}_i$，获得 $\mathrm{hr}_i$ 内的所有键和键上的读写请求数，按照键的字典序排列得到有序集合 $\{(\mathrm{key}_1,\mathrm{rnum}_{\mathrm{key}_1}),(\mathrm{key}_2,\mathrm{rnum}_{\mathrm{key}_2}),\cdots,(\mathrm{key}_K,\mathrm{rnum}_{\mathrm{key}_K})\}$，则划分键 $\mathrm{sk}=\min(\{\mathrm{sk}_i \mid \sum_{\mathrm{key}_i<\mathrm{sk}_i,1\leqslant i\leqslant K}\mathrm{rnum}_{\mathrm{key}_i}\geqslant(\sum_{\mathrm{key}_i,1\leqslant i\leqslant K}\mathrm{rnum}_{\mathrm{key}_i})/2\})$。对 $\mathrm{hr}_i$ 执行划分，生成两个新的基本存储单元 $\mathrm{hr}_{i1}$ 和 $\mathrm{hr}_{i2}$。

(3) 设定服务器节点分数阈值 $\theta_{\mathrm{RSScore}}$ 和各节点上最大基本存储单元数量阈值 $\theta_{\mathrm{NR}}$。对于一个节点 $\mathrm{rs}_i$，若 $\mathrm{RSScore}_{\mathrm{rs}_i}>\theta_{\mathrm{RSScore}}$，将该服务器节点上的部分基本存储单元移动至基本存储单元数量最少且小于 $\theta_{\mathrm{NR}}$ 的其他节点上。若该节点不存在，则应对整个集群进行水平扩展。

## 6.4 本章小结

本章在分析主流关系型数据库和非关系型数据库存储结构的基础上，根据地球剖分框架的特点，分析地球剖分时空数据库数据部署方法、重分布机制等存储技术。依托 GeoSOT-ST 时空一体化剖分组织模型，提出时空数据剖分存储技术。利用时空剖分编码，将时空数据从多维编码空间映射到一维编码空间，从而可以结合现有 NoSQL 数据系统的一维数据模型存储管理时空数据。通过考虑数据访问模式的物理部署方法，将时间维上访问分布互补的数据块分配到同一服务器节点上，来实现集群服务器资源利用率的最大化，同时避免热点问题；通过周期性地对集群服务器节点负载和其上子划分单元数据访问情况的采集，动态监测基本存储单元热度并评估节点性能，适应性地调整时空数据划分与部署。

# 第 7 章　地球剖分时空数据库索引模型

## 7.1　空间数据库索引

索引是一种辅助数据结构，其对数据库表中的某一列或多列的值进行了排序，在数据库查询时快速地访问符合特定条件的数据，避免了在表中依次遍历查找数据，减低磁盘 I/O 代价，从而加快查询效率。空间索引可以简单地理解为一种数据组织结构，可以快速、随机地访问数据库中的单个或多个空间对象。

B 树是由 Rudolf Bayer 于 1970 年首次提出的。B 树的思想是使用多叉树结构，降低树的深度，从而减少数据查找时对磁盘的读写，提高查询效率。当大量数据存储在硬盘中时，基于 B 树可以快速定位对应的磁盘块。很多数据库系统使用 B 树或者 B 树的变体进行索引，如 MongoDB、MySQL 等。随着数据库索引技术的不断发展，很多学者在 B 树的基础上进行了改进和扩展，如 B+树、TB 树等。

B 树是一维索引，在空间查询中并不完全适配。针对数据库中的空间查询问题，Guttman (1984) 提出了 R 树，对多维空间中的对象进行索引。R 树是一棵平衡树，其包含两种节点：叶子节点和非叶子节点，所有叶子节点在同一层，叶子节点包含的指针指向磁盘页。基于 R 树进行空间查询时，只需访问较少的节点，从而减低磁盘 I/O，提高查询性能。

R 树中叶子节点处索引项可表示为 ($I$, tuple)，其中 tuple 代表数据库中的控件对象，$I$ 代表能够覆盖空间对象的最小边界矩形 (MBR)。非叶子节点表示为 ($I$, pointer)，pointer 代表指向子节点的指针，而 $I$ 为能够覆盖该节点所有子节点的 MBR 的最小外接矩形 (郑玉明等, 2004)。图 7.1 描述了 R 树的索引结构，图中 G 和 H 为兄弟节点，A、B、C 为 G 的子节点，D、E、F 为 H 的子节点。

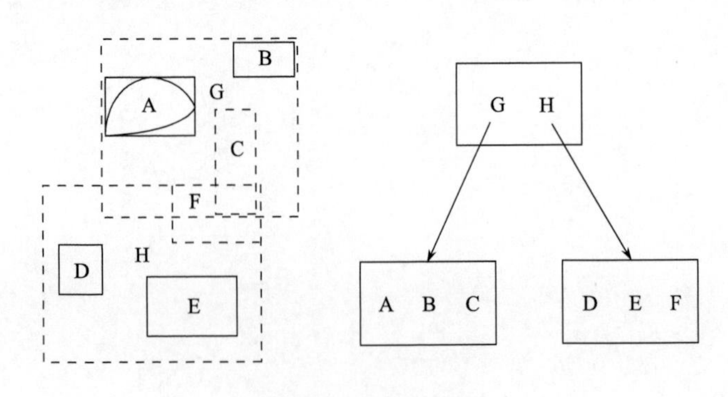


图 7.1　R 树索引结构

R 树支持搜索、插入、删除等操作，对于给定的空间查询范围，R 树返回所有与空间范围相交的 MBR。其插入操作相对复杂，当插入节点后节点饱和，此时就需要分裂节点。R 树也有许多变体，如 R+树、R*树等。R 树的兄弟节点存在重叠现象，如图 7.1 中 G 和 H 部分重叠。MBR 重叠会增加搜索的次数，降低空间查询的性能。针对此问题，R+树规定兄弟节点 MBR 不能重叠，从而降低了搜索的次数，一定程度上降低了插入节点和删除节点的效率(Sellis et al., 1987)。R*树优化了节点的插入分类算法，通过降低 MBR 的重叠区域，提高了索引性能，其插入性能高并且鲁棒性好(Beckmann et al., 1990)。

网格索引思路较为简单，其基本思想是：将感兴趣的地理空间按照某种方式划分为若干个小块，每个小块作为 1 个桶，在桶中记录下小块内包含的空间对象，一般使用矩形进行划分，划分的粒度可以不一致(肖伟器等, 1994)。网格索引的变体较多，王延斌等(2008)针对由线或者面表达的空间对象，在多个网格中同时记录可能存在遗漏网格的现象，提出了空间对象精确网格索引。王映辉(2003)对网格索引的层次进行了分析，实现了自适应的层次调整。李东等(2009)提出了动态网格索引，该索引会记录网格内空间对象的数量，当达到一定阈值时，进行网格分裂操作，从而降低网格内遍历查找的次数。

如今，海量数据存储不再是一台机器，分布式存储已成为主流解决方案，如 Google GFS，Hadoop HDFS 等。在分布式存储系统上建立分布式空间索引，以满足快速检索大量空间数据的需求，成为新需求新挑战。空间数据存储在集群中的不同节点中，并且名称节点和数据节点之间约定某种通信协议，空间矢量数据的分布式索引主要包括局部索引、全局索引和两者混合索引等，如图 7.2 所示。

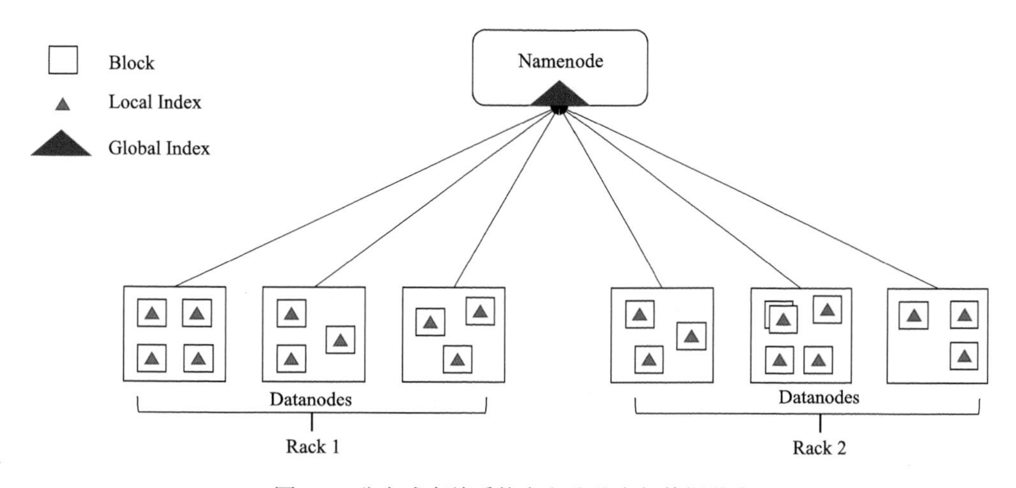


图 7.2　分布式存储系统中名称节点与数据节点

在空间方面，针对云存储环境特点发展而来的空间索引，主要解决方案是对集中式数据管理环境中的经典空间索引，如 R 树及其变种 R+树、R*树、STR 树等进行改造，使其适用于分布式云环境。

KR+树(Wei et al., 2014)是一种基于 R+树的键-值构建方案，首先构建 R+树，然后对于 R+树中叶节点使用希尔伯特曲线定义其键-值。H-Grid(Han and Stroulia, 2013)则是首先通过四叉树进行空间范围划分，对每个划分采用 *Z* 序编码索引，然后在各个划分内建立规则网格索引，每个网格单元由行索引值和列索引值进行定位。Takasu(2015)结合GeoHash和R树索引，构建了BGRP树。上述这些索引结构均为树型结构，难以实现并行构建，且当树结构发生变化时，必须进行集中维护，索引构建与维护代价较高。空间索引构建的另外一条思路是：基于空间填充曲线这类线性化技术，将多维数据降为一维数据，再结合云环境下键-值存储结构，利用一维主键索引进行数据存取访问。这种方法具有良好的扩展性，并行度高，更适合于分布式云存储环境。一些研究人员结合上述两种方法，提出相应的混合索引结构。例如，Nishimura等(2013)基于K-D树和四叉树进行空间分割，然后利用*Z*序曲线将多维数据转换为一维数据，从而实现了HBase的多维数据索引构建。

在分布式空间索引中，数据分区扮演着非常重要的角色。空间数据分区是指根据一定的划分规则将空间数据集划分为几个数据块的过程。传统的属性数据划分方法(如ID划分或随机划分)对于划分空间数据并不理想(Yao et al., 2017)。对于空间数据，良好的空间数据分区策略应确保集群中空间操作的最佳性能和数据平衡。空间划分方法可以归纳为三类(Eldawy et al., 2015)，即空间划分、数据划分和空间填充曲线划分。基于上述划分方法，为K-D树、网格、G树(Zhong et al., 2015)、HQ树和其他(Scitovski R and Scitovski S, 2013)。

基于树的空间索引是用多边形来近似对象，空间计算快，但其不适用于大数据，动态性较差；基于网格的空间索引是划分空间为网格，其使用简单、检索快，但存在数据冗余的问题；基于填充曲线(如Hilbert、*Z*曲线、Gary、Morton)的空间索引是高维映射低维，但其跨尺度填充有困难。在经典GIS空间索引方法中，网格索引适用于大数据，可结合填充曲线实现降维。近几年，国内外学术界及工业界出现了一些适用于大数据空间索引的空间编码与索引算法，Geohash、Google S2是两种比较通用的空间点索引算法。

### 1. Geohash 算法

Geohash是一种地理编码，由Gustavo Niemeyer(2008)提出，是一种分级的数据结构，将空间划分为规则网格。Geohash属于空间填充曲线中的*Z*阶曲线(Z-order curve)(图7.3)的实际应用。

表7.1是Geohash能够提供不同精度的分段级别，一般分级从1～12级，最大单元粒度为5 000 km左右，最细单元粒度为厘米量级。

**表 7.1 Geohash 不同分段级别(1～12 级)的精度**

| Geohash字符串长度 | | Cell 宽度 | | Cell 高度 | 纬度 | 经度 | 纬度粒度 | 精度粒度 | km 粒度 |
|---|---|---|---|---|---|---|---|---|---|
| 1 | ⩽ | 5 000 km | × | 5 000 km | 2 | 3 | ±23 | ±23 | ±2500 |
| 2 | ⩽ | 1 250 km | × | 625 km | 5 | 5 | ±2.8 | ±5.6 | ±630 |
| 3 | ⩽ | 1 56 km | × | 156 km | 7 | 8 | ±0.70 | ±0.70 | ±78 |
| 4 | ⩽ | 39.1 km | × | 19.5 km | 10 | 10 | ±0.087 | ±0.18 | ±20 |

续表

| Geohash 字符串长度 | | Cell 宽度 | | Cell 高度 | 纬度 | 经度 | 纬度粒度 | 精度粒度 | km 粒度 |
|---|---|---|---|---|---|---|---|---|---|
| 5 | ≤ | 4.89 km | × | 4.89 km | 12 | 13 | ±0.022 | ±0.022 | ±2.4 |
| 6 | ≤ | 1.22 km | × | 0.61 km | 15 | 15 | ±0.0027 | ±0.0055 | ±0.61 |
| 7 | ≤ | 153 m | × | 153 m | 17 | 18 | ±0.00068 | ±0.00068 | ±0.076 |
| 8 | ≤ | 38.2 m | × | 19.1 m | 20 | 20 | ±0.000085 | ±0.00017 | ±0.019 |
| 9 | ≤ | 4.77 m | × | 4.77 m | 22 | 23 | | | |
| 10 | ≤ | 1.19 m | × | 0.596 m | 25 | 25 | | | |
| 11 | ≤ | 149 mm | × | 149 mm | 27 | 28 | | | |
| 12 | ≤ | 37.2 mm | × | 18.6 mm | 30 | 30 | | | |

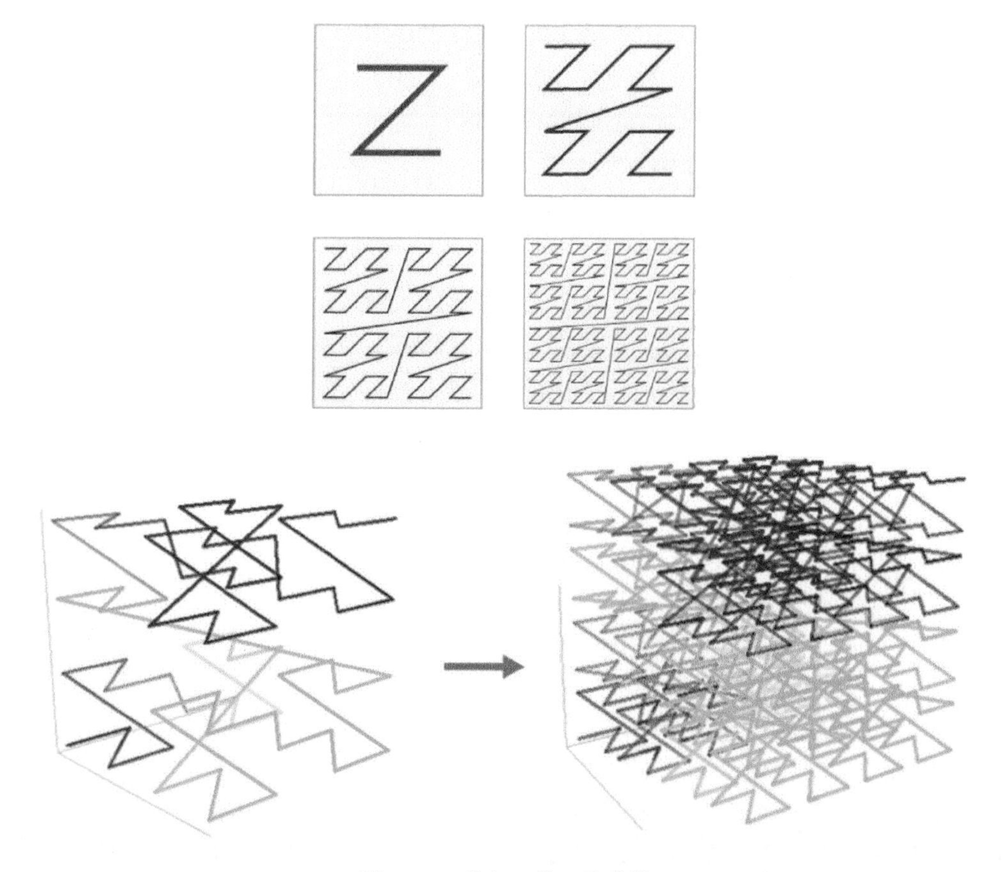

图 7.3　二维与三维 Z 阶曲线

可以利用 Geohash 的字符串长短来决定要划分区域的大小。这个对应关系可以参考上面表格里面 Cell 的宽度和高度。一旦选定 Cell 的宽度和高度，那么 Geohash 字符串的长度就确定下来了，从而可以把地图分成一个个的矩形区域。

地图上把区域划分好了便可以快速地查找一个点附近邻近的点和区域。Geohash 有一个和 Z 阶曲线相关的性质，即一个点附近的区域(但不绝对)，其 hash 字符串总是有公共前缀，并且公共前缀的长度越长，两个点距离越近。由于这个特性，Geohash 常常被用来作为唯一标识符，用在数据库里面可用 Geohash 来表示一个点。Geohash 这个公共前缀的特性就可以用来快速地进行邻近点的搜索。越接近的点通常和目标点的 Geohash 字符串公共前缀越长(但也有特殊情况)。

Geohash 有几种编码形式，常见的有 2 种，分别是 base 32 和 base 36 两种编码，如图 7.4 所示。

| Decimal | 0 | 1 | 2 | 3 | 4 | 5 | 6 | 7 | 8 | 9 | 10 | 11 | 12 | 13 | 14 | 15 |
|---|---|---|---|---|---|---|---|---|---|---|---|---|---|---|---|---|
| base 32 | 0 | 1 | 2 | 3 | 4 | 5 | 6 | 7 | 8 | 9 | b | c | d | e | f | g |

| Decimal | 16 | 17 | 18 | 19 | 20 | 21 | 22 | 23 | 24 | 25 | 26 | 27 | 28 | 29 | 30 | 31 |
|---|---|---|---|---|---|---|---|---|---|---|---|---|---|---|---|---|
| base 32 | h | j | k | m | n | p | q | r | s | t | u | v | w | x | y | z |

(a) base 32 映射

| Decimal | 0 | 1 | 2 | 3 | 4 | 5 | 6 | 7 | 8 | 9 | 10 | 11 | 12 | 13 | 14 | 15 | 16 | 17 | 18 |
|---|---|---|---|---|---|---|---|---|---|---|---|---|---|---|---|---|---|---|---|
| base 36 | 2 | 3 | 4 | 5 | 6 | 7 | 8 | 9 | b | B | C | d | D | F | g | G | h | H | j |

| Decimal | 19 | 20 | 21 | 22 | 23 | 24 | 25 | 26 | 27 | 28 | 29 | 30 | 31 | 32 | 33 | 34 | 35 |
|---|---|---|---|---|---|---|---|---|---|---|---|---|---|---|---|---|---|
| base 36 | J | K | I | L | M | n | N | P | q | Q | r | R | t | T | V | W | X |

(b) base 36 映射

图 7.4　Geohash 两种常见的编码形式

Geohash 的优点非常明显，它利用 Z 阶曲线进行编码，而 Z 阶曲线可以将二维或者多维空间里的所有点都转换成一维曲线，其在数学上称为分形维，并且 Z 阶曲线还具有局部保序性。Z 阶曲线可以通过交织点坐标值的二进制表示，来简单地计算多维度中点的 Z 值。一旦将数据加到该排序中，任何一维数据结构，如二叉搜索树、B 树、跳跃表或(具有低有效位被截断)哈希表都可以用来处理数据。通过 Z 阶曲线所得到的顺序，可以等同地被描述为从四叉树的深度优先遍历得到的顺序。搜索查找邻近点比较快是 Geohash 的另外一个优点。

Geohash 的缺点也来自 Z 阶曲线。Z 阶曲线有一个比较严重的问题，虽然有局部保序性，但是也有突变性。在每个 Z 字母的拐角，都有可能出现顺序的突变，即两个点虽然是相邻的(编码相近)，但是实际距离相隔很远。

Geohash 的另外一个缺点是，如果选择了不合适的网格大小，判断邻近点可能会比较麻烦。Geohash 是按照 1～12 级把空间划分成 Cell，不同级别的 Cell 范围为 3.7 cm 至 5 000 km，中间每一级的变化都比较大，有时候选择上一级可能会大很多，选择下一级又会小一些。例如，选择字符串长度为 4，它对应的 Cell 宽度为 39.1 km，需求可能为

50 km，那么选择字符串长度为 5，对应的 Cell 宽度就变成了 156 km，瞬间又大了 3 倍，实际中选择合适的层级比较困难。若选择不好，每次判断可能就需要取出周围的 8 个格子再次进行判断。Geohash 邻近点查询时先查找点所在的单元，然后根据所在的单元查询相同层级相邻的 8 个单元，意味着需要在数据库中(如 HBase)查询 9 个 Cell 范围内的数据，然后再过滤出来进行二次查询，网格大小选择不合适可能会引入较大的查询工作量。Geohash 需要 12bytes 存储。

Geohash 范围覆盖时，同样存在层级选择上的优化问题，可能需要用较大的 Cell 覆盖查询范围。

**2. Google S2 算法**

Google S2 被用在 Google Map、MongoDB、Foursquare 上，用来解决多维空间点索引的问题。S2 来自几何数学中的一个数学符号 $S^2$，它表示的是单位球，S2 是 Google 开发的被设计用来解决球面上各种几何问题的库，采用 Hilbert 曲线算法，目前有 Java、C++、Python 的实现(图 7.5)。

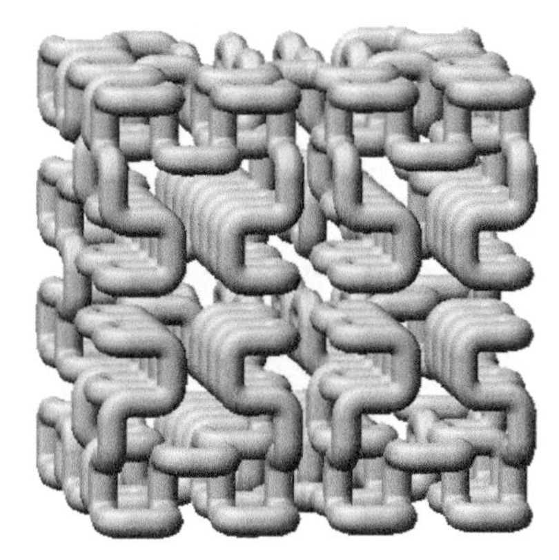

图 7.5　二维与三维 Hilbert 曲线

S2 主要是把三维空间数据降维为一维 UINT64 表示的数据。该算法的基本思想是将球面上的点 $S$(lat, lng)→$f(x, y, z)$→$g$(face, $u$, $v$)→$h$(face, $s$, $t$)→$H$(face, $i$, $j$)→CellID (UINT64)，共计做 5 次转换(图 7.6)。球面经纬度坐标转换成球面 $xyz$ 坐标，再转换成外切正方体投影面上的坐标，最后转换成修正后的坐标 $h$(face,$s$,$t$)，然后再进行坐标系转换，映射到[0, $2^{30}-1$]，最后一步就是把坐标系上的点都映射到希尔伯特曲线上，生成 S2 对应值。

S2 共有 30 个层级，粒度为从 0.7cm² ～85 000 000 km²，中间每一级的变化都比较平缓，接近于 4 次方的曲线，所以在粒度选择上不会出现 Geohash 类似的层级选择困难的问题。S2 的存储只需要一个 UINT64 即可存下。level 0 就是正方体的六个面之一，地球表面积约等于 510 100 000 km$^2$，level 0 的面积就是地球表面积的六分之一。level 30 能表示的最小的面积为 0.48 cm$^2$，最大的也就 0.93 cm$^2$。

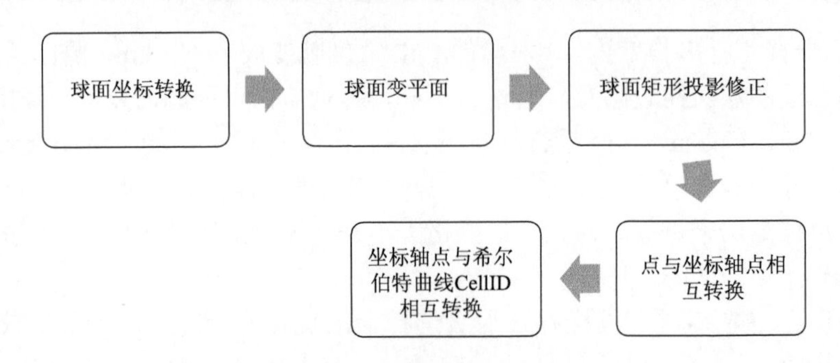


图 7.6　S2 值生成流程

S2 库里面不仅仅有地理编码，还有其他很多与几何计算相关的库，地理编码只是其中的一小部分。S2 实现了许多其他功能，各种向量计算、面积计算、多边形覆盖、距离问题、球面球体上的问题等。S2 的主要优势是它的范围覆盖算法，给定一个查询范围以及期望返回的最多网格数，S2 即可返回覆盖查询区域不同等级的 Cell，每个 Cell 对应在数据库中查询的范围，返回结果很精确，可减少从数据库中读取数据量。解决多边形覆盖的问题是 Geohash 目前尚未实现的。

S2 支持空间索引，包括将区域近似为离散“S2 单元”的集合。此功能可以轻松构建大型分布式空间索引，其在工业生产中使用得非常广泛，更多地用在和地图相关业务上。Google Map 就直接大量使用了 S2，速度很快；Uber 在搜寻最近的出租车时也是使用 S2 算法进行计算的。

目前，大数据领域处理时空数据的方式之一是，通过 Geohash/S2，将用户空间数据或轨迹降维成一维字符串，存储到数据库中(如 HBase)。查询时，根据给定的空间范围，通过 Geohash/S2 映射出满足对应精度及范围的一组一维 range(每组 range 表示满足条件的 Cell)。根据这些一位数据的前缀邻近性原则，在数据库的 key 上搜索满足条件的数据解码后二次过滤。

## 7.2　时空数据库索引

时空数据日益增长的规模使得集中式数据存储管理已经很难满足实际应用需求，为了克服集中式架构受单服务器节点资源限制的缺陷。以 NoSQL 为代表的分布式云数据管理(cloud data managements，CDMs)系统受到了越来越广泛的关注，分布式云存储环境下的 NoSQL 数据系统通常具有水平可扩展性强、并发性能好、数据模型灵活等优点，非常适合于海量数据存储，且支持数据的快速写入和基于键-值的高效查询。然而，键-值对模式查询使得基于行键的数据查询效率高，但并不天然支持除行键之外其他列上的索引，在处理多维度时空查询时具有局限性。

针对上述问题，许多研究基于如 HBase、Accumulo、Cassandra 等主流 NoSQL 数据系统进行改造，使其适用于时空数据存储管理需求，以支持大规模时空应用。基于这些数据系统存储管理多维时空数据时，需要解决的问题是：为了利用现有分布式云数据管理系统的键-值存储，如何将具有多维时空数据映射到一维空间，并保持良好的局部性。

云数据管理系统为满足大规模时空数据管理的可扩展性和高并发性需求提供了可能。具体而言，云数据管理系统通过逻辑划分，将全局数据分成多个规模适中的子划分块，然后将各个子划分块通过物理映射，部署到集群的多个服务器上，从而使得大规模时空数据被分散到不同的服务器节点上，为系统的水平可扩展性提供解决方案，同时利用均匀分布的时空数据，提高系统的吞吐量，满足数据访问的高并发要求。

云数据管理系统中常用的逻辑划分方法有范围划分和哈希划分两类。其中，范围划分是根据表中一个或多个字段的值的范围决定表中元组所属分区的方法，如 Bigtable 和 HBase 是根据行键范围进行数据划分的；哈希划分是采用分区键和哈希函数确定分区的方法，首先将分区编号，然后通过哈希函数计算分区键的哈希值，最后将哈希值映射到各个编号的分区下，完成元组的划分，如 Cassandra 和 Dynamo 的数据划分策略选择为一致性哈希。两种方法相比，基于哈希划分的方法能较好地保证值域的均衡分布(李甜甜等, 2017)，但会使得本属于同一时空范围内的数据存储得过于分散，破坏数据局部性，导致基于时空范围进行数据查询时会消耗更多的资源，最坏的情况是需要访问所有子划分块，因此其不适用于经常需要处理范围查询的时空应用。在利用云数据管理系统管理时空数据时，为了更好地处理时空查询，通常选择范围分区作为数据划分的基本策略(Zheng et al., 2017)。时空数据管理中，常见的策略是将空间填充曲线编码作为行键，或将空间填充曲线编码与时间戳组合构建行键，然后按行键进行数据划分，同属于一个行键范围内的数据对象具有空间邻近性或时空邻近性，从而使得时空数据存取过程中，需要进行的查找操作减少，因为一次查找和读取操作可以加载空间上或时空域上更多连续的块，从而有利于提高时空数据存取效率。然而，由于时空域上相近的数据对象具有更大的相关性，这种划分策略的弊端是数据访问很可能集中在某些特定子划分块，造成数据访问倾斜(Belayadi et al., 2018)。因此，利用基于范围分区的云数据系统管理时空数据时，需要尽可能在保持数据局部性和应对数据倾斜之间取得平衡。

在时空索引方面，现有研究通常先将索引分为空间索引和时间索引两个部分，然后再采用空间优先(Mokbel et al., 2003)或时间优先(Tao and Papadias, 2001)的方法对数据进行索引。然而，时空分治的思想使得这些方法都不能很好地适应数据的时空整合查询应用需求，同时，以某一维度优先的索引方法会使得时空查询过程中产生更多无效扫描，影响时空查询性能(李冬和房俊, 2017)。针对上述问题，GeoMesa(2019)将 Geohash 地理编码与时间戳字符串结合起来构造索引键，利用 35-bit Geohash 编码与“yyyyMMddhh”字符串交叉，来表示约 150m 的方格和 1h 的时间区间，使得空间维与时间维所占索引权重相当。针对时空数据，Van 和 Takasu(2015)利用 STCode 在 HBase 中构建时空数据索引，基于时空编码 STCode 提出了 HBase 中相应的索引机制，时空上邻近的数据对象经过 STCode 编码后将拥有相同的前缀，从而在 HBase 中实现时空邻近的对象被存储在一起，该方法可以支持快速更新的数据对象，同时能够支持高效的时空查询。类似地，Guan 等(2017)通过将 Geohash 编码扩展到时空域，提出了 ST-Hash 索引，通过扩展被广泛应用于键-值存储结构的 GeoHash 编码算法，将经度、纬度、时间编码成一个简短且唯一的字符串，来满足快速更新的轨迹数据索引，通过在 MongoDB 中试验，验证了相比于

GeoHash+时间戳的复合索引结构，该方法具有更高的查询效率。

这些方法主要通过保持时空数据的局部性提高时空查询性能，但没有考虑数据时空分布不均与访问倾斜而带来的热点问题。

## 7.3 地球剖分时空索引模型

基于上述背景，本章从云存储环境下的时空数据存储管理与查询需求出发，系统梳理了时空索引机制需要满足的基本需求：

(1)为适应大规模数据背景，索引应具有良好的可扩展性；

(2)针对时空数据高动态性的特点，索引的构建与维护应具有高效性；

(3)在保持时空数据局部性和应对数据倾斜之间取得平衡；

(4)满足数据的时空维度整合查询需求，并支持高效的并行时空查询。

针对分布式云存储环境中时空数据管理所面临的挑战，依托GeoSOT-ST时空剖分网格与编码模型，提出一种可广泛应用于现有分布式云环境下的时空数据库索引方法——分布式两级时空索引机制；基于GeoSOT空间剖分方法对大规模数据集进行逻辑划分，并使得各子划分的数据量尽可能均衡，在数据划分过程中构建全局索引，负责索引子划分块。对于各子划分块，建立块内的局部索引，将GeoSOT-ST时空网格编码作为行键，索引子划分块内的数据对象，使得子划分数据块内的时空数据保持良好的局部性。

**1. 时空网格两级索引结构**

本章阐述的云环境中分布式时空索引机制，采用全局索引和局部索引两级索引结构，以适应于主从式架构，如图7.7所示。基于GeoSOT空间剖分理论，按照地理空间将数据划分成多个子划分块，构建全局索引并存储在主节点上，用于定位时空数据对象所在的节点。全局数据划分产生的子划分块存储在从属节点中，通过GeoSOT-ST时空网格编码定位子划分块内的数据对象。

全局索引的基础是GeoSOT空间网格与编码，其是按照空间位置来进行数据的划分，强调各子划分块之间数据量的均衡。全局索引层对数据进行划分时，只基于空间属性而不考虑时间属性，这是为了避免读写热点。由于生成的子划分块数量不能太多，如果按照时空属性进行划分，当前时间只对应极少的网格单元；根据实际应用中数据的存取模式，近期时间对应的时空网格上数据读写请求通常要远多于历史时间对应的时空网格，因此数据读写请求将集中在这些很少的索引节点上，将造成严重的访问倾斜。

局部索引的基础是GeoSOT-ST时空网格与编码，其将子划分块对应地理空间中的所有数据，按照时空邻近性进行组织，强调的是子划分块内部数据良好的局部性。局部索引层不仅考虑空间维度，而且基于时空一体化思想将时空维上相邻的数据组织在一起，这是由于子划分内空间相邻的数据并不一定会被同时访问，而时空邻近的数据对象被同时访问的概率很高。在索引子划分块内的数据时，本章采用与Li等(2017)和Hughes等(2015)一致的方式，即专门针对时空应用存储一个原始数据的副本，该副本以GeoSOT-ST时空网格编码作为主键，而不是维护一个指向原始数据的索引结构。这是由于在云环境中，存储成本相比计算成本要低很多，而且采用这种方式会使得数据取回非常高效。

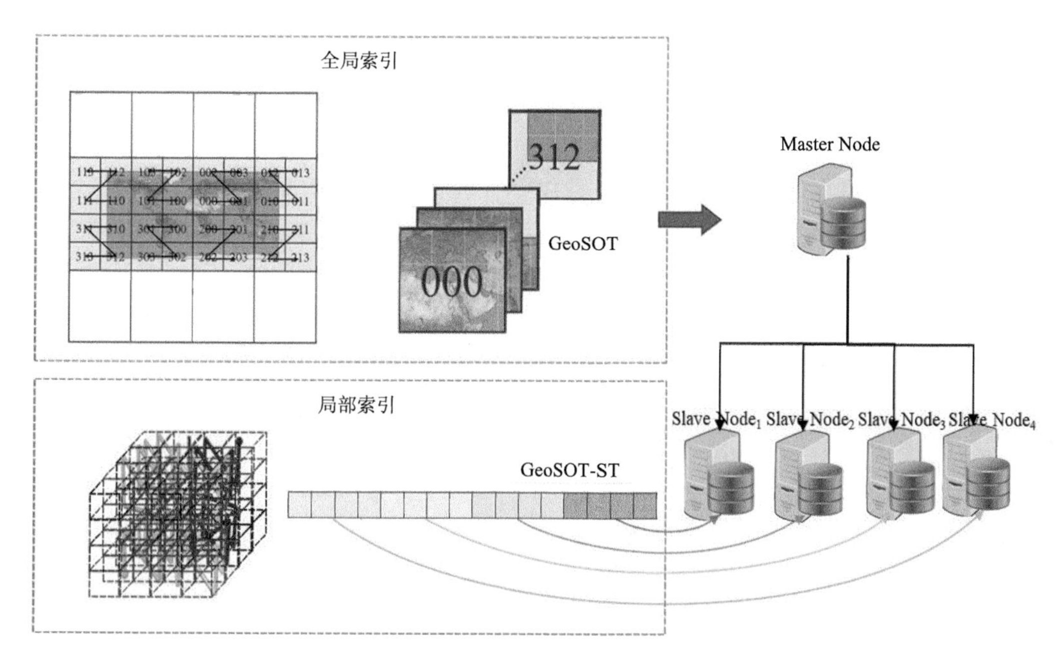


图 7.7　地球剖分网格两级索引结构

**2. 全局数据划分方法**

数据划分是提高数据管理系统性能的一种有效策略，在分布式云数据系统中被广泛使用。首先，将一个大规模数据集分为多个小的子划分单元，为数据分布式存储和并行化查询处理提供基础，从而提高系统的吞吐量，应对高并发读写访问需求。其次，一个好的数据划分方案可以使得分布式查询处理过程只需访问少量可能包含结果集的数据子划分集，而避免扫描与当前查询无关的数据子划分单元，以减少 I/O 代价，大大提高查询效率。相应地，分布式云存储环境中的全局数据划分主要有两个目标：①产生数据量均衡的子划分单元；②将经常同时访问的数据划分到同一数据块中。

针对上述目标，本小节阐述基于 GeoSOT 空间剖分的全局数据划分方法。

给定全局数据集 $D$，由 $D$ 可确定一个待划分的空间域 $\boldsymbol{D}_{\mathrm{S}}$，设 $P$ 为 $\boldsymbol{D}_{\mathrm{S}}$ 的一个划分：$P$ 由 $n$ 个子划分构成，即 $P=\{p_1,p_2,\cdots,p_n\}$，其中每个子划分 $p_i\,(1\leqslant i\leqslant n)$ 对应于 $\boldsymbol{D}_{\mathrm{S}}$ 中一个小的空间子域 $d_i\left(d_{i,1\leqslant i\leqslant n}\in\boldsymbol{D}_{\mathrm{S}}\right)$，任意两个子划分对应的空间子域不相交。由于实际应用中，数据在地理空间上并不是均匀分布的，本节通过对历史数据的采样获取空间域 $\boldsymbol{D}_{\mathrm{S}}$ 上数据的分布规律，并依此生成全局数据划分方案 $P$，具体步骤如下。

(1) 初始化阶段：首先确定包含空间域 $D_{\mathrm{S}}$ 的最小 GeoSOT 空间网格 ${}_{l_0}\mathrm{Cell}$，将其作为划分的根节点 $p_0$，初始化候选划分方案 CP 为该空间网格的 GeoSOT 编码值 $\mathrm{SCode}_0$，

即 $\mathrm{CP}=\{\mathrm{cp}_0|\mathrm{cp}_0=\mathrm{SCode}_0\}$。

(2)采样阶段：设 $_{l_0}$Cell 对应的空间范围上有历史数据集 $D_{\mathrm{H}}$，从 $D_{\mathrm{H}}$ 中以采样率 $r$ 随机抽取记录组成样本 $S$，样本大小为 $|S|$，则各子划分内采样点数量阈值 $\theta=\dfrac{|S|}{n}$。

(3)划分阶段：对于CP，判断落入各子划分 $\mathrm{cp}_i$ 的采样点数量(即 $\mathrm{cp}_i$ 对应的第 $l$ 层级GeoSOT 空间网格单元 $_l$Cell 所包含的样本点数)是否大于阈值 $\theta$。若大于阈值，将 $\mathrm{cp}_i$ 划分为 $_l$Cell 在第 $l+1$ 层级的子网格集合{ $_{l+1}$Cell }，并以这些子网格的 GeoSOT 编码更新CP；若落入 $\mathrm{cp}_i$ 内的样本记录数小于阈值，则将 $\mathrm{cp}_i$ 加入候选划分方案 $P$。

(4)合并阶段：对于划分阶段得到的 $P$，按照子划分 $\mathrm{cp}_i$ 对应的 GeoSOT 编码由小到大对 $P$ 进行排序。遍历有序集 $P$ 中的元素 $\mathrm{cp}_i$，当各子划分 $\mathrm{cp}_i$ 与 $\mathrm{cp}_{i+1}$ 的采样点数量小于阈值 $\theta$ 时，合并两个子划分，更新 $P$。合并阶段完成后，即得到最终的全局数据划分方案 $P=\{p_i\mid p_i=[\mathrm{SCode}_a,\mathrm{SCode}_b)\}$。其中，各子划分 $p_i$ 是由两个 GeoSOT 空间编码组成的左闭右开编码区间。

合并阶段对于全局数据划分结果质量提升非常重要，这是因为GeoSOT空间剖分本质是基于四叉树的划分方法。合并阶段前产生的划分结果特点与直接按照四叉树划分类似：当数据在空间上非均匀分布时，生成的子划分块内数据量均衡性很难保证，且产生的划分数目也将远大于预期的子划分数目 $n$，除此之外，这种方法还可能产生大量不含有任何数据的空节点(图 7.8)。

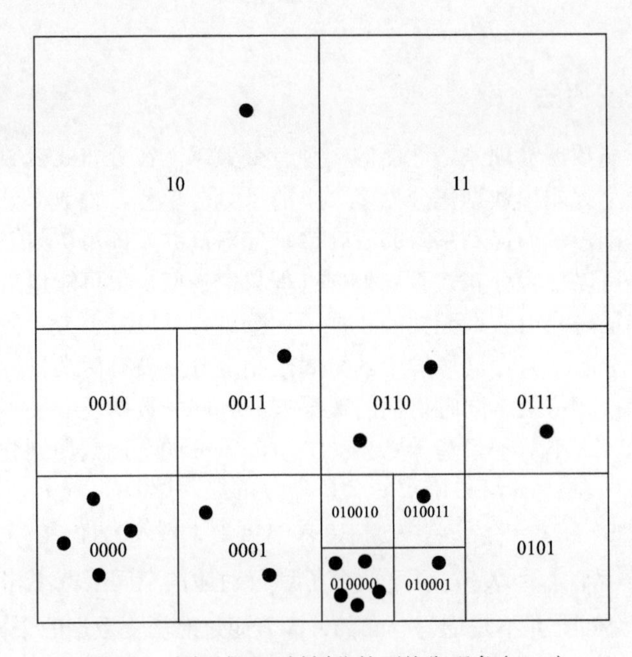


图 7.8　空间域四叉树划分的不均衡现象($\theta=5$)

为了解决上述问题，合并阶段充分利用 GeoSOT 编码具有的空间邻近性，不断尝试将编码连续的网格进行合并，从而尽可能使各子划分单元数据量均衡，消除空节点，提高全局数据划分质量。例如，在合并阶段，图 7.8 中所示原有子划分 0001、0010 和 0011 由于采样点总数小于阈值，将会被并为一个新的子划分。

基于上述方法，得到空间域 $\boldsymbol{D}_{\mathrm{S}}$ 的多个子划分区域。当 $\boldsymbol{D}_{\mathrm{S}}$ 上有新的数据产生时，根据数据的空间属性，即可确定数据所属的子划分片段 $p_i$。在数据密集分布的空间区域，子划分对应的面积小，而在数据稀疏分布的空间区域，子划分对应的面积大。通过逻辑划分，产生了数据的基本存储单元。逻辑划分所产生的各个子划分片段内数据规模一致，即基本存储单元大小相当，这为之后数据物理映射到集群服务器节点、实现节点的负载均衡奠定了一定基础。与此同时，基于 GeoSOT 产生的子划分内具有空间邻近性，由于拟定的子划分数目$n$的取值不会太大，这些子划分块对应的空间范围将具有一定的规模，相对于实际应用而言，用户查询范围更可能集中在较小的空间区域(小于划分子块对应的空间范围)，因此这样的空间划分方案足够使得经常一起访问的数据被划分至同一数据块中。

由划分$P$可以得到全局划分的分区映射表，如图 7.8 中所示划分得到的分区映射表如表 7.2。表 7.2 中第一列是各子划分的唯一分区标识符；第二列为各子划分 $p_i(p_i \in P,\ p_i = [\mathrm{SCode}_a,\ \mathrm{SCode}_b))$ 的开始键，即 $\mathrm{SCode}_a$；第三列记录了子划分 $p_i$ 中包含的所有 GeoSOT 空间编码。全局划分分区映射表为之后部署数据到集群服务器节点提供了基础，同时是时空查询中定位数据所在分区的依据。

**表 7.2　全局划分分区映射表**

| PartitionID | GeoSOT Codes |
|---|---|
| 1 | {0000} |
| 2 | {0001, 0010, 0011} |
| 3 | {010000} |
| 4 | {010001, 010010, 010011, 0101, 0110, 0111} |
| 5 | {10,11} |

### 3. 局部时空索引结构

云环境下的基于范围分区 NoSQL 数据系统(如 HBase 和 Accumulo 等)主要提供 Scan 和 Get 两种数据读取方法，现有研究(Wei et al., 2014)多次证明了在取回相同数据量的场景中，一次 Scan 操作比多次 Get 操作的效率更高。

因此，本章中局部索引除了索引子划分块内数据对象外，主要目的是将子划分块内经常被同时取回的数据组织在一起，以此提高数据访问效率。基本思路是：基于 GeoSOT-ST 时空剖分设计数据块内时空索引，将同一数据块内的时空对象按照时空网格编码顺序存储。结合 NoSQL 数据系统的键-值数据模型，以 GeoSOT-ST 时空网格编码作为键。利用时空剖分编码将多维时空数据映射到一维键空间，其既是基于现有键-值存储数据系统管理多维时空数据的必要条件，又使得时空维度上相近的数据点经映射变换后在一维键空间中仍尽可能相邻。由于时空查询通常一起访问时空范围邻近的数据对象，这种设计利用 GeoSOT-ST 时空网格编码保证了良好的局部性，使得时空查询操作能尽可能以连续的基于键的 Scan 操作取回局部子划分块内数据对象。

子划分块内数据对象索引键的设计如图 7.9 所示，主要由三个部分组成：第一部分 Partition ID 用于分布数据，Partition ID 相同的数据将被聚集在相同的基本存储单元；第二部分 GeoSOT-ST Code 是根据数据对象的时空属性计算得到的时空网格编码，用于索引子划分块内的数据对象，并使得同一个子划分块内的数据对象尽可能按照时空邻近性存储；第三部分 Record ID 是数据记录的标识符，用于保证键的唯一性。最后，上述三部分两两之间由一个分隔符连接，取“～”作为分隔符。

图 7.9　索引键结构

## 7.4　地球剖分时空索引构建与维护

**1. 地球剖分时空索引构建**

索引构建的基本过程如下：首先得到全局数据划分方案。然后，根据数据的时空属性，计算 GeoSOT-ST 时空网格编码，通过时空网格编码与 GeoSOT 空间网格编码的关系判断获取数据的分区键，将分区键、时空网格编码与数据记录标识符组合构建局部索引。最后，将各个从属节点的局部索引信息加载到主节点，形成节点映射关系，构建全局索引。

在上述过程中，全局索引构建相对简单，而在为大规模时空数据构建局部索引时，需要对整个数据集进行全表扫描，从而导致索引创建效率低。且局部索引采用的是 GeoSOT-ST 时空网格粒度较细，网格层级越高，时空网格编码计算耗时越长。因此，本节基于 MapReduce 编程模型，提出局部时空网格索引的并行构建方法，以提高索引创建效率。

MapReduce 是 Hadoop 的一个开源计算框架，它的基本思想是通过划分和迁移计算，使得各个机器尽快地访问和处理数据。本章假设底层数据库为 HBase，给出相应的时空网格索引并行构建方法。

如图 7.10 所示，基于 MapReduce 构建局部索引时，只需要实现 Map 方法，具体流程如下：原始数据划分后，在 Map 阶段，各个 Map 任务读取一个数据分块。对于每一行，将生成一个“键-值”对，键和列值的处理都遵循 HBase 的编码方法，即字符流的形式。键是根据该行中时空属性信息计算得到的分区键、GeoSOT-ST 时空网格编码与数据记录 ID 的组合。对于给定一行，生成一个 HBase Put 对象，由 key、列族和列标识符组成，key/Put 对是 Map 任务的输出。

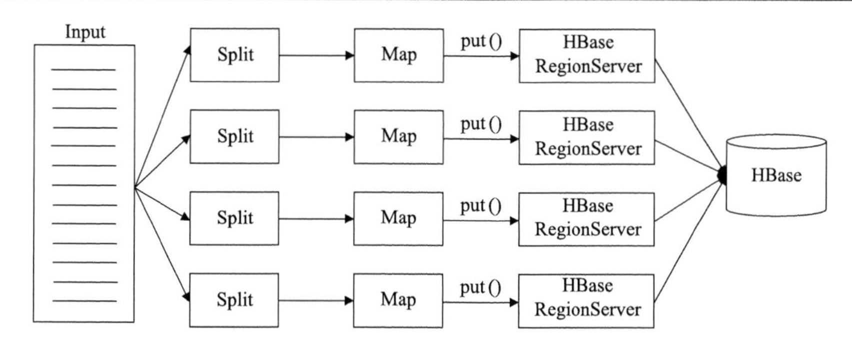


图 7.10　基于 MapReduce 的时空网格索引并行构建

局部时空索引构建的 Map 算法如表 7.3 所示。

**表 7.3　局部时空索引构建的 Map 算法**

| | **Algorithm Map Job in GeoSOT-ST Indexing Construction** |
|---|---|
| 1 | **Input:** Raw dataset, Partitioning Table //输入参数是原始数据集和全局划分映射表 |
| 2 | **Output:** HBase table |
| 3 | GeoSOTSTCode= EncodeGeoSOT_STCode(Lat,Lon,Time,Level) |
| 4 | PartitionID=GetPartitionID(GeoSOTSTCode) |
| 5 | RowKey= PartitionID+GeoSOTSTCode+RecID |
| 6 | EncodedRowKey=getEncodedRowkey(Rowkey) |
| 7 | Put put = getPut(EncodedRowKey) |
| 8 | **foreach** ColumnValue in CurrentLine **do** |
| 9 | 　　EncodedColumnValue=getEncodedColumnValue (ColumnValue) |
| 10 | 　　put.add(encodedColumnValue,columnName) |
| 11 | **end for** |

### 2. 地球剖分时空索引维护

数据插入或删除操作后，需要进行索引维护。

数据插入操作中，除了构建局部索引键，还可能会引起子划分单元的分裂，从而改变索引结构。数据插入子划分单元之后，检查被插入的存储单元大小是否超过了阈值，若未超过阈值，则只进行数据写入；若超过阈值，则按照分裂方法划分该存储单元。检查分裂后产生的新子划分单元与邻接单元大小之和小于阈值，若是则进行合并。基本存储单元的分裂和合并都会引起全局索引更新。

数据删除操作可能会引起子划分单元的合并，从而改变索引结构。数据删除之后，检查该子划分单元当前大小来决定是否需要进行单元合并。若未小于阈值，则只进行数据删除；若不小于阈值，则找到邻接的子划分块并将它们合并。合并之后，将会产生一个子划分单元代替原有多个子划分块，且在全局索引中进行更新。

## 7.5　本 章 小 结

本章在回顾并分析主流时空索引方法的基础上，根据地球剖分框架的特点，提出了地球剖分时空索引的全局和局部的两层索引结构，以及全局数据划分方法和局部时空索引方法，并介绍了地球剖分时空数据库索引的构建和维护方法。通过对时空数据的划分和分布式存储，为大规模时空数据存储管理的可扩展性提供了基础。其中，通过全局数据划分，各子划分单元内数据量尽可能均衡，以有效应对数据在空间维上分布不均的特征；本章中局部索引除了索引子划分块内数据对象外，主要目的是将子划分块内经常被同时取回的数据组织在一起，以提高数据访问效率。

# 第 8 章　地球剖分时空数据库时空关系计算

空间关系是指各实体空间之间的关系，包括拓扑空间关系、顺序空间关系和度量空间关系。拓扑空间关系对时空数据查询和分析具有重要意义，本章专门讨论时空数据库查询中的空间关系和时间关系计算。本章后续内容中的空间关系一般指拓扑空间关系。

## 8.1　空间关系计算

### 1. 地球剖分空间关系的概念与特殊性

对于剖分空间中任意两个实体对象，可以将它们的内在关联描述为两个实体的空间关系。

空间关系描述是用数学方法来区分不同的空间关系，给出形式化的描述。其意义在于澄清不同用户关于空间关系的语义，为构造空间查询语言和空间分析提供形式化工具。2013 年，金安提出了 GeoSOT 网格及网格集合之间的空间关系描述框架，以对象覆盖网格集合之间的交集运算判断简单对象的拓扑关系，以实体形心所在网格之间的距离、方位来判断实体之间的度量、方位关系，粗略地对实体空间关系进行了描述。

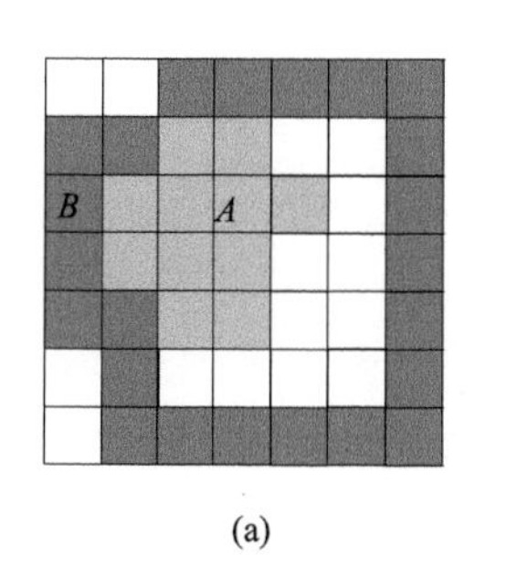


(a)

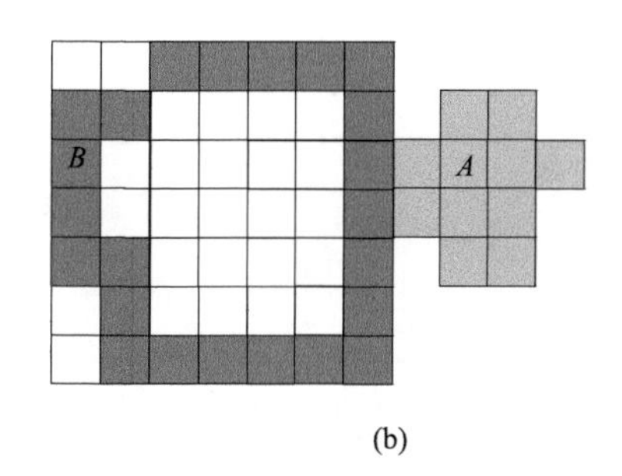


(b)

图 8.1　两种不同的空间关系示意图

例如，由于并未考虑对象外部情况，在处理含空洞的复杂对象关系中存在缺陷，图 8.1 中的实体 $A$ 和 $B$ 满足相同的判断条件——存在边相邻网格、对象网格不相交，却因空洞的存在而难以区分具体的空间关系，但这种区分是有实际应用价值的，如河北省与北京市、山东省之间的关系。

**2. 基于球面 Voronoi 图的空间关系表征**

为了获得更为细致的拓扑空间关系，实体的外部区域也应考虑在内。但是，对于一个面积有限的实体对象而言，其外部区域往往是很大的，包括除去其自身的球面二维空间，导致外部区域相关的集合运算量极大，因而考虑利用球面 Voronoi 图缩小实体对象的外部区域范围。本节将首先介绍球面 Voronoi 图的生成方法，在此基础上，借鉴 V9I 模型，研究剖分体系下实体之间的拓扑关系，并探讨基于球面 Voronoi 图的距离度量、方位描述等非拓扑关系。

目前，对于球面 Voronoi 算法(Gold, 1992; Yang, 1997)的研究相对较少，其中比较典型的是 Aggenbaum(1985)利用“插入法”给出了球面上 $n$ 个点的 Voronoi 图生成算法，时间复杂度为$O(n^2)$；Robert(1997)提出了“分治算法”，时间复杂度为$O(n\log n)$ (贲进，2006)。这些算法都是针对球面点集的，而关于球面实体的 Voronoi 图生成算法的研究极少，这是由于矢量算法对于面状集非常困难。鉴于此，人们尝试参照平面栅格 Voronoi 图的生成算法原理均取得了可喜的进展：2002 年，赵学胜等研究了基于 QTM 球面三角网的 Voronoi 图生成算法；2010 年，童晓冲研究了基于球面六边形网格的 Voronoi 图生成算法。

GeoSOT 作为球面矩形网格，亦可借鉴平面栅格算法。Voronoi 图的栅格算法实质上是从每一生长点出发，通过像素邻元搜索逐渐进行扩张或膨胀，确定距每一生长点最远的等距离线。对应于剖分网格的八邻接模式和四邻接模式，网格在同一层级上存在两个膨胀因子 $B_1$ 和 $B_2$，如图 8.2 所示。

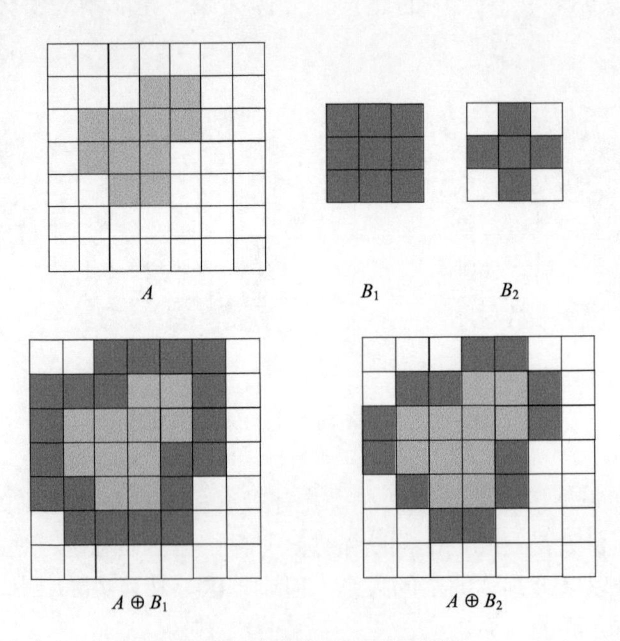


图 8.2　网格膨胀结果示意图

因此，剖分空间实体 Voronoi 图的生成是根据球面矩形网格膨胀原理，通过实体边界网格的邻接搜索，确定出包围实体对象的邻接网格，即搜索出对象区域内网格的全部邻接网格。然后，剔除重复网格，实体对象就生成一个膨胀网格集合。重复进行此过程，直到满足膨胀的终止条件，每个终止膨胀的网格构成了两个实体对象的 Voronoi 边界。其中，两个实体的 Voronoi 边界终止情形分为两种：一种如图 8.3(a)和图 8.3(b)所示，两个实体在第 $n$–1 次膨胀后，$\mathrm{Cell}_{A(n-1)}$和 $\mathrm{Cell}_{B(n-1)}$不相邻，那么第 $n$ 次均膨胀至网格 $\mathrm{Cell}_3$，$\mathrm{Cell}_3$ 即两者 Voronoi 图的边界网格；另一种如图 8.3(c)和图 8.3(d)所示，两个实体在 $n$–1 次膨胀后，$\mathrm{Cell}_{A(n-1)}$和 $\mathrm{Cell}_{B(n-1)}$相邻，那么第 $n$ 次膨胀将使 $\mathrm{Cell}_{A(n-1)}$和 $\mathrm{Cell}_{B(n-1)}$均被再次搜索，故它们是实体 $A$ 和 $B$ 的 Voronoi 图边界网格。

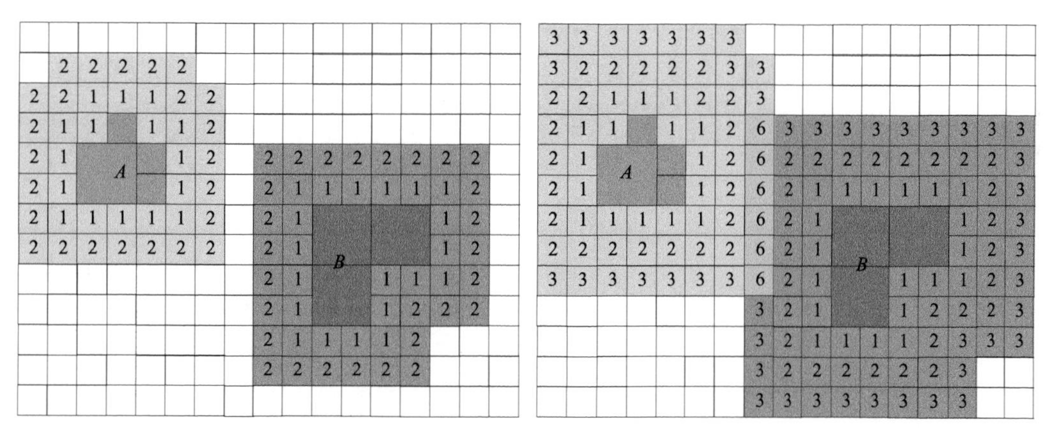


(a) 情形一：第$n$–1次膨胀　　(b) 情形一：第$n$次膨胀

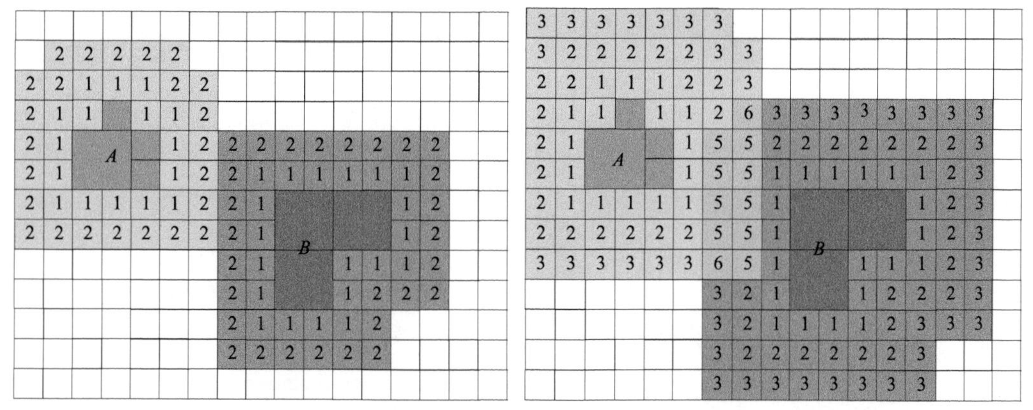


(c) 情形二：第$n$–1次膨胀　　(d) 情形二：第$n$次膨胀

图 8.3　两个实体的 Voronoi 边界终止情形示意图

综合以上两种情形，可在膨胀过程中为每个待搜索网格定义一个距离权重因子$\gamma$，初始值设为 0，记录整体的膨胀情况，采用动态距离变换的方法来生成实体的 Voronoi 图。若当前待搜索网格 Cell 的$\gamma=0$，表示该网格从未被搜索，$\gamma$=当前膨胀次数，且 Cell 成为待膨胀网格；若当前待搜索网格 Cell 的$\gamma\neq0$，表示该网格同为其他实体的膨胀网格，$\gamma=\gamma+$当前膨胀次数，且 Cell 成为 Voronoi 边界，停止膨胀。可见，若两个实体当前膨胀次数为$\tau$，那么球面网格的距离权重因子$\gamma$在$\{0,1,\cdots,\tau,2\times\tau-1,2\times\tau\}$中取值，其中$\gamma=2\times\tau-1$和$\gamma=2\times\tau$是两者 Voronoi 边界网格的标志。

生成球面 Voronoi 图及计算距离权重因子$\gamma$的具体算法如下。

输入：球面剖分层级$n$和球面实体编码集$\mathrm{EC}_{Os}=\{\mathrm{EC}s_1,\mathrm{EC}s_2,\cdots,\mathrm{EC}s_n\}$；

输出：球面实体对象集的近似 Voronoi 图。

(1)选择一个膨胀因子，计算每个实体$\mathrm{ECs}_i$的膨胀边界网格集$\partial Cs_i$。

(2)搜索$\partial Cs_i$的8个邻接网格集合$\mathrm{Adjacts}(\partial Cs_i)$，并删除$\mathrm{Adjacts}(\partial Cs_i)$中重复或$\gamma\neq0$的网格。

(3)为$\mathrm{Adjacts}(\partial Cs_i)$中的每个网格赋$\gamma$值，判断该网格的膨胀是否终止。若网格停止膨胀，那么它是 Voronoi 边界网格，计算该网格的$\gamma$值，将其剔除待膨胀网格集合。

(4)若存在待膨胀网格，则重复步骤(2)，直到整个球面搜索完毕；否则，结束。

特别地，以上算法需要遍历整个球面网格，当实体覆盖区域相对集中、网格层级较高时，可对该算法进一步简化，将网格搜索范围缩小至恰好包含了待分析实体的最小矩形区域(图 8.4)。

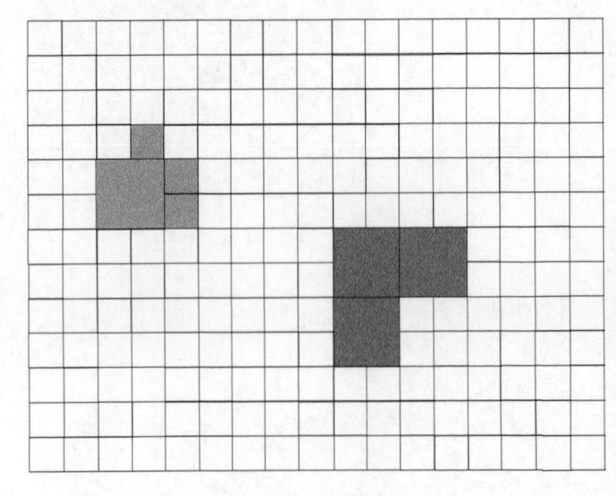

(a) 待计算的两个实体对象

| | | | | | | | | | | | | | | | | |
|---|---|---|---|---|---|---|---|---|---|---|---|---|---|---|---|---|
| 3 | 3 | 3 | 3 | 3 | 3 | 3 | 4 | 4 | 11 | 12 | 13 | 6 | 6 | 6 | 6 | 6 |
| 3 | 2 | 2 | 2 | 2 | 2 | 3 | 3 | 9 | 10 | 11 | 5 | 5 | 5 | 5 | 5 | 5 |
| 2 | 2 | 1 | 1 | 1 | 2 | 2 | 7 | 8 | 9 | 4 | 4 | 4 | 4 | 4 | 4 | 4 |
| 2 | 1 | 1 | | 1 | 1 | 5 | 6 | 7 | 3 | 3 | 3 | 3 | 3 | 3 | 3 | 4 |
| 2 | 1 | | | | 1 | 5 | 5 | 2 | 2 | 2 | 2 | 2 | 2 | 2 | 3 | 4 |
| 2 | 1 | | | | 1 | 5 | 5 | 1 | 1 | 1 | 1 | 1 | 1 | 2 | 3 | 4 |
| 2 | 1 | 1 | 1 | 1 | 1 | 5 | 5 | 1 | | | | | 1 | 2 | 3 | 4 |
| 2 | 2 | 2 | 2 | 2 | 2 | 5 | 5 | 1 | | | | | 1 | 2 | 3 | 4 |
| 3 | 3 | 3 | 3 | 3 | 7 | 6 | 5 | 1 | | | 1 | 1 | 1 | 2 | 3 | 4 |
| 4 | 4 | 4 | 4 | 9 | 8 | 7 | 2 | 1 | | | 1 | 2 | 2 | 2 | 3 | 4 |
| 5 | 5 | 5 | 11 | 10 | 9 | 3 | 2 | 1 | 1 | 1 | 1 | 2 | 3 | 3 | 3 | 4 |
| 6 | 6 | 13 | 12 | 11 | 4 | 3 | 2 | 2 | 2 | 2 | 2 | 2 | 3 | 4 | 4 | 4 |
| 7 | 15 | 14 | 13 | 5 | 4 | 3 | 3 | 3 | 3 | 3 | 3 | 3 | 3 | 4 | 5 | 5 |

(b) 两个实体对象的 Voronoi 图

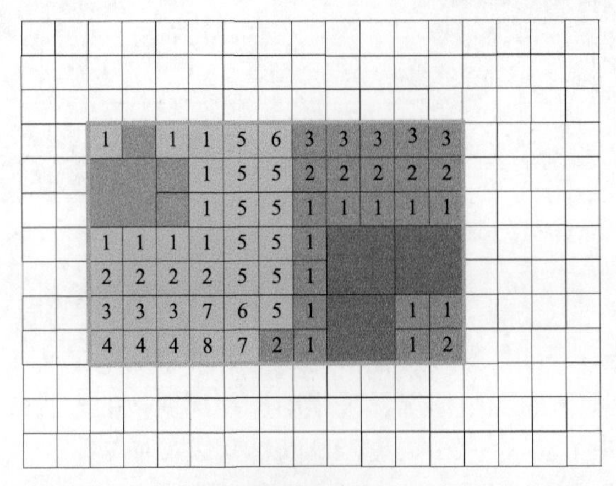

(c) 计算范围缩小的 Voronoi 图

图 8.4　两个实体对象的球面 Voronoi 计算结果图

在生成球面 Voronoi 图的同时，可以构建网格的距离权重矩阵，矩阵中的每一个元素取值对应网格的距离权重因子。

不含空洞的实心对象的 Voronoi 区域是指其 Voronoi 区域自身[图 8.5(a)中绿色区域]，而含有空洞的环状对象的 Voronoi 区域是指环状对象的 Voronoi 区域自身与其空洞区域的并集[图 8.5(b)中粉红色区域]。

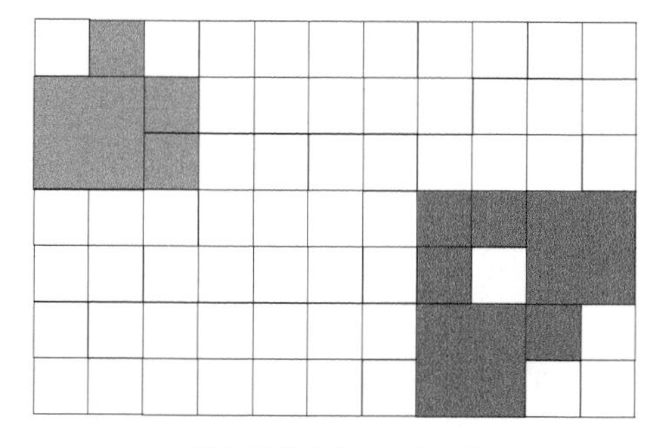

(a) 待计算的含空洞对象与实心对象

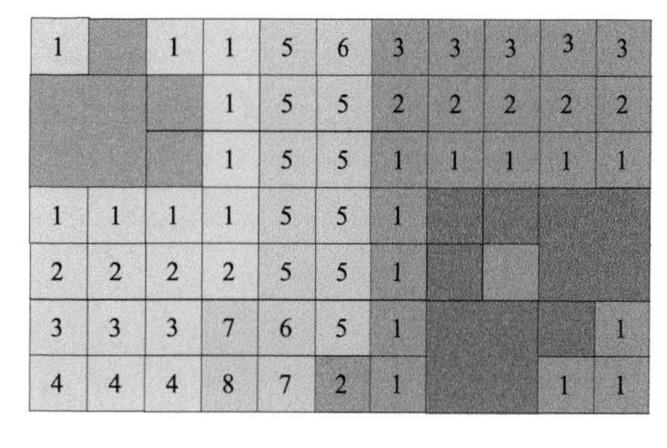


(b) Voronoi 计算结果

图 8.5　含有空洞的对象 Voronoi 图

### 3. 基于 Voronoi 图的空间拓扑关系分析方法

拓扑关系体现了空间实体在空间上的一种不依赖于几何形变的内在联系(陈军，2007)。在传统数据模型中，实体之间的拓扑关系主要包括相离、相接、相交、包含四类。然而，在剖分数据模型中，实体均以面状目标的形式存在，故实体之间的拓扑关系实质上是网格集合之间的拓扑关系。但是，剖分网格具有多尺度的特点，特别是边界网格的层级隐含实体描述的分辨率信息，使得不同层级下实体之间的拓扑关系更为复杂。目前，国际上使用较多的两种空间拓扑关系描述方法是基于点集拓扑理论的交叉方法和运用空间目标的整体来进行空间关系区分的交互方法。其中，交叉方法是将空间实体分解为几个部分，通过比较两个实体各个组成剖分的交去判定或研究实体之间的空间关系，如 4 交模型和 9 交模型。而交互方法是根据区域连续和逻辑演算描述空间区域间的关系，需要预先假设目标间可能的关系，不能保证完备性，因而应用比较受限。

金安提出了基于 GeoSOT 网格的空间拓扑关系，其本质是以拓扑学、集合代数与计算几何为主要理论依据，考虑实体本身和它的外部区域所组成的集合，即退化的 9 交模型，其将实体拓扑关系粗略地划分为相离、相接、相交和包含四类。本章将借鉴 V9I 模型，进一步描述剖分数据模型中实体的拓扑关系。

设 $A$ 和 $B$ 是剖分数据模型中任意两个实体，分别定义四元组和九元组：

$$\mathrm{R9}(A,B)=\begin{bmatrix} A\cap B & A\cap B^{\mathrm{V}} \\ A^{\mathrm{V}}\cap B & A^{\mathrm{V}}\cap B^{\mathrm{V}} \end{bmatrix} \tag{8.1}$$

$$\mathrm{V9I}(A,B)=\begin{bmatrix} \partial A\cap\partial B & \partial A\cap B^{\circ} & \partial A\cap B^{\mathrm{V}} \\ A^{\circ}\cap\partial B & A^{\circ}\cap B^{\circ} & A^{\circ}\cap B^{\mathrm{V}} \\ A^{\mathrm{V}}\cap\partial B & A^{\mathrm{V}}\cap B^{\circ} & A^{\mathrm{V}}\cap B^{\mathrm{V}} \end{bmatrix} \tag{8.2}$$

式中，$\mathrm{R9}(A,B)$和$\mathrm{V9I}(A,B)$分别代表退化的 9 交模型和基于 Voronoi 图的 V9I 模型；$A^{\mathrm{V}}$和$B^{\mathrm{V}}$分别为$A$和$B$的球面 Voronoi 区域集合，每个集合运算的取值为$\varnothing$和$\neg\varnothing$。

(1)相离关系：若实体$A$与$B$之间无交集，则称两者相离。相离关系可细分为四种，如图 8.6 所示，它们的共同点是$A\cap B=\varnothing$，故$\partial A\cap\partial B$、$\partial A\cap B^{\circ}$、$A^{\circ}\cap\partial B$和$A^{\circ}\cap B^{\circ}$均为$\varnothing$。图 8.6(a)和图 8.6 (b)中的实体均为简单对象，一个实体的 Voronoi 区域与另一个实体之间由后者的 Voronoi 区域间隔开，即$A$的边界、内部区域均与$B$的 Voronoi 区域无交集，$B$的边界、内部区域均与$A$的 Voronoi 区域无交集。这时，若$A$的 Voronoi 区域与$B$的 Voronoi 区域有交集，表示$A^{\mathrm{V}}$和$B^{\mathrm{V}}$共边，两者是图 8.6(a)的相邻关系，否则，它们之间被其他实体隔开。如图 8.6(b)所示，实体$A$、$B$和$C$之间均是相离的，但是$A$与$B$是相邻的，$A$与$C$则是不相邻的，它们的区别就在于$A^{\mathrm{V}}\cap B^{\mathrm{V}}$的取值不同。图 8.6(c)中存在含空洞的复杂实体，但$A$与$B$仍然满足相离关系的定义，与图 8.6(a)和图 8.6(b)不同的是，$A$的 Voronoi 区域包含$B$，故$A$的 Voronoi 区域与$B$的边界、内部区域均有交集；图 8.6(d)将图 8.6(c)中的两个实体对调，其九元组的取值则是图 8.6(c)中矩阵$\mathrm{V9I}(A,B)$的转置。

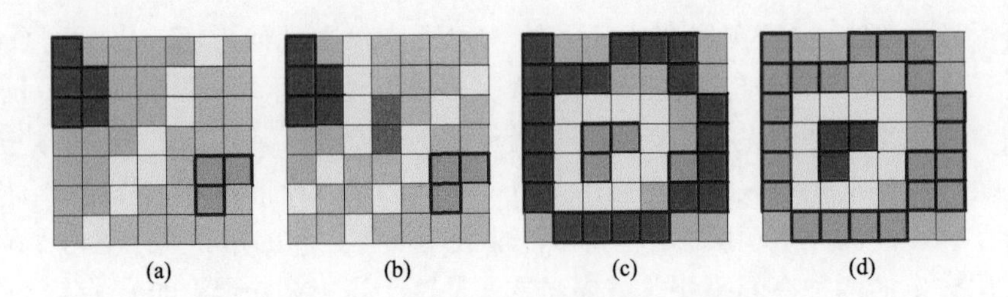

图 8.6　实体之间相离关系的四种情形

(2)相接关系：若实体$A$与$B$之间仅边界有交集，则称两者相接。相接关系可细分为三种，如图 8.7 所示，它们的共同点是$\partial A\cap\partial B=\neg\varnothing$，且$\partial A\cap B^{\circ}$、$A^{\circ}\cap\partial B$和$A^{\circ}\cap B^{\circ}$均为$\varnothing$。图 8.7(a)中的实体均为简单对象，$A$的边界与$B$的边界、Voronoi 区域有交集，但与$B$的内部无交集；$A$的内部与$B$的边界、内部、Voronoi 区域均无交集；$A$的 Voronoi 区域与$B$的边界、Voronoi 区域有交集，但与$B$的内部无交集。对于图 8.7(b)中含有空洞的实体$A$及空洞内的实体$B$，$A$的内部与$B$的边界、内部、Voronoi 区域均无交集；由于$A$的 Voronoi 区域包含$B$，故$A$的 Voronoi 区域与$B$的边界、内部、Voronoi 区域均有交集；$A$的边界与$B$的边界、Voronoi 区域有交集，但与$B$的内部无交集。图 8.7(c)九元组的取值则是图 8.7(b)中矩阵$\mathrm{V9I}(A, B)$的转置。相接关系也是一种相邻关系。

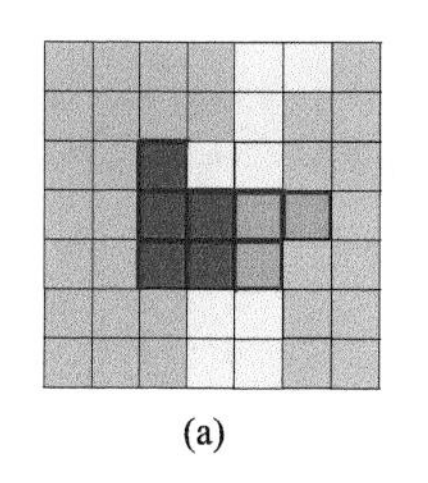
(a)

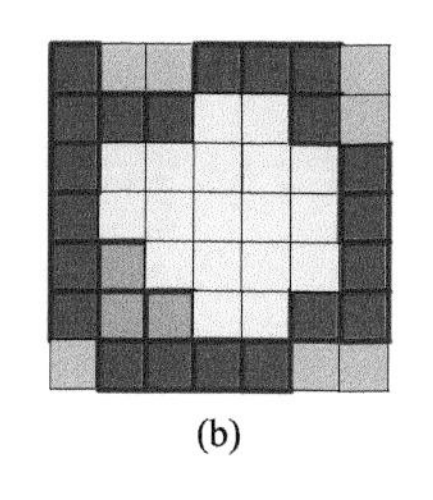
(b)

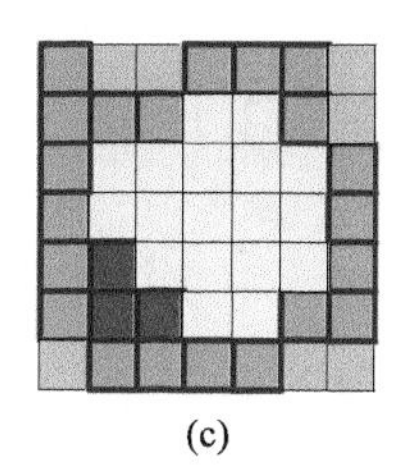
(c)

图 8.7　实体之间相接关系的三种情形

(3)相交关系：若实体 $A$ 与 $B$ 之间部分相交但不相接，则称两者相交。由于剖分空间中实体由多尺度网格构成，与经纬度体系不同的是，相交关系也可细分为四种，如图 8.8 所示，它们的共同点是 $\partial A \cap \partial B = \neg\varnothing$ 。图 8.8(a)中，$B$ 的边界网格尺度比 $A$ 的大，故 $A$ 的内部与 $B$ 的边界有交集，但与 $B$ 的内部、Voronoi 区域无交集；$A$ 的边界与 $B$ 的边界、Voronoi 区域均有交集，但与 $B$ 的内部无交集；$A$ 的 Voronoi 区域与 $B$ 的边界、Voronoi 区域有交集，但与 $B$ 的内部无交集。图 8.8(b)九元组的取值是图 8.8(a)中矩阵 V9I($A$, $B$)的转置。图 8.8(c)中，任何一个实体的边界与另一个实体的内部有交集，但两者内部区域无交集；一个实体的 Voronoi 区域与另一个实体边界有交集，但与其内部无交集，且二者的 Voronoi 区域存在交集。图 8.8(d)中，$A$ 的边界、内部区域分别与 $B$ 的边界、内部区域相互有交集，但有关 Voronoi 区域的判断中，一个实体的 Voronoi 区域仅与另一个实体的内部无交集。由于实体的边界网格刻画了实体空间信息的不确定性，而内部网格具有确定性，故将图 8.8(a)和(b)中所示的两种相交关系称为近相交关系，这种情形仅在判断拓扑关系的两个实体精度不相同时存在。

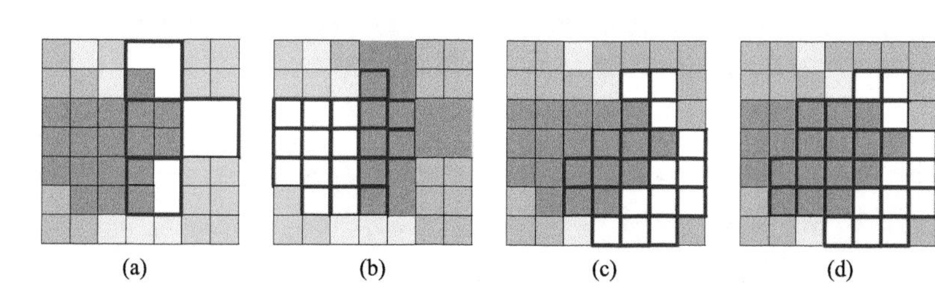


图 8.8　实体之间相交关系的四种情形

(4)包含关系：若一个实体与另一个实体的交集为前者，则称两者相包含，且前者包含后者。包含关系可细分为四种，如图 8.9 所示，它们的共同点是 $A^{\circ} \cap B^{\circ}$ 和 $A^{V} \cap B^{V}$ 均为 $\neg\varnothing$ 。图 8.9(a)中，$A$ 的边界与 $B$ 的 Voronoi 区域有交集，与 $B$ 的边界、内部无交集；$A$ 的内部与 $B$ 的边界、内部、Voronoi 区域均有交集；$A$ 的 Voronoi 区域与 $B$ 的边界、内部均无交集。图 8.9(b)九元组的取值是图 8.9(a)中矩阵 V9I($A$,$B$)的转置。图 8.9(c)中，$A$ 包含 $B$ 且内部相接，从而 $A$ 的边界与 $B$ 的边界、Voronoi 区域有交集，与 $B$ 的内部无交集；$A$ 的内部与 $B$ 的边界、内部、Voronoi 区域均有交集；$A$ 的 Voronoi 区域与 $B$ 的边界有交集，与 $B$ 的内部无交集。图 8.9(d)九元组的取值是图 8.9(d)中矩阵 V9I($A$,$B$)的转置。

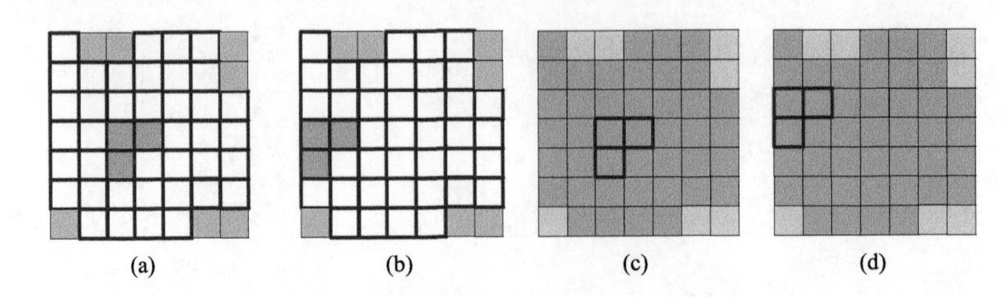


图 8.9　实体之间包含关系的四种情形

综合以上分析，在剖分数据模型中，V9I 模型的判定规则发生变化，而且对实体拓扑关系的划分更精细，本章称其为S-V9I模型(subdivision-V9I model)，它的判别矩阵S-V9I$(A,B)$与V9I$(A,B)$ 相同，但判别结果存在差异。

**4. 基于 Voronoi 图的空间度量关系分析方法**

空间度量关系是空间科学领域特有的能力，其指标有长度(距离)、面积、体积、形状、坡度、通达性等，其中，距离是一种最基础、最常见的空间度量关系，是约束和表达空间实体相对关系的一个重要的度量指标，空间实体之间的距离描述与计算方式将直接影响空间查询、推理和分析的有效性。目前，通常采用最近、最远和质心距离来量测实体对象之间的分布特征(邓敏，2011)。网格本身具备量测的基础，但同一尺度下球面网格中单元的不一致，使得网格量测问题复杂且存在一定的误差。本节重点从距离量测问题入手，借助球面 Voronoi 图展开对剖分空间度量关系的研究。

同时，距离量测问题可分为三类：单个网格之间的距离、单个网格与实体对象之间的距离、实体对象之间的距离。特别地，由于单个网格也可视为一个空间实体，故而统一为实体对象(网格集)之间的距离量测。

最短距离：在剖分空间中，设第 $\text{Level}_A$ 层级实体 $A\{C_{Ai}\}(0<i\leqslant n_A)$ 与第 $\text{Level}_B$层级实体$B\{C_{Bi}\}(0<i\leqslant n_B)$，对于任意的$C_{As}\in A$和$C_{Bt}\in B$，若$L=\min(d_{\text{st}})$，$d_{\text{st}}$是$C_{As}$和$C_{Bt}$之间的距离，则称$L$为实体 $A$ 与 $B$ 的最短距离。其中，$d_{\text{st}}$为网格距离或欧氏距离。

显然，结合 Voronoi 图的生成过程，其边界是经两个实体同步膨胀而得到的相交区域，而边界网格的距离权重因子$\gamma$记录了两个实体的膨胀次数之和，那么其最小值就是两个实体之间的最短距离。Voronoi 图的边界网格具有以下特性：

任意一个 Voronoi 边界网格 Cell，距离权重因子为$\gamma$，其四个邻接网格中必存在两个网格$\text{Cell}_1$、$\text{Cell}_2$，它们的距离权重因子$\gamma_1$和$\gamma_2$满足以下不等式：

$$\gamma_1\leqslant\gamma \text{ 和 } \gamma_2\leqslant\gamma \tag{8.3}$$

对于等经纬度剖分网格 GeoSOT 来说，其存在两种膨胀因子，如图 8.2 所示，基于 $B_1$ 因子对网格膨胀，每膨胀一次，$\gamma$值增加 1，但实际距离却可能增加 1 个或$\sqrt{2}$个网格尺度单位，此时需分别考虑$\gamma$中包含的经向、纬向和对角这三种膨胀方式，计算实体之间的最短距离；而采用 $B_2$ 因子时，网格每膨胀一次，$\gamma$值增加 1，实际距离也增加 1 个网格尺度单位，此时仅需考虑经向、纬向两种膨胀方式即可，故本书选择基于 $B_2$ 因子膨胀得到的 Voronoi 图来分析实体之间的距离计算方法。

首先，获取最少膨胀次数之和。选取 Voronoi 边界网格 $\mathrm{Cell}_{\mathrm{Voronoi\_Bou}}$ 中距离权重因子最小的网格集合：

$$\mathrm{Cell}_{\min\gamma}=\left\{\mathrm{Cell}\mid\gamma(\mathrm{Cell})=\min\gamma\left(\mathrm{Cell}_{\mathrm{Voronoi\_Bou}}\right)\right\} \tag{8.4}$$

它们的 $\gamma=r_0$，表示由实体 $A$ 经过 $\gamma$ 步可抵达 $B$，且每步步长为 1 个网格尺度单位。$\gamma$ 步既包含横向(经向)平移，也包含纵向(纬向)平移。

然后，逆向追溯膨胀路径。任选 $\mathrm{Cell}_0\in\mathrm{Cell}_{\min\gamma}$，以该网格为起点，还原与之相邻两个实体的膨胀路径，需要遵循以下搜索步骤与规则(表 8.1)。

**表 8.1　逆向追溯膨胀路径算法步骤**

| | |
|---|---|
| **步骤 1** | 令 $\mathrm{Cell}_0$ 为两条回溯路径 $\mathrm{Road}_1$、$\mathrm{Road}_2$ 的搜索起点，获取其四邻域网格的 $\gamma$ 值集合 $\{\gamma_1,\ \gamma_2,\ \gamma_3,\ \gamma_4\}$ 并排序，设 $\gamma_1\leqslant\gamma_2\leqslant\gamma_3\leqslant\gamma_4$。 |
| **步骤 2** | 无论不等式 $\gamma_1\leqslant\gamma_2$ 中等号是否成立，取 $\gamma_1$ 值对应的网格 $\mathrm{Cell}_{11}$ 作为回溯路径 $\mathrm{Road}_1$ 的第二个点，$\mathrm{Road}_1=\mathrm{Cell}_{11}\cup\mathrm{Cell}_0$。 |
| **步骤 3** | 以 $\mathrm{Cell}_0$ 为对称轴，优先搜索 $\mathrm{Cell}_{11}$ 关于 $\mathrm{Cell}_0$ 的对称网格 $\mathrm{Cell}_1$，若其 $r\leqslant\gamma_0$，则 $\mathrm{Cell}_{21}=\mathrm{Cell}_1$；否则，搜索 $\mathrm{Cell}_0$ 另外两个邻接网格 $\mathrm{Cell}_2$和$\mathrm{Cell}_3$，它们的 $\gamma$ 值分别为 $\gamma_2'\leqslant\gamma_3'$。若 $\gamma_2'=r_0$，令 $\mathrm{Cell}_{21}=\mathrm{Cell}_2$；若 $\gamma_3'=r_0$，令 $\mathrm{Cell}_{21}=\mathrm{Cell}_3$；否则，将二者之中与 $\mathrm{Cell}_{11}$ 所属实体不同的网格赋值为 $\mathrm{Cell}_{21}$。网格 $\mathrm{Cell}_{21}$ 是回溯路径 $\mathrm{Road}_2$ 的第二个点，$\mathrm{Road}_2=\mathrm{Cell}_0\cup\mathrm{Cell}_{21}$；令 $i=1$。 |
| **步骤 4** | 对网格 $\mathrm{Cell}_{1i}$和$\mathrm{Cell}_{2i}$ 进行邻接搜索，分别判断四个邻接网格中 $\gamma$ 值最小的网格 $\mathrm{Cell}_{1(i+1)}$和$\mathrm{Cell}_{2(i+1)}$，那么 $\mathrm{Road}_1=\mathrm{Cell}_{1(i+1)}\cup\mathrm{Road}_1$，$\mathrm{Road}_2=\mathrm{Road}_2\cup\mathrm{Cell}_{2(i+1)}$。令 $i=i+1$，重复步骤 4，直至 $\mathrm{Cell}_{1(i+1)}$和$\mathrm{Cell}_{2(i+1)}$ 的 $r$ 值为 0。 |
| **步骤 5** | 膨胀路径为 $\mathrm{Road}=\mathrm{Road}_1\cup\mathrm{Road}_2$ |

最后，分别统计路径 Road 中横向平移和纵向平移的次数，根据当前网格的层级与球面位置，计算实体 $A$ 和 $B$ 之间的最短距离。

图 8.10(a) 中的蓝色网格为实体 $A$ 和 $B$ 的 Voronoi 边界，存在两个网格的 $\gamma$ 值相等(均为 6)且最小，即 $A$ 和 $B$ 之间沿着最短路径的最少膨胀次数之和为 6，任选两者中的一个网格作为搜索起点 $\mathrm{Cell}_0$；$\mathrm{Cell}_0$ 四个邻接网格的 $\gamma$ 值分别为 2、2、27，按照图 8.10(b) 箭头所指方向，选择 $\mathrm{Cell}_0$ 下方 $\gamma$ 值为 2 的网格为 $\mathrm{Cell}_{11}$；由于 $\mathrm{Cell}_0$ 上方网格 $\mathrm{Cell}_1$ 的 $\gamma$ 值为 7>6，继续搜索左、右两侧的邻接网格 $\mathrm{Cell}_2$和$\mathrm{Cell}_3$；如图 8.10(c) 中，它们的 $\gamma$ 值均为 2，而 $\mathrm{Cell}_2$ 与 $\mathrm{Cell}_{11}$ 分属于实体 $A$ 和 $B$，故 $\mathrm{Cell}_{21}=\mathrm{Cell}_2$；对 $\mathrm{Cell}_{11}$ 邻接搜索，其中左侧网格 $\gamma$ 值最小(为 1)，故将其赋为 $\mathrm{Cell}_{12}$ 并成为新的待搜索网格，同时，$\mathrm{Cell}_{21}$ 的右侧网格 $\mathrm{Cell}_{22}$ 也成为新的待搜索网格。依次进行下去，直至待搜索网格 $\gamma$ 值均为 0，如图 8.10(d) 所示，完成对膨胀路径的回溯；那么，实体 $A$ 与 $B$ 之间的最短距离用棋盘距离可表示为 $L_{格网}=(5,1)_n$ [图 8.10(e)]，用欧氏距离可表示为 $L_{椭球}$。

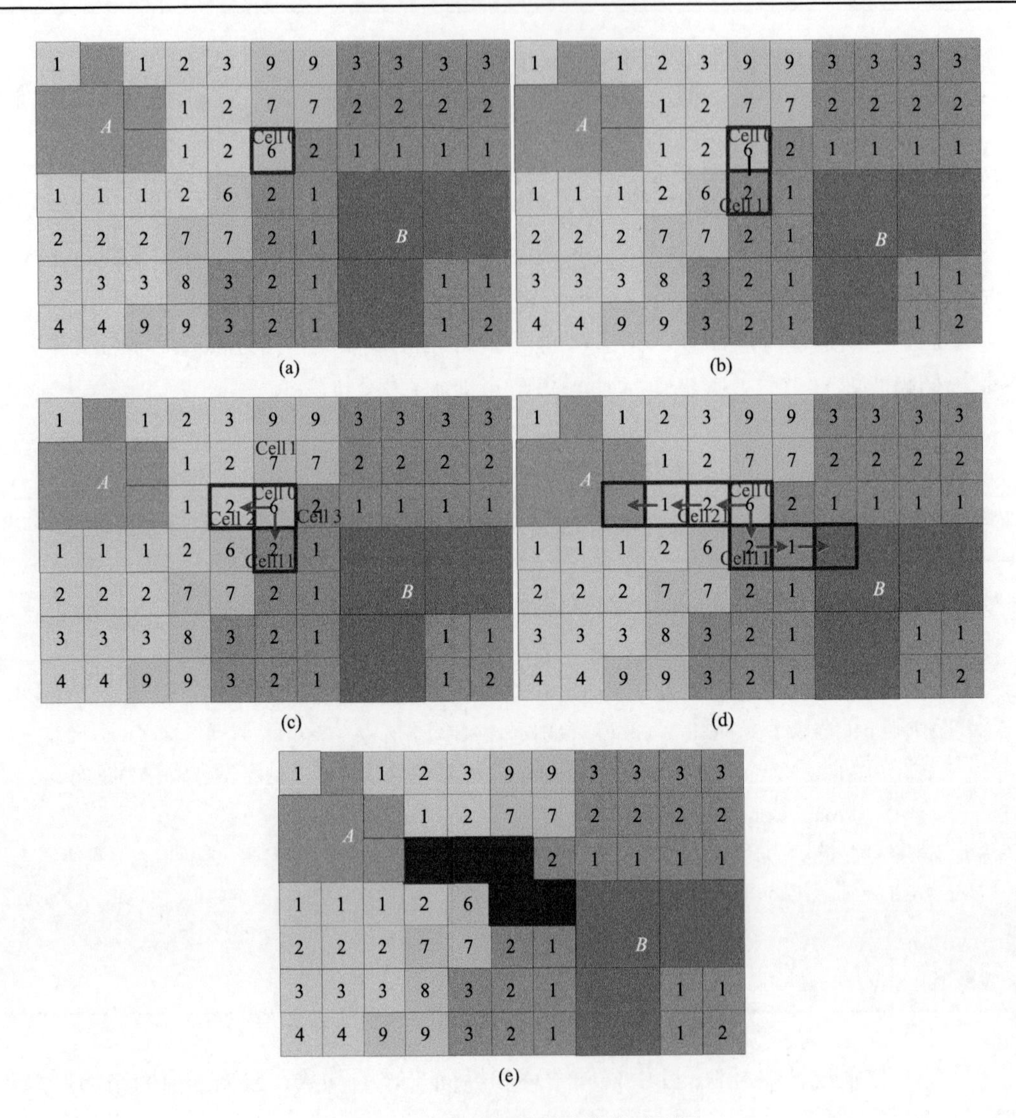


图 8.10　膨胀路径逆向追溯的过程图

**5. 基于 Voronoi 图的空间方位关系分析方法**

方位关系又称为方向关系，它定义了两个实体之间的方位，如“北京大学在清华大学的西南方”描述了“北京大学”与“清华大学”两个空间实体之间的方位关系。2014 年，付晨提出了基于剖分网格的建筑物编码，将实体简化为它的形心(几何形状的中心)，并以形心之间的相对方位大致描述实体之间的方位关系，但是该算法存在两个方面的问题：一是形心的位置计算较复杂，且可能位于实体外部；二是未考虑实体的形态特征，方位判别结果往往与真实情况存在较大偏差，如图 8.11 所示。

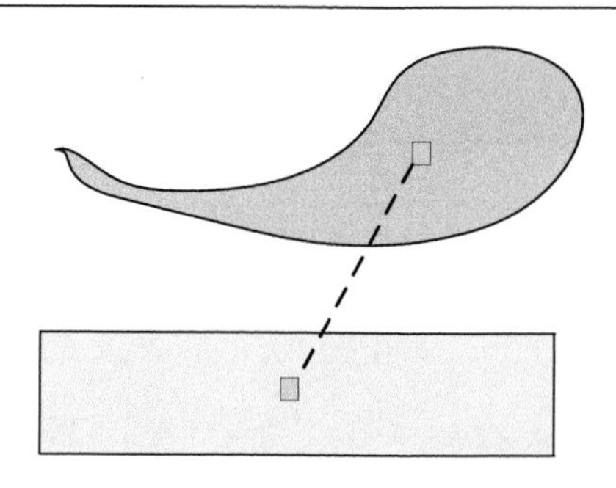

图 8.11　两个实体形心之间的方位关系示意图

本书基于球面 Voronoi 图，结合实体的形态特征，提出它们之间的方位关系描述方法。在判断方位关系之前，以规则矩形区域为模板，对其边界的方位进行分类，如图 8.12 所示。

| NW | N0 | N0 | N0 | N0 | N0 | N0 | N0 | N0 | N0 | NE |
|---|---|---|---|---|---|---|---|---|---|---|
| W0 | | | | | | | | | | E0 |
| W0 | | | | | | | | | | E0 |
| W0 | | | | | | | | | | E0 |
| W0 | | | | | | | | | | E0 |
| W0 | | | | | | | | | | E0 |
| WS | S0 | S0 | S0 | S0 | S0 | S0 | S0 | S0 | S0 | SE |

图 8.12　边界的方位分类模板示意图

对于实体 $A$ 和 $B$，以包含它们的最小矩形 MBR 作为研究区域，且排除 MBR 内除 $A$ 和 $B$ 以外的实体。设 $A^{\mathrm{V}}$ 和 $B^{\mathrm{V}}$ 分别为 $A$ 的 Voronoi 区域和 $B$ 的 Voronoi 区域，且 $A^{\mathrm{V}}$ 和 $B^{\mathrm{V}}$ 存在交集 $I^{\mathrm{V}}=A^{\mathrm{V}}\cap B^{\mathrm{V}}$。

首先，对 $I^{\mathrm{V}}$ “瘦身”。若 $I^{\mathrm{V}}$ 存在两个网格 $\mathrm{Cell}_1$ 和 $\mathrm{Cell}_2$，它们是边邻接关系，且其中一个网格 $\mathrm{Cell}_1$ 位于 MBR 的顶角，则将 $\mathrm{Cell}_1$ 舍弃。

然后，定义一个 $3\times3$ 的矩阵 $\boldsymbol{I}_{3\times3}$，它是 Voronoi 边界区域 $I^{\mathrm{V}}$ 与 MBR 边界模板的卷积运算结果：

$$\boldsymbol{I}=\left(I_{i,j}\right)_{3\times3}=\begin{bmatrix} I_{2,0} & I_{2,1} & I_{2,2} \\ I_{1,0} & I_{1,1} & I_{1,2} \\ I_{0,0} & I_{0,1} & I_{0,2} \end{bmatrix}=\begin{bmatrix} I_{\mathrm{NW}} & I_{\mathrm{N0}} & I_{\mathrm{NE}} \\ I_{\mathrm{0W}} & 0 & I_{\mathrm{0E}} \\ I_{\mathrm{SW}} & I_{\mathrm{S0}} & I_{\mathrm{SE}} \end{bmatrix} \tag{8.5}$$

式中，$\boldsymbol{I}_k=\boldsymbol{I}_{i,j}$ 表示 $\mathrm{Cell}_k\cap I^{\mathrm{V}}$ 是否为 $\varnothing$，若 $\mathrm{Cell}_k\cap I^{\mathrm{V}}=\varnothing$，则 $I_k$=0；否则，$I_k=1$。矩阵 $\boldsymbol{I}_{3\times3}$ 中一定存在两个元素 $I_{i1,j1}$、$I_{i2,j2}$ 值为 1，即 $I_{i1,j1}\cap I_{i1,j2}=1$。

最后，对于任意两个网格 $\text{Cell}_A \in A$ 、 $\text{Cell}_B \in B$ ，它们的二进制二维编码分别为 $(\text{Code}B_A, \text{Code}L_A)$ 和 $(\text{Code}B_B, \text{Code}L_B)$，那么实体 $A$ 相对于实体 $B$ 的方位关系(图 8.13)可定性地描述如下：

$$\begin{cases} \text{Restricted}_{\text{North}(A,B)}\text{:}\ \ i1 = i2\ \&\ \text{maxCode}B_A > \text{Code}B_B \\ \text{Restricted}_{\text{South}(A,B)}\text{:}\ \ i1 = i2\ \&\ \text{Code}B_A < \text{maxCode}B_B \\ \text{Restricted}_{\text{West}(A,B)}\text{:}\ \ j1 = j2\ \&\ \text{Code}L_A < \text{maxCode}L_B \\ \text{Restricted}_{\text{East}(A,B)}\text{:}\ \ j1 = j2\ \&\ \text{maxCode}L_A > \text{Code}L_B \\ \text{North\_West}(A,B)\text{:}(i1 < i2\ \&\ j1 < j2)\ \&\ (\text{maxCode}B_A > \text{Code}B_B \mid \text{Code}L_A < \text{maxCode}L_B) \\ \text{North\_East}(A,B)\text{:}(i1 < i2\ \&\ j1 > j2)\ \&\ (\text{maxCode}B_A > \text{Code}B_B \mid \text{maxCode}L_A > \text{Code}L_B) \\ \text{South\_West}(A,B)\text{:}(i1 < i2\ \&\ j1 > j2)\ \&\ (\text{Code}B_A < \text{maxCode}B_B \mid \text{Code}L_A < \text{maxCode}L_B) \\ \text{South\_East}(A,B)\text{:}(i1 < i2\ \&\ j1 < j2)\ \&\ (\text{Code}B_A < \text{maxCode}B_B \mid \text{maxCode}L_A > \text{Code}L_B) \end{cases}$$

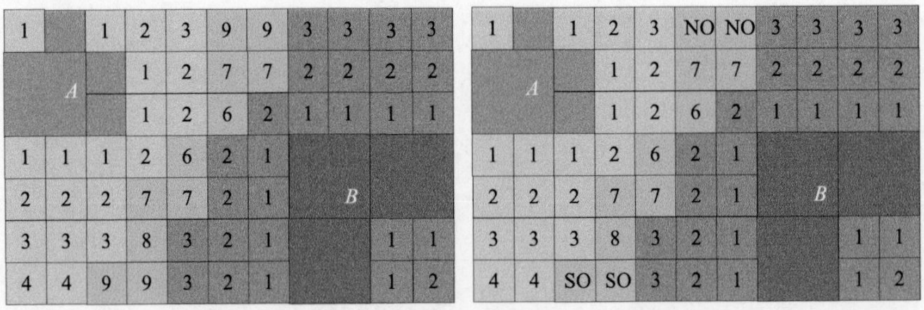

图 8.13　实体对象的方位关系判断方法示意图

此外，还可以基于矩阵 $\boldsymbol{I}_{3\times3}$ 中取值均为 1 的两个元素 $I_{i1,j1}$、$I_{i2,j2}$ 位置及球面网格距离，更为准确地定量计算实体之间的方位关系。如图 8.13 所示，两个红色填充网格之间的网格距离为 $(\Delta\text{CL}，\Delta\text{CB})_n = (3, 6)\boldsymbol{n}$，由此计算它们之间连线的垂直平分线，其斜率为

$$K = -\Delta\text{CL}/\Delta\text{CB} = -1/2 \tag{8.6}$$

由此得到两个实体之间的方位关系(图 8.14)。

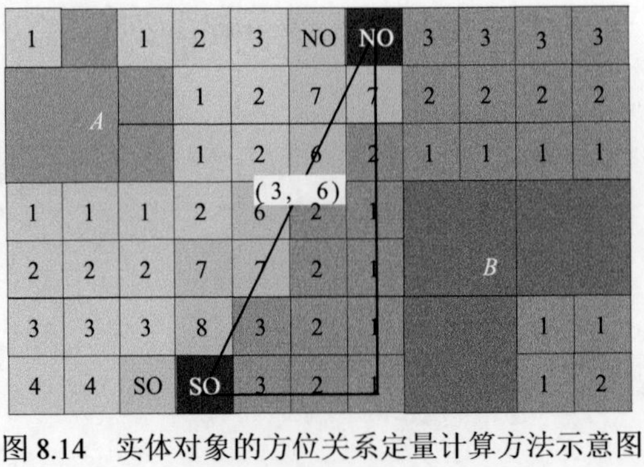

图 8.14　实体对象的方位关系定量计算方法示意图

# 8.2　时间关系计算

**1. 时间关系的概念**

时间可以区分为绝对时间位置和相对时间关系，其中，绝对时间是标识事件的起始和终止的时刻位置，相对时间关系主要指时间方向、时间距离和时空事件的时态拓扑关系。时态拓扑关系的语义侧重点是事件发生的同时不变性，而时间方向关系的语义侧重点是事件发生的次序不变性。

Allen 提出了 13 种时态关系，如图 8.16 所示，其中 $T_A$ 和 $T_B$ 分别表示两个时态元素。

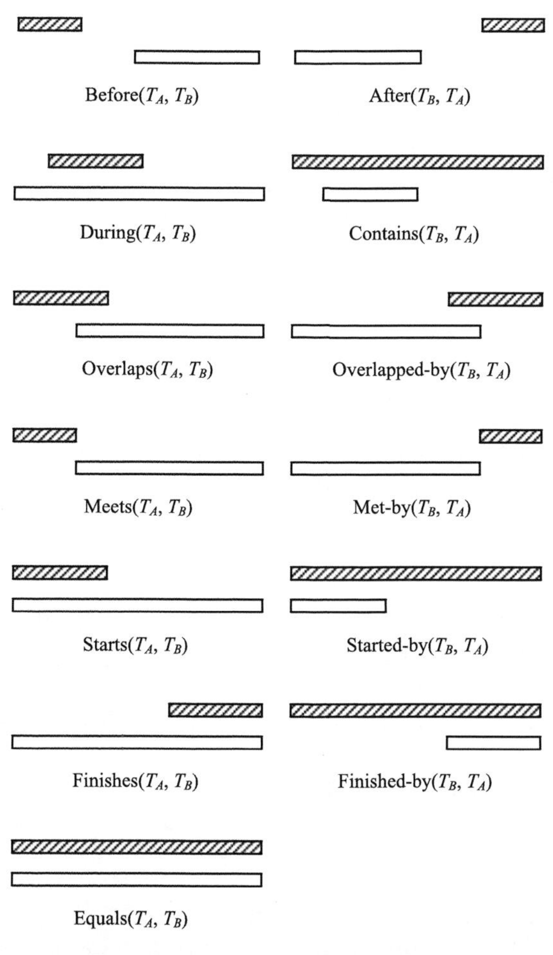


图 8.15　Allen 提出的 13 种时态关系

$T_A$ 为填充图案；$T_B$ 为空心

在这 13 种时态关系中，有 6 对关系可以互相转换：

$$\text{Before}\left(T_A, T_B\right) = \text{After}\left(T_B, T_A\right)$$

$$\text{During}(T_A, T_B) = \text{Contains}(T_B, T_A)$$

$$\text{Overlaps}(T_A, T_B) = \text{Overlapped-by}(T_B, T_A)$$

$$\text{Meets}(T_A, T_B) = \text{Met-by}(T_B, T_A)$$

$$\text{Starts}(T_A, T_B) = \text{Started-by}(T_B, T_A)$$

$$\text{Finishes}(T_A, T_B) = \text{Finished-by}(T_B, T_A)$$

因此，加上相等关系 $\text{Equals}(T_A, T_B)$，实际上只有 7 种关系演算是独立的。

### 2. 地球剖分时间关系模型与分析方法

参照上述时态关系定义，分析多尺度时间剖分编码中单个编码与单个编码之间的时态关系。对于任意两个多尺度时间剖分编码 $\text{tc}_A$ 与 $\text{tc}_B$（均为真实编码，层级分别为 $L_A$ 与 $L_B$），分析如下。

(1)对于同层级的编码，即 $L_A = L_B$，直接判断(表 8.2)：

如果 $\text{tc}_A = \text{tc}_B$，则 $\text{tc}_A$ 与 $\text{tc}_B$ 相等，即 $\text{Equals}(\text{tc}_A, \text{tc}_B)$。

如果 $\text{tc}_A < \text{tc}_B$，则 $\text{tc}_A$ 先于 $\text{tc}_B$，即 $\text{Before}(\text{tc}_A, \text{tc}_B)$。

如果 $\text{tc}_A > \text{tc}_B$，则 $\text{tc}_A$ 后于 $\text{tc}_B$，即 $\text{After}(\text{tc}_A, \text{tc}_B)$。

**表 8.2　编码 $\text{tc}_A$ 与 $\text{tc}_B$ 时态关系($L_A = L_B$)**

| 时态关系 | 判定条件 | 图示 |
| --- | --- | --- |
| $\text{Equals}(\text{tc}_A, \text{tc}_B)$ | $\text{tc}_A = \text{tc}_B$ | $\text{tc}_A$ / $\text{tc}_B$ |
| $\text{Before}(\text{tc}_A, \text{tc}_B)$ | $\text{tc}_A < \text{tc}_B$ | $\text{tc}_A$ / $\text{tc}_B$ |
| $\text{After}(\text{tc}_A, \text{tc}_B)$ | $\text{tc}_A > \text{tc}_B$ | $\text{tc}_A$ / $\text{tc}_B$ |

(2)对于不同层级的编码，不失一般性地假设，$L_A > L_B$，计算 $\text{tc}_B$ 在第 $L_A$ 层对应的最小真实后代编码和最大真实后代编码，分别记为 $\text{tc}_{Bs}$ 与 $\text{tc}_{Be}$。如表 8.3 所示，判断 $\text{tc}_A$ 与 $\text{tc}_B$ 的时态关系：

当 $\text{tc}_A < \text{tc}_{Bs}$，表示 $\text{tc}_A$ 先于 $\text{tc}_B$，即 $\text{Before}(\text{tc}_A, \text{tc}_B)$。

当 $\text{tc}_A = \text{tc}_{Bs}$，表示 $\text{tc}_A$ 与 $\text{tc}_B$ 同时开始，但 $\text{tc}_A$ 比 $\text{tc}_B$ 早结束，即 $\text{Starts}(\text{tc}_A, \text{tc}_B)$。

当 $\text{tc}_{Bs} < \text{tc}_A < \text{tc}_{Be}$，表示 $\text{tc}_A$ 比 $\text{tc}_B$ 晚开始，且 $\text{tc}_A$ 比 $\text{tc}_B$ 早结束，即 $\text{During}(\text{tc}_A, \text{tc}_B)$。

当 $\text{tc}_A = \text{tc}_{Be}$，则 $\text{tc}_A$ 比 $\text{tc}_B$ 晚开始，但 $\text{tc}_A$ 与 $\text{tc}_B$ 同时结束，即 $\text{Finishes}(\text{tc}_A, \text{tc}_B)$。

表 8.3　编码 $tc_A$ 与 $tc_B$ 时态关系 ($L_A > L_B$)

| 时态关系 | 判定条件 | 图示 |
|---|---|---|
| Before$(tc_A, tc_B)$ | $tc_A < tc_{Bs}$ |  $tc_A$ / $tc_{Bs}$ …… $tc_{Be}$ |
| Starts$(tc_A, tc_B)$ | $tc_A = tc_{Bs}$ |  $tc_A$ / $tc_{Bs}$ …… $tc_{Be}$ |
| During$(tc_A, tc_B)$ | $tc_{Bs} < tc_A < tc_{Be}$ | 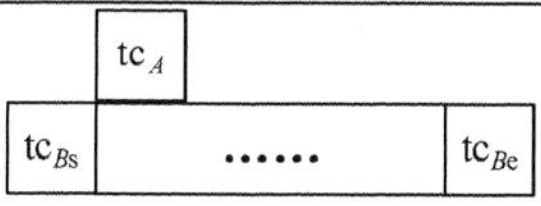 $tc_A$ / $tc_{Bs}$ …… $tc_{Be}$ |
| Finishes$(tc_A, tc_B)$ | $tc_A = tc_{Be}$ |  $tc_A$ / $tc_{Bs}$ …… $tc_{Be}$ |

当 $L_A < L_B$ 时，$tc_A$ 与 $tc_B$ 的时态关系判断，如表 8.4 所示，其中 $tc_{As}$ 与 $tc_{Ae}$ 为 $tc_A$ 在第 $L_B$ 层对应的最小真实后代编码和最大真实后代编码。

表 8.4　编码 $tc_A$ 与 $tc_B$ 时态关系 ($L_A < L_B$)

| 时态关系 | 判定条件 | 图示 |
|---|---|---|
| After$(tc_A, tc_B)$ | $tc_B < tc_{As}$ |  $tc_{As}$ …… $tc_{Ae}$ / $tc_B$ |
| Started-by$(tc_A, tc_B)$ | $tc_B = tc_{As}$ |  $tc_{As}$ …… $tc_{Ae}$ / $tc_B$ |
| Contains$(tc_A, tc_B)$ | $tc_{As} < tc_B < tc_{Ae}$ | 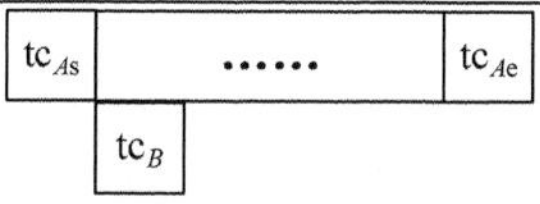 $tc_{As}$ …… $tc_{Ae}$ / $tc_B$ |
| Finished-by$(tc_A, tc_B)$ | $tc_B = tc_{Ae}$ |  $tc_{As}$ …… $tc_{Ae}$ / $tc_B$ |

由上述判断过程可知，单个编码和单个编码之间的时态关系只有上述 13 种时态关系中的 9 种，不存在 Meets 和 Met-by、Overlaps 和 Overlapped-by 时态关系。

Meets 和 Met-by 时态关系要求一个时态元素的结束是另一个时态元素的开始。而具有邻接关系的多尺度时间剖分编码在邻接处也是没有任何重合时间的，因而邻接的编码只能是 Before 和 After 时态关系。

Overlaps 和 Overlapped-by 时态关系要求一个时态元素和另一个时态元素部分重叠。由于多尺度时间剖分编码是基于对时间域的递归二叉划分生成的，同层编码不可能存在重叠，进而不存在 Overlaps 和 Overlapped-by 时态关系；而不同层编码，在不考虑时间含义时，编码之间只有包含、包含于关系，不存在部分重叠的情况，进而不存在 Overlaps 和 Overlapped-by 时态关系。

## 8.3　空间分析计算

### 1. 缓冲区分析

缓冲区分析是度量空间特征的一种重要方法，是地理信息系统的基本分析功能。网格空间中，缓冲区分析问题不同于二维的 GIS 缓冲分析。其中，三维点的缓冲区是以点为中心的球状区域，线的缓冲区是以线为中心的圆柱体，面和体的缓冲区是以面、体为中心膨胀的体区域。三维空间内的缓冲区的剖分体元编码计算流程如图 8.16 所示。

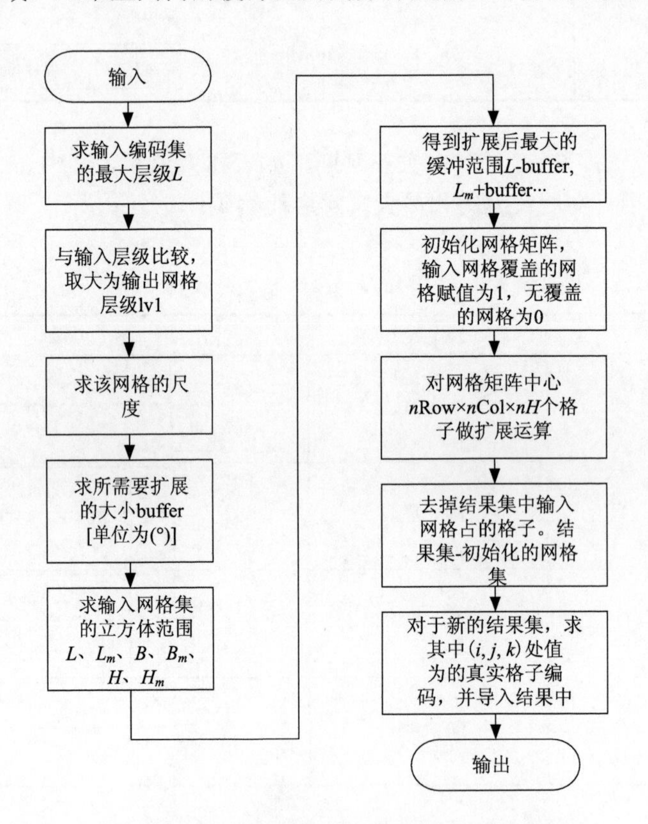


图 8.16　剖分体元集合缓冲区网格分析流程图

### 2. 路径分析

在扁平的对象存储空间上，检索数据可以通过存储设备上的元数据信息记录的该设备内的对象元数据来获得。而这种方法首先要建立一个全局性的对象元数据服务器，同时还要将数据的大致信息记录到该属性表中。在进行数据查找时，首先从该服务器查找数据所在对象的编码号，通过该编码号在系统中定位对象所在的节点，这一过程也要访问元数据服务器上的记录信息才能得到。因此，采用元数据服务器的方式，还是无法摆脱传统存储系统服务器性能的瓶颈问题，而且对象存储技术的优势也没有完全发挥出来。另外一种方法是通过对象间的关联信息记录，在剖分存储系统中，该关联关系是在剖分地理空间上对象之间的空间关系。因此，在剖分存储模型中，数据的查找就转化为网格空间上最短路径的寻址问题。这种方式带来的优势是，当在数据检索时，数据在对象间查询的路径数目是发散式的增长，并且随着剖分存储对象参与，定位数据的路径会越来越短，当返回数据时，同样能够得到的是请求节点到目标节点的网络代价和延时最短的传输路径。

通常在讨论网络寻址问题时，将网络建模为有向图 $G=(V, E)$ 的形式，其中，$V$ 代表网络中的节点集合（$n=|V|$），$E$ 代表网络中的链路集合（$m=|E|$），$C_{i,j}$ 表示链路 $(i, j)$ 的带宽容量，链路 $(i, j)$ 的权值为 $W_{i,j}$。

定义 1　有向图：若图 $G$ 中的每条边都是带有方向的，则称该图为有向图。在有向图中，每条有向边都是由两个顶点组成的有序对。

定义 2　路径：在有向图 $G$ 中，若存在一系列的顶点序列 vp， vi1， vi2，…，vi$n$，vq 能够使得（vp, vi1），（vi1, vi2），…，（vi$n$, vq）均属于 $E(G)$，那么，称顶点 vp 到 vq 存在一条路径。

定义 3　环路：若一条网络路径上除了 vp 和 vq 相同外，其余顶点均不相同，则称此路径为一条简单路径。起点和终点相同（vp=vq）的简单路径称为简单回路或简单环。

定义 4　有向无环图：如果有向图 $G$ 中不含有任何环，则该有向图 $G$ 称为有向无环图（directed acyclic graph，DAG）。

将剖分存储节点的编码映射到剖分地理空间上（图 8.17），根据编码的关系可以判断节点之间的空间邻近关系，由此形成空间上的多个聚集的簇群，由于剖分存储模型在分布上时的邻近相关，能够形成多个寻址的通道，并发的查找、传输数据。

### 3. 叠加分析

空间叠加分析（spatial overlay analysis）是最常用的提取空间隐含信息的手段之一，它是将多个主题数据进行叠加，从而产生一个新数据层的操作。传统数据模型中，空间叠加分析包括几何求交和属性分配两个过程，其结果综合了原来两层或多层要素所具有的属性（Maillot, 1992）。

如图 8.18 所示，在剖分数据模型中，数据以“网格+属性”的形式记录在格元表中，多个数据层的属性依次关联至每个网格。因此，依序判断参与运算的数据层中编码之间的嵌套关系，即可对网格属性重新分配，进而形成各数据层之间的叠加。每个网格的属性判断结果如下：

$$\mathrm{Att}(\mathrm{Code})=\bigcup_{i=1}^{\mathrm{Codenum}}\sigma_i\times \mathrm{att}_i \tag{8.7}$$

式中，$\sigma_i$ 表示网格 Code 是否具有属性 $\mathrm{att}_i$，取值 0、1。

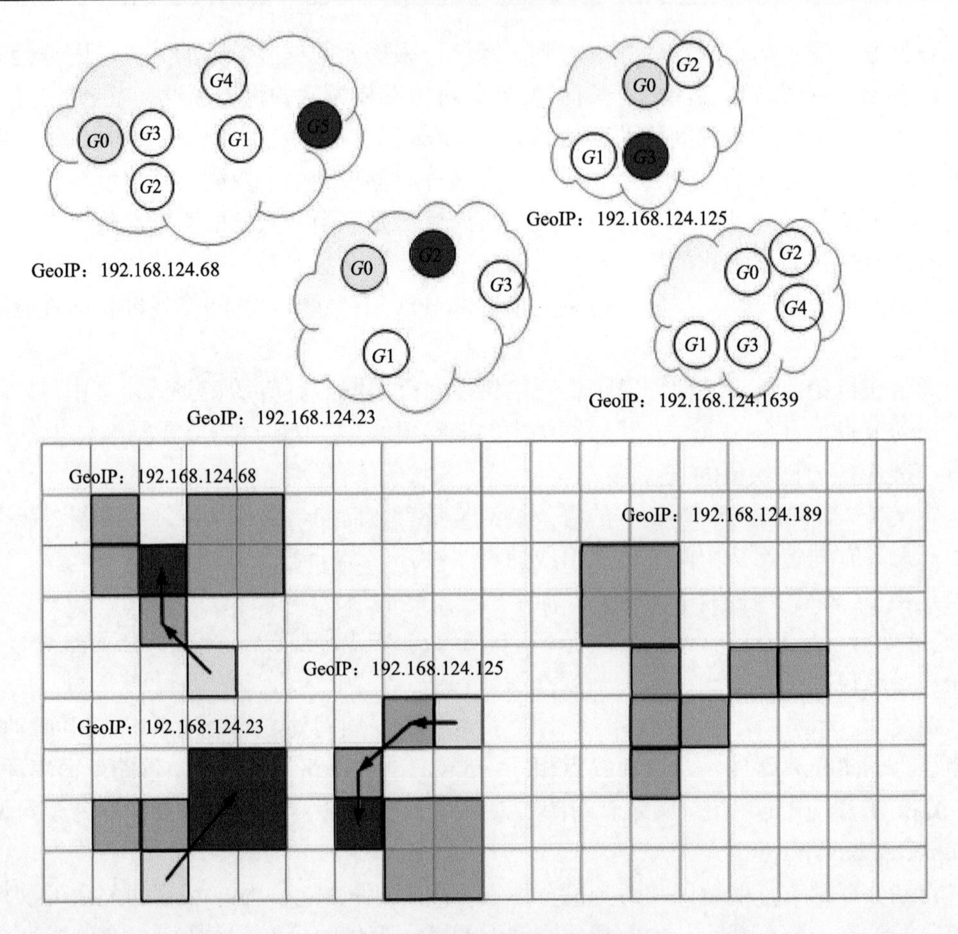


图 8.17　剖分多路径原理示意图

叠置分析是叠加分析的几何运算过程，属于两个实体或对象的叠合的空间运算，包括交、并、差等。叠置分析是将两个或者多个空间对象进行叠置，同时更新属性信息。真三维剖分数据模型下，空间对象由剖分体元或剖分体元集合构成，因此空间对象的叠置转变成剖分体元集合的叠置分析。讨论剖分体元集合的叠置分析时，首先讨论剖分体元间的叠置分析。

1)剖分体元间的交运算

如前所述，剖分体元之间只有包含、相邻、相离三种关系，所以剖分体元之间的交运算就是剖分体元间的拓扑关系运算，当两个体元存在包含关系时(即存在交集)，交集是二者中剖分层级高的子体元。

2)剖分体元间的并运算

求给定的两个剖分体元的并，需要调用运算体元之间的包含关系的运算，算法的流程如图 8.19 所示。

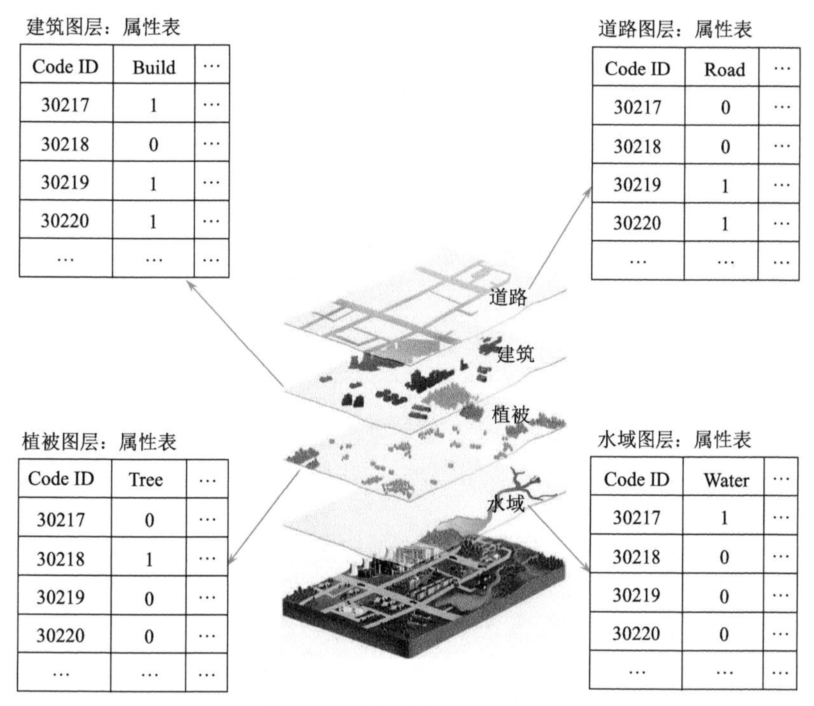


建筑图层：属性表

| Code ID | Build | … |
|---|---|---|
| 30217 | 1 | … |
| 30218 | 0 | … |
| 30219 | 1 | … |
| 30220 | 1 | … |
| … | … | … |

道路图层：属性表

| Code ID | Road | … |
|---|---|---|
| 30217 | 0 | … |
| 30218 | 0 | … |
| 30219 | 1 | … |
| 30220 | 1 | … |
| … | … | … |

植被图层：属性表

| Code ID | Tree | … |
|---|---|---|
| 30217 | 0 | … |
| 30218 | 1 | … |
| 30219 | 0 | … |
| 30220 | 0 | … |
| … | … | … |

水域图层：属性表

| Code ID | Water | … |
|---|---|---|
| 30217 | 1 | … |
| 30218 | 0 | … |
| 30219 | 0 | … |
| 30220 | 0 | … |
| … | … | … |

图 8.18　空间叠加运算示意图

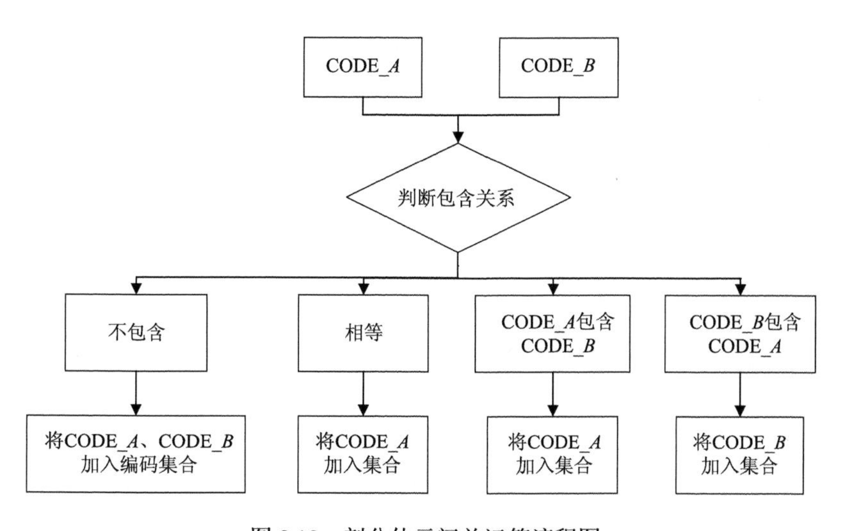


图 8.19　剖分体元间并运算流程图

3) 剖分体元集合间的交运算

剖分体元集合间的交运算是以剖分体元的交运算为基础，具体的流程如图 8.20 所示。图 8.20 中，$n1$ 和 $n2$ 分别是两个剖分体元集合元素的个数。

4) 剖分体元集合间的并运算

剖分体元集合间的并运算是以剖分体元间的并运算为基础，其具体的流程如图 8.21 所示。

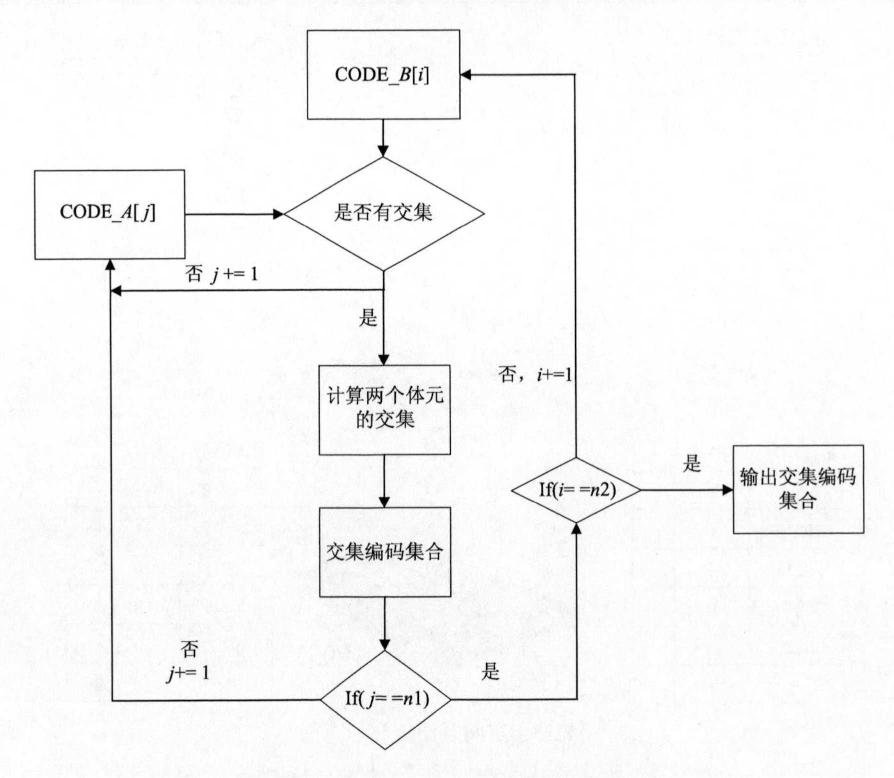


图 8.20　剖分体元集合间交运算流程图

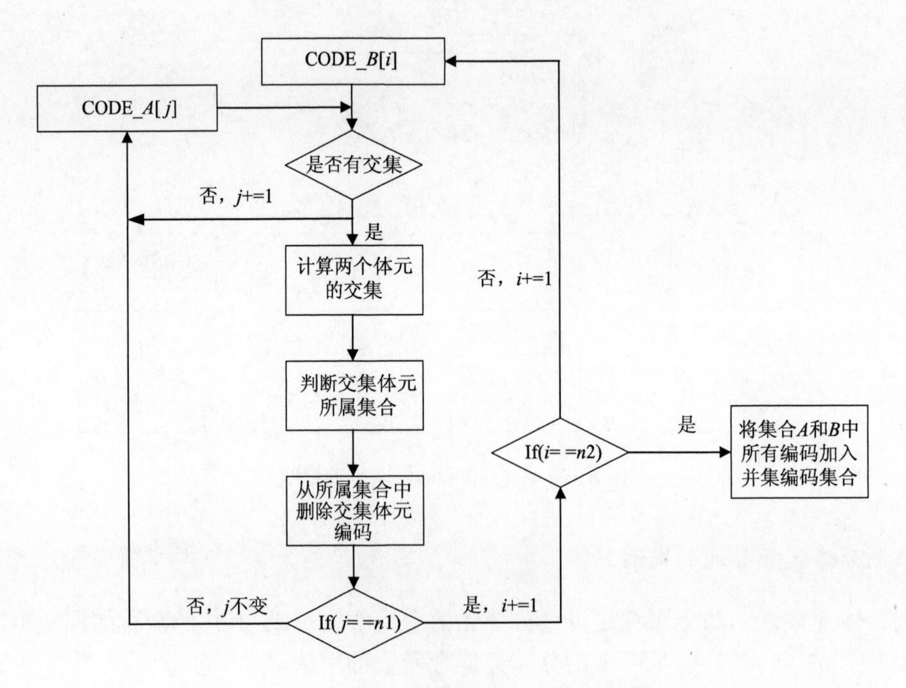


图 8.21　剖分体元集合间并运算流程图

其中，$n1$ 和 $n2$ 分别是两个剖分体元集合元素的个数。

综上所述，在真三维剖分数据模型的基础上，建立了模型的运算框架，可以将复杂的空间计算问题转换成剖分体元运算，即剖分编码运算问题。

**4. 空间数据分布特征统计分析**

在海量特征的大数据背景下，以对象为基本单位的数据表达方式无法直接反映数据分布特征，往往借助一定的统计或筛选工具。而本书设计的剖分数据模型以网格为数据组织单元，不仅粒度均匀、多尺度嵌套，还具有天然的统计优势，可为海量数据提供自然的地理分区功能，能够以网格内数据量作为该区域的一个属性，通过这个属性可直接反映数据的整体分布特征，便于进一步计算、对比数据的密度分布、时态变化等。

表 8.5 列出了每一层级 GeoSOT 剖分网格的总个数，如图 8.22 所示，随着层级的升高，网格个数大致呈 1∶4 的比例增长。

**表 8.5　地理空间各层级真实网格数量统计表**

| 层级 | 网格数量 | 层级 | 网格数量 | 层级 | 网格数量 | 层级 | 网格数量 |
|---|---|---|---|---|---|---|---|
| G | 1 | 8 | 15 840 | 16 | 912 384 000 | 24 | 5 255 331 840 万 |
| 1 | 4 | 9 | 63 360 | 17 | 3 649 536 000 | 25 | 21 021 327 360 万 |
| 2 | 8 | 10 | 253 440 | 18 | 14 598 144 000 | 26 | 84 085 309 440 万 |
| 3 | 24 | 11 | 1 013 760 | 19 | 5 132 160 万 | 27 | 336 341 237 760 万 |
| 4 | 72 | 12 | 4 055 040 | 20 | 20 528 640 万 | 28 | 1 345 364 951 040 万 |
| 5 | 288 | 13 | 14 256 000 | 21 | 82 114 560 万 | 29 | 5 381 459 804 160 万 |
| 6 | 1 012 | 14 | 57 024 000 | 22 | 328 458 240 万 | 30 | 21 525 839 216 640 万 |
| 7 | 3 960 | 15 | 228 096 000 | 23 | 1 313 832 960 万 | 31 | 86 103 356 866 560 万 |

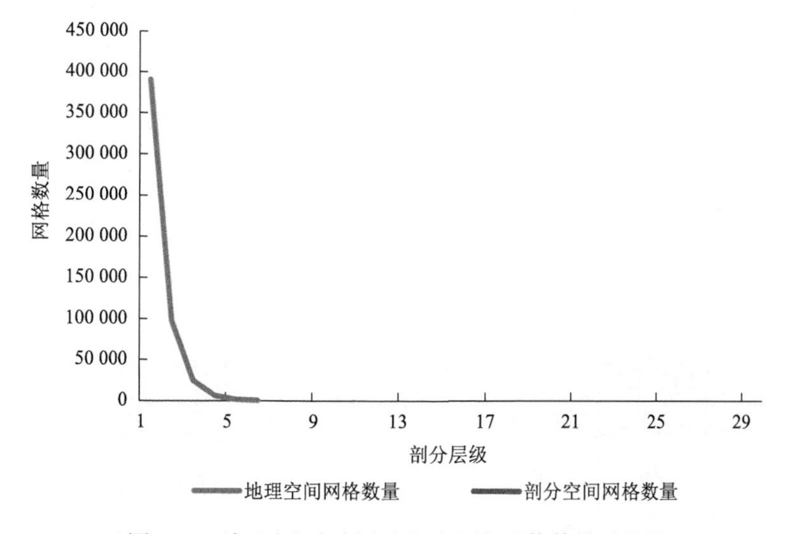


图 8.22　地理空间与剖分空间各层级网格数量对比图

从理论层面进一步定量地分析网格的层级对数据统计量的影响程度，假设区域 $R$恰覆盖第$n$层级的一个网格，该区域内分布着 $\mathrm{Num}_n$ 个数据，该区域可采用第 $i(n \leqslant i < 32)$ 层级的网格，通过查找子网格进行区域的细分，对以上数据进行统计，且父网格内关联数据量等于其各个子网格内关联数据量之和。若这些数据在空间中是均匀分布的，层级的细分次数 $\Delta n = i - n$，那么平均第$i$层级的每个网格内数据量：

$$\overline{\mathrm{Count}_i} = \frac{\mathrm{Num}_n}{4^{\Delta n}} = \frac{1}{k}。$$

由上式可知，随着剖分层级的增长，每个网格内的数据量平均以 4 倍的速度下降。令

$$k = 4^{\Delta n} = 10^{\mathrm{kc}}$$

式中，$\mathrm{kc} = \Delta n \times \lg 4 \approx 0.6 \times \Delta n$。当$\Delta n = 5$，即采用第$n + 5$层级网格来展示均匀分布的$\mathrm{Num}_n$个数据时，有 kc≈3，$k$≈1 000；当 $\Delta n$=7，即采用第 $n$+7 层级网格来展示均匀分布的 $\mathrm{Num}_n$ 个数据时，有 kc≈4，$k$≈1 000，因此，若数据总量 $\mathrm{Num}_n$ 数以亿计，采用第 $n$+7 层级网格来展示其统计结果时，此时每个网格内的平均数据量可降至万级，以网格为单位进行并行运算将大大提升数据处理效率。

利用网格的不断细分，化整为零地解决了数据总量庞大的问题，通过网格颜色的深浅，反映与之关联数据量的统计分布特征，其多尺度剖分表达效果如图 8.23 所示。在具有海量特征的空间大数据背景下，将有效解决大数据在传统空间数据模型中可视化效果差的问题。

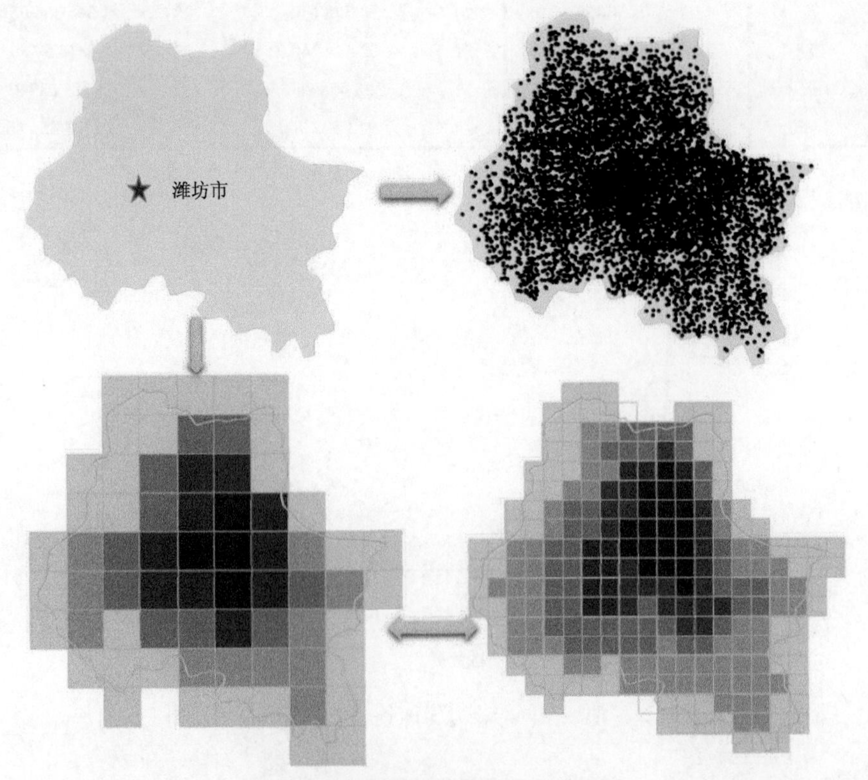


图 8.23　空间数据的剖分表达效果图

### 5. 空间数据分布可视化

剖分数据的显示以网格为基本单元，一个像素对应一个网格，那么网格与屏幕像素的步长相等。

$$\text{scree}\,X = \text{Code}\,L - \text{minCode}\,L$$
$$\text{scree}\,Y = \text{maxCode}\,B - \text{Code}\,B$$

如图 8.24 所示，当显示区域对应的网格范围为 $[\text{minCode}L, \text{maxCode}L] \times [\text{minCode}B, \text{maxCode}B]$ 时，以 $(\text{minCode}L, \text{maxCode}B)$ 网格作为显示原点 $(0, 0)$，按照上式来建立网格与屏幕像素点之间的一一对应关系，将网格属性作为像素点的属性，从而得到数据的映射结果和最终显示效果。这种方式，实体在屏幕上的显示以网格为单位，屏幕的移动以像素为单位，也就是以网格为单位，省去了传统方式的偏移计算，简单的加减运算将大大提升运算效能。

控制屏幕的分辨率与各层级网格尺度对应，使屏幕分辨率保持约 1∶4 的缩放比例。如图 8.25 所示，当前屏幕以每个红色边界网格作为一个像素进行显示，若对该区域缩小，可对网格聚合，以更低层级绿色边界网格作为一个像素显示；若对该区域放大，可对网格细分，以更高层级灰色边界网格作为一个像素显示。

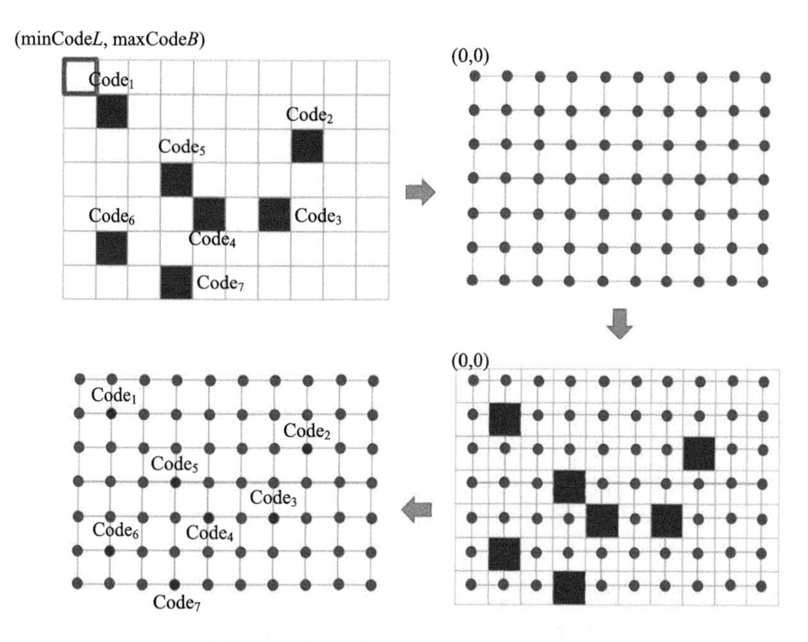


图 8.24　剖分数据的绘制过程示意图

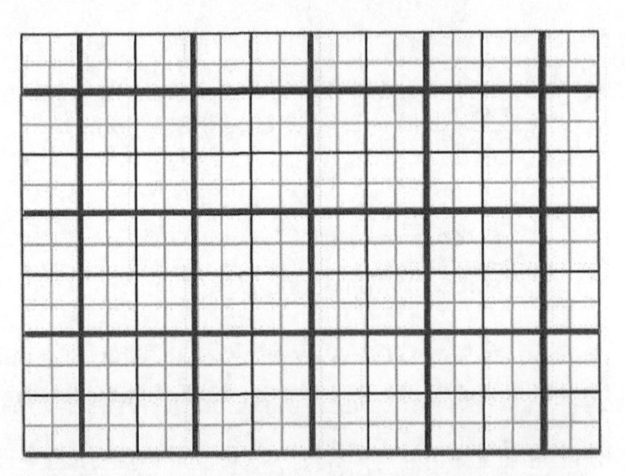

图 8.25　剖分数据绘制的屏幕分辨率转换示意图

## 8.4　时空网格体元关系计算

### 1. 时空网格体元包含关系计算

GeoSOT-ST 时空剖分网格单元的包含关系计算算法如表 8.6 所示。由于 GeoSOT-ST 的二进制一维编码和四进制一维编码都具备父网格编码是其子网格编码前缀的性质，因此可以直接通过编码的比较，方便地判断出两个网格是否存在包含关系。对于六十四进制一维形式的 GeoSOT-ST 时空剖分网格编码，需要先判断两个编码的网格层级奇偶性是否相同：若相同，可以直接通过编码前缀判断包含关系；否则，需要先将六十四进制一维编码转换为二进制一维编码的形式，再进行判断。

表 8.6　GeoSOT-ST 时空剖分网格单元的包含关系计算算法

| | **Algorithm Identify Containment** |
|---|---|
| 1 | **Input:** $Code_a$，$Code_b$，$level_a$，$level_b$ |
| 2 | **Output:** is Contain // 若网格 a 包含网格 b，则返回 true；否则返回 false |
| 3 | **if** get Code Type ( $Code_a, Code_b$ ) == $^{64}_{n}$Code?**then** |
| 4 | 　　**if** ( $level_a + level_b$ )%2 == 1 then |
| 5 | 　　　　$Code_a$ =convert Base64 to Base2 ( $Code_a, level_a$ ) |
| 6 | 　　　　$Code_b$ =convert Base64 to Base2 ( $Code_b, level_b$ ) |
| 7 | 　　**end if** |
| 8 | **else** |
| 9 | 　　is Contain = $Code_b.start\ With(Code_a)$ |
| 10 | **end if** |
| 11 | **return** is Contain |

### 2. 时空网格体元领域关系计算

GeoSOT-ST 时空剖分网格单元的邻域关系计算算法如表 8.7 所示。设两个时空网格 $\text{Cell}_a$ 和 $\text{Cell}_b$ 的编码分别为 $\text{Code}_a$ 和 $\text{Code}_b$，将它们分别转换为二进制三维形式 $\left({}^{2}_{n}\varphi\text{Code}_a, {}^{2}_{n}\lambda\text{Code}_a, {}^{2}_{n}t\text{Code}_a\right)$ 和 $\left({}^{2}_{n}\varphi\text{Code}_b, {}^{2}_{n}\lambda\text{Code}_b, {}^{2}_{n}t\text{Code}_b\right)$。由于二进制三维编码在各维度上编码长度至多为 26 位，所以以一个整型数即可表达一个维度的二进制码。当满足 $\forall \text{dim} \in \text{Dim}\left(\text{Dim} = \{\text{Lat}, \text{Lon}, T\}\right), \left|{}^{2}_{n}\text{dimCode}_a - {}^{2}_{n}\text{dimCode}_b\right| \leqslant 1$，则 $\text{Cell}_a$ 和 $\text{Cell}_b$ 相邻。

**表 8.7　GeoSOT-ST 时空剖分网格单元的邻域关系计算算法**

| | **Algorithm Identify Adjacency** |
|---|---|
| 1 | **Input:** $\text{Code}_a$，$\text{Code}_b$，$\text{level}_a$，$\text{level}_b$ |
| 2 | **Output:** is Adjacent // 若网格 a 与网格 b 相邻，则返回 true；否则返回 false |
| 3 | **if** get Code Type ( $\text{Code}_a, \text{Code}_b$ ) $= {}^{8}_{n}\text{Code}$ or ${}^{64}_{n}\text{Code}$ **then** |
| 4 | 　$\text{Code}_a$ =convert to Base2 ( $\text{Code}_a, \text{level}_a$ ) |
| 5 | 　$\text{Code}_b$ =convert to Base2 ( $\text{Code}_b, \text{level}_b$ ) |
| 6 | **end if** |
| 7 | $\text{3dCode}_a$ =get 3dCode ( $\text{Code}_a$ ) |
| 8 | $\text{3dCode}_b$ =get 3dCode ( $\text{Code}_b$ ) |
| 9 | **if** $\lvert \text{3dCode}_a\text{.getLat()} - \text{3dCode}_b\text{.getLat()} \rvert \leqslant 1$ **and** $\lvert \text{3dCode}_a\text{.getLat()} - \text{3dCode}_b\text{.getLat()} \rvert$ |
| | $\leqslant 1$ **and** $\lvert \text{3dCode}_a\text{.getLat()} - \text{3dCode}_b\text{.getLat()} \rvert \leqslant 1$ **then** |
| | 　**return** true |
| 10 | **else** |
| 11 | 　**return** false |
| 12 | **end if** |

# 8.5　时空网格体元关系计算试验

为了验证评估时空剖分体元关系判断中不同编码形式、不同层级的影响，进行如下试验。

对于包含关系判断，首先随机生成一个层级为 $n$ 的时空剖分网格编码，编码形式为 ${}^{\text{base}}_{n}\text{Code}$。然后，随机生成 $m$ ($m$=200 000, 1 000 000, 5 000 000, 25 000 000) 个编码形式相同层级为 $n'$ ($1 \leqslant n' \leqslant n$) 的编码组成的集合 $\{{}^{\text{base}}_{n'}\text{Code}'\}$。利用算法 3.3 判断 $\{{}^{\text{base}}_{n'}\text{Code}'\}$ 中各元素是否包含网格 ${}^{\text{base}}_{n}\text{Code}$，记录总耗时。

邻域关系判断试验与上述步骤类似，但随机生成的是与 ${}^{\text{base}}_{n}\text{Code}$ 相同层级的 $m$ 个编码组成的集合 $\{{}^{\text{base}}_{n}\text{Code}'\}$。

包含关系判断试验结果如图 8.26 和表 8,8 所示，邻域关系判断试验结果如图 8.27 和表 8.9 所示。

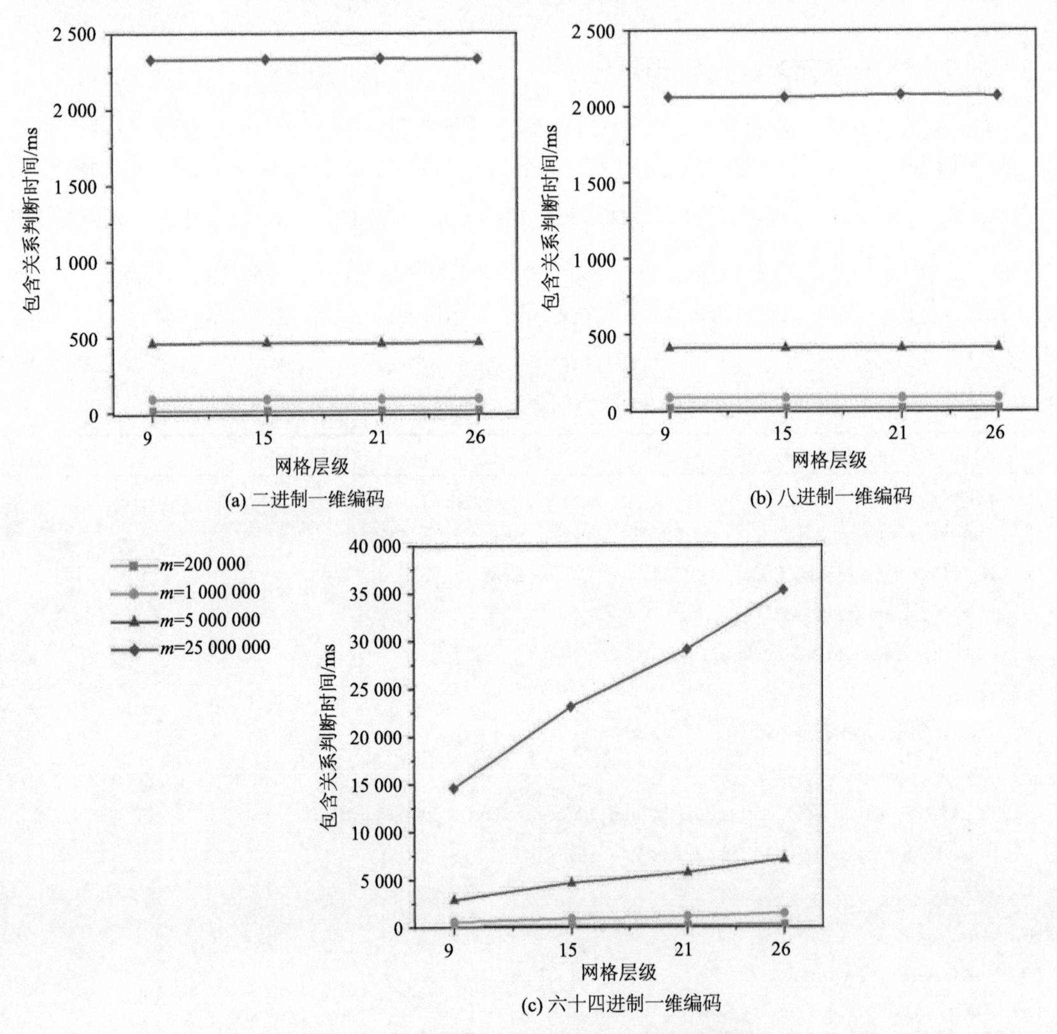


图 8.26　基于不同形式编码的包含关系判断

**表 8.8　包含关系判断时间**　　（单位：ms）

| 层级 | 编码形式 | $m=200\ 000$ | $m=1\ 000\ 000$ | $m=5\ 000\ 000$ | $m=25\ 000\ 000$ |
|---|---|---|---|---|---|
| 第 9 层 | ${}_{9}^{2}\text{Code}$ | 19 | 94 | 464 | 2 334 |
|  | ${}_{9}^{8}\text{Code}$ | 16 | 83 | 412 | 2 061 |
|  | ${}_{9}^{64}\text{Code}$ | 121 | 579 | 2 928 | 14 635 |
| 第 15 层 | ${}_{15}^{2}\text{Code}$ | 19 | 93 | 470 | 2 335 |
|  | ${}_{15}^{8}\text{Code}$ | 17 | 82 | 413 | 2 063 |
|  | ${}_{15}^{64}\text{Code}$ | 191 | 915 | 4 696 | 23 170 |
| 第 21 层 | ${}_{21}^{2}\text{Code}$ | 19 | 94 | 465 | 2 340 |
|  | ${}_{21}^{8}\text{Code}$ | 17 | 83 | 413 | 2 080 |
|  | ${}_{21}^{64}\text{Code}$ | 238 | 1 138 | 5 760 | 29 106 |
| 第 26 层 | ${}_{26}^{2}\text{Code}$ | 19 | 94 | 469 | 2 334 |
|  | ${}_{26}^{8}\text{Code}$ | 17 | 83 | 415 | 2 070 |
|  | ${}_{26}^{64}\text{Code}$ | 294 | 1 443 | 7 142 | 35 353 |

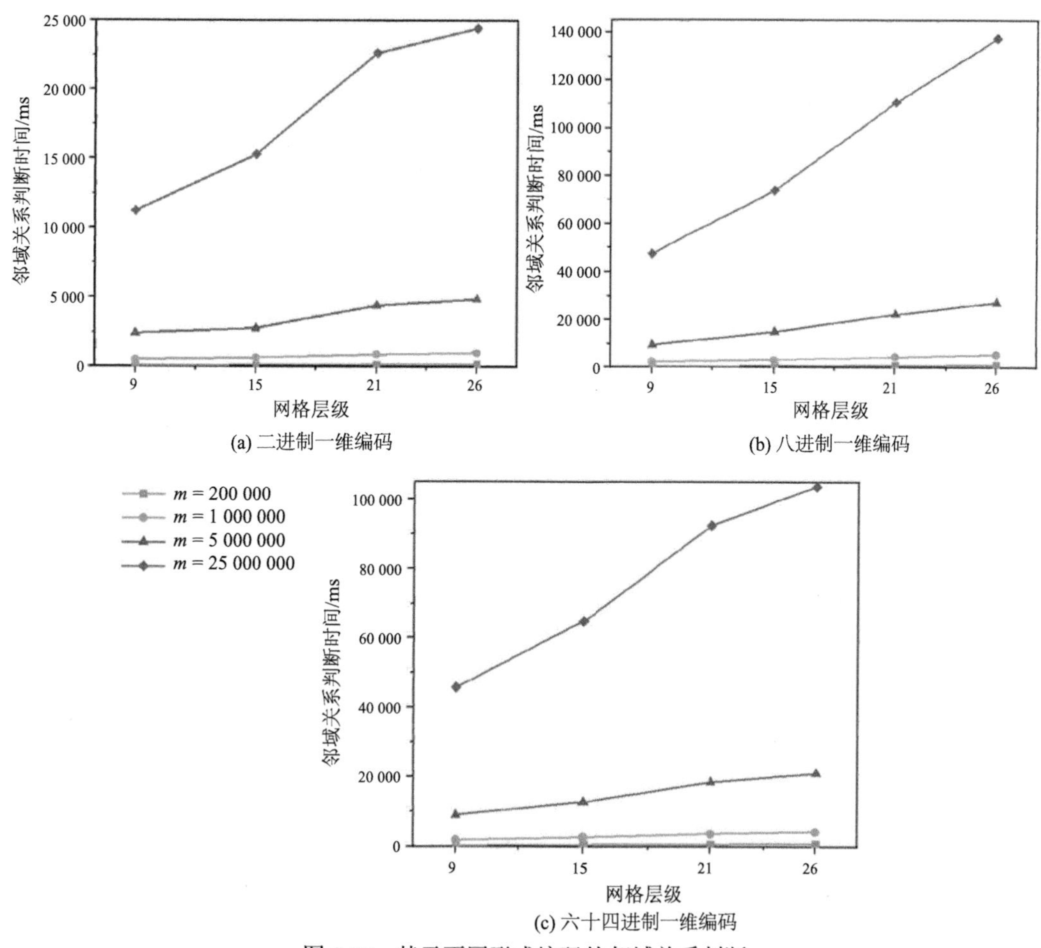


图 8.27　基于不同形式编码的邻域关系判断

**表 8.9　邻域关系判断时间**　　（单位：ms）

| 层级 | 编码形式 | $m=200\ 000$ | $m=1\ 000\ 000$ | $m=5\ 000\ 000$ | $m=25\ 000\ 000$ |
|---|---|---|---|---|---|
| 第 9 层 | ${}^{2}_{9}\mathrm{Code}$ | 99 | 489 | 2 432 | 11 249 |
| | ${}^{8}_{9}\mathrm{Code}$ | 380 | 2 105 | 9 429 | 47 322 |
| | ${}^{64}_{9}\mathrm{Code}$ | 336 | 1 824 | 9 089 | 45 690 |
| 第 15 层 | ${}^{2}_{15}\mathrm{Code}$ | 124 | 621 | 2 790 | 15 321 |
| | ${}^{8}_{15}\mathrm{Code}$ | 594 | 2 973 | 14 763 | 73 835 |
| | ${}^{64}_{15}\mathrm{Code}$ | 543 | 2 608 | 12 784 | 64 828 |
| 第 21 层 | ${}^{2}_{21}\mathrm{Code}$ | 172 | 866 | 4 446 | 22 653 |
| | ${}^{8}_{21}\mathrm{Code}$ | 892 | 4 510 | 22 329 | 110 735 |
| | ${}^{64}_{21}\mathrm{Code}$ | 714 | 3 612 | 18 496 | 92 415 |
| 第 26 层 | ${}^{2}_{26}\mathrm{Code}$ | 195 | 990 | 4 898 | 24 441 |
| | ${}^{8}_{26}\mathrm{Code}$ | 1 115 | 5 472 | 27 307 | 137 556 |
| | ${}^{64}_{26}\mathrm{Code}$ | 830 | 4 211 | 20 938 | 103 604 |

分析上述试验结果，可得出以下几个结论。

1）数据量的影响

在同一层级、相同编码形式的前提下，包含关系判断和邻域关系判断耗时随着数据量的增加都呈近线性增长。

2）层级的影响

总体而言，层级对基于六十四进制一维编码的计算时空体元关系效率影响较大。对于二进制一维编码和八进制一维编码，层级在包含关系判断中影响很小，在邻域关系判断中影响较大。

在判断包含关系时，对于二进制一维编码和八进制一维编码，虽然层级的改变会带来编码长度的变化，但层级对包含关系判断效率的影响很小。这是因为前缀匹配这一过程效率较高，编码长度不会对耗时带来显著差异。而对于六十四进制一维编码，层级越高，体元包含关系判断越低效。因为六十四进制在该过程中可能需要先进行编码形式转换，编码转换的效率受到该编码长度的影响较大。

在判断邻域关系时，层级的改变对基于不同编码形式的邻域关系判断的效率影响都较大。这是由于在计算过程中，涉及的编码转换计算耗时与编码长度密切相关。层级越大，编码长度越长，完成编码转换所需的时间越久，因此总耗时越多。

3）编码形式的影响

在同层级、同数据量的情况下，基于不同的编码形式进行体元关系判断的效率不同。

在包含关系判断中，二进制一维编码计算效率略低于八进制一维编码，而基于六十四进制一维编码的计算显著慢于前两者。这是由于只有当六十四进制一维编码所在层级奇偶性相同时，才能直接利用父网格编码是子网格编码前缀的性质，否则需要将编码先转换为二进制一维编码再进行判断。相比于其他两种编码形式，利用六十四进制一维编码判断包含关系时可能需要额外的编码转换时间。

在邻域关系判断中，利用三种不同编码的计算耗时呈现出显著的差异，二进制一维形式编码计算效率明显高于其他两种形式。这是因为基于八进制一维编码和六十四进制编码判断邻域关系时，需要先转换为二进制一维编码，再拆分为二进制三维编码，才能根据二进制三维编码的差值进行判断。相比于二进制一维编码，八进制一维编码和六十四进制编码需要额外的编码转换步骤，因此邻域关系计算效率较低。在该编码转换步骤中，由于八进制编码每 3 位进行一次转换，六十四进制编码每 6 位进行一次转换，故八进制编码转换次数比六十四进制编码多，前者效率较后者低。

## 8.6 本章小结

本章从空间、时间、时空三个角度讨论地球剖分时空数据库的数据关系，并且针对经典的空间分析问题，基于剖分数据库原理进行了适应性的算法改造与优化。

# 第 9 章　地球剖分时空数据库查询策略

## 9.1　网格并行化处理策略

时空数据的水平分布特性，使得数据存储集群中各个节点可以并发地执行查询处理任务，通过在集群各节点所存储的数据子集上执行相同的算法，得到各数据子集的查询处理结果，将它们聚集即可形成最终结果。另外，时空网格编码使得在时空维度上相近的数据在物理存储上也相近，这样既可以在时空范围查询中大大减少磁盘寻道时间，通过扫描操作(scan)提高查询效率，同时也利于最小化查询处理并行化过程中的通信代价。

在空间方面，针对云存储环境特点发展而来的空间索引主要有两种解决方案：第一种方案，对集中式数据管理环境中的经典空间索引，如 R 树及其变种 R+树、R*树、STR 树等进行改造，使其适用于分布式云环境。例如，KR+树是一种基于 R+树的键-值构建方案，首先构建 R+树，然后对于 R+树中叶节点使用希尔伯特曲线定义其键-值；H-Grid 则是首先通过四叉树进行空间范围划分，对每个划分采用 *Z* 序编码索引，然后在各个划分内建立规则网格索引，每个网格单元由行索引值和列索引值进行定位。上述这些索引结构无法实现并行构建，且当树结构发生变化时，必须进行集中维护，索引构建与维护代价较高。第二种方案，是基于空间填充曲线这类线性化技术将多维数据降为一维，再结合云环境下键-值存储结构，利用一维主键索引进行数据存取访问。这种方法具有良好的扩展性，并行度高，更适合于分布式云存储环境。一些研究人员结合上述两种方法，提出相应的混合索引结构。例如，Nishimura 等基于 K-D 树和四叉树进行空间分割，然后利用 *Z* 序曲线将多维数据转换为一维数据，从而实现 HBase 的多维数据索引构建。

在时空索引方面，现有研究通常先将索引分为空间索引和时间索引两个部分，然后再采用空间优先或时间优先的方法对数据进行索引。然而，时空分治的思想使得这些方法都不能很好地适应数据的时空整合查询应用需求。同时，以某一维度优先的索引方法会使得时空查询过程中产生更多无效扫描，影响时空查询性能。针对上述问题，GeoMesa 将 Geohash 地理编码与时间戳字符串结合起来构造索引键，利用 35-bit Geohash 编码与“yyyyMMddhh”字符串交叉，来表示约 150 m 的方格和 1 h 的时间区间，使得空间维与时间维所占索引权重相当。Van 等利用 STCode 在 HBase 中构建时空数据索引。类似地，Guan 等通过将 Geohash 编码扩展到时空域，提出了 ST-Hash 索引。这些方法主要通过保持时空数据的局部性提高时空查询性能，但没有考虑数据时空分布不均与访问倾斜而带来的热点问题。

## 9.2　时空范围查询策略

时空范围查询是时空应用中最为普遍的一种查询类型。给定一个由经纬度坐标点集合组成的空间范围 $\text{Range}_{\text{spatial}} = \{(\text{lat}_1, \text{lon}_1), (\text{lat}_2, \text{lon}_2), \cdots, (\text{lat}_n, \text{lon}_n)\}$ 和一个时间区间 $I_{\text{temporal}} = [t_1, t_2]$，时空范围查询 $Q_{\text{ST}}(\text{Range}_{\text{spatial}}, I_{\text{temporal}})$ 要求返回所有在时间区间 $I_{\text{temporal}}$ 内位于空间范围 $\text{Range}_{\text{spatial}}$ 的数据对象。

时空范围查询主要包含查询条件转换、过滤和精细查询三个过程。其中，查询条件转换，是指将给定的三维查询条件用一维网格编码区间表示的过程。过滤阶段，则是基于时空索引快速过滤掉大量不满足查询条件的数据对象，输出可能的查询结果数据，组成一个候选集合。精细查询阶段，则是对过滤阶段形成的候选集合进一步精筛，检查候选集合中所有元素是否满足查询条件，删除错误的数据对象，形成查询结果集并返回。

图 9.1 给出了查询条件转换的一般过程。设原始查询条件为 $\text{Condition}_{\text{3D}} = (R, [t_1, t_2])$，其在三维空间的表示如图 9.1(a) 所示。获取 $\text{Condition}_{\text{3D}}$ 中每个维度的最大值 $\text{Coord3D}_{\text{max}} = (\text{lat}_{\text{max}}, \text{lon}_{\text{max}}, t_{\text{max}})$ 和最小值 $\text{Coord3D}_{\text{min}} = (\text{lat}_{\text{min}}, \text{lon}_{\text{min}}, \text{t}_{\text{min}})$，对应于查询条件在三维空间的最小包络体[图 9.1(b)]。然后，分别将 $\text{Coord3D}_{\text{min}}$ 和 $\text{Coord3D}_{\text{max}}$ 转换成相应的 GeoSOT-ST 时空网格编码 $\text{Code}_{\text{min}}$ 和 $\text{Code}_{\text{max}}$，层级选择根据查询范围的尺度而定。转换过程中根据交叉编码前的 GeoSOT 空间网格编码查询物理映射表，获得相应的 PartitionID，与时空网格编码按索引键结构分别拼接为 $\text{PartitionID}_1 \sim \text{Code}_{\text{min}}$ 和 $\text{PartitionID}_2 \sim \text{Code}_{\text{max}}$，由此形成新的查询条件 $\text{Condition}_{\text{1D}} = [\text{PartitionID}_1 \sim \text{Code}_{\text{min}}, \text{PartitionID}_2 \sim \text{Code}_{\text{max}}]$。之后，时空范围查询将基于新的查询条件进行，查询操作以 $\text{Condition}_{\text{1D}}$ 的下界为起点，至其上界终止[如图 9.1(c) 中以蓝框显示]。图 9.1(d) 中有色网格体元为将上述一维编码区间作为范围查询条件时返回的网格体元。

由图 9.1(d) 可知，$\text{Condition}_{\text{1D}}$ 中并非所有编码对应的网格体元都与原始查询条件 $\text{Condition}_{\text{3D}}$ 相交。这是由于 GeoSOT-ST 时空网格编码的三维 $Z$ 序，造成了编码具有跳跃性，会导致实际生成的 $\text{Condition}_{\text{1D}}$ 中可能存在大量不与原始时空查询范围相交的时空网格，这些时空网格中的数据一定不属于查询结果集。因此，直接按照上述过程进行查询条件的转换，会导致后续产生大量不必要的范围扫描，从而降低了查询处理的效率。如图 9.1 中，按照上述一般过程，原始查询条件转换到一维编码区间为[2～000010, 3～011101]，其中，[2～000100, 2～000101]∪[2～001100, 2～001101]∪[3～010010, 3～010011]∪[3～010110, 3～011011]为无效扫描编码范围，导致查询处理时无效扫描网格比率达 5/13[图 9.1 (d)红色网格体元]。除此之外，由于 GeoSOT 网格编码在跨半球时具有较高的跳跃性，当查询条件中空间范围包含不同半球时，无效扫描范围将更多。

解决这一问题的有效方法是对查询条件进行分解，将原始查询条件 $\text{Condition}_{\text{3D}}$ 分解为多个子条件，再将各子条件分别转换到一维编码区间，即可消除无效扫描范围。基于该思想，本书提出查询条件分解与转换的基本方法，具体如下。

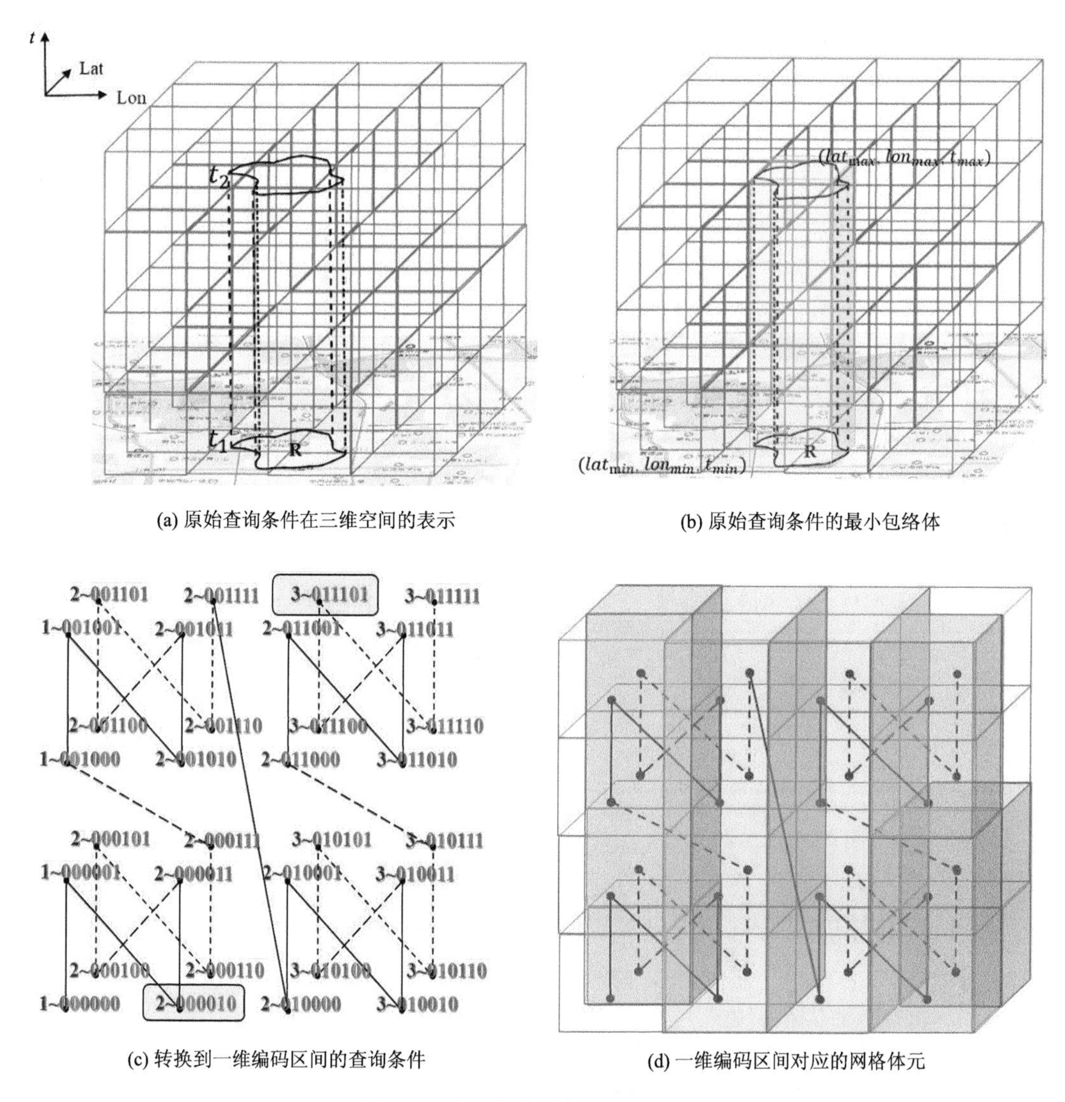


(a) 原始查询条件在三维空间的表示　　(b) 原始查询条件的最小包络体

(c) 转换到一维编码区间的查询条件　　(d) 一维编码区间对应的网格体元

图 9.1　查询条件转换的一般过程

首先，根据查询范围的尺度，在 GeoSOT-ST 中选择合适层级作为查询网格层级 queryLevel 。

然后，利用空间对象的 GeoSOT 编码生成算法，将原始查询条件 $\text{Condition}_{3D}$ 中的空间范围 $\text{Range}_{spatial}$ 转换为第 queryLevel 层 GeoSOT 空间网格编码集合，查询物理映射表各空间网格编码相应的 PartitionID，形成以 PartitionID 为前缀的子条件空间范围集合，具体如下：

$$\text{SpatialCodes}_{ID} = \{\text{PartitionID}_1 \sim \text{SCode}_1, \text{PartitionID}_2 \sim \text{SCode}_2, \text{PartitionID}_3 \sim \text{SCode}_3, \cdots\}$$

同时根据第 4 章中的 GeoSOT-ST 编码方法，将原始查询条件中的时间区间 $I_{temporal}$ 转换为第 queryLevel 层时间网格编码集合，形成子条件时间范围集合 $\text{TemporalCodes}_{ID} = \{T\text{Code}_1, T\text{Code}_2, T\text{Code}_3, \cdots\}$ 。两个集合按编码的字典序排序。

将 $\text{SpatialCodes}_{\text{1D}}$ 和 $\text{TemporalCodes}_{\text{1D}}$ 中的元素两两结合，形成以 PartitionID 为前缀的第 queryLevel 层 GeoSOT-ST 时空网格编码，加入分解后的候选查询条件集 $\text{CCondition}_{\text{1D}}$。将 $\text{CCondition}_{\text{1D}}$ 中元素按照字典序排序，其中连续的子查询进行合并处理，最终形成一维查询条件集 $\text{Condition}_{\text{1D}}$，具体方法如下。

(1) 初始化 $\text{Condition}_{\text{1D}} = \left\{ \text{SubCondition}_{\text{1D}_1} = \left[ \text{PartitionID}_1 \sim \text{STCode}_1, \right] \right\}$。

(2) 遍历候选查询条件集 $\text{CCondition}_{\text{1D}}$，提取 $\text{PartitionID}_1 \sim \text{STCode}_i$，与 $\text{Condition}_{\text{1D}}$ 中最后一个子查询条件比较。若两者 PartitionID 相同且 $\text{STCode}_i$ 与 $\text{Condition}_{\text{1D}}$ 中最后一个子查询条件的时空网格编码连续，转至步骤(3)，两者 PartitionID 不同或时空网格编码不连续，转至步骤(4)。

(3) 更新 $\text{Condition}_{\text{1D}}$ 中最后一个子查询条件的上界为 $\text{PartitionID}_i \sim \text{STCode}_i$，转至步骤(2)遍历下一个元素。

(4) 在 $\text{Condition}_{\text{1D}}$ 中添加一个新的子查询条件 $\text{SubCondition}_{\text{1D}_i} = \left[ \text{PartitionID}_i \sim \text{STCode}_i, \right]$，步骤(2)遍历下一个元素。

按照上述方法，最终将原始时空范围查询条件 $\text{Condition}_{\text{3D}}$ 转换为由若干查询子条件组成的集合，集合中每一个元素对应两个以 PartitionID 为前缀的 GeoSOT-ST 时空网格编码构成的一维区间，即

$$\text{Condition}_{\text{1D}} = \left\{ \text{SubCondition}_{\text{1D}_k} \middle| \text{SubCondition}_{\text{1D}_k} = \left[ \text{PartitionID}_{k1} \sim \text{STCode}_{k1}, \text{PartitionID}_{k2} \sim \text{STCode}_{k2} \right] \right\}$$

例如图 9.2 中，原始条件中 $\text{Range}_{\text{spatial}} = R'$，转换为第 queryLevel 层 GeoSOT 空间网格编码集合为{0001, 0011, 0100, 0110}，设通过查询物理映射表得到各网格 PartitionID，并进行拼接后的子条件空间范围集合为{2～0001, 2～0011, 2～0100, 3～0110}。原始条件中 $I_{\text{temporal}} = [t_1, t_2]$，转换为第 queryLevel 层时间网格编码集合为{00, 01, 10, 11}。按照查询条件分解与合并方法，将产生 7 个查询子条件。基于这些子条件进行编码范围扫描时，可以消除无效扫描编码的影响。

该方法中，对于查询网格层级 queryLevel 的确定非常重要。选择一个合适的查询网格层级，能够大大提高查询处理效率；而如果查询网格层级选择不当，则查询处理比直接转换查询条件的一般查询过程耗时更长。具体地，如果查询网格层级太小、网格过大，则子条件无法很好地近似原始查询范围，因此过滤阶段产生的候选集中数据对象数量多，精细查询阶段耗时长；相反，如果查询网格层级太大、网格过小，则查询条件的分解与转换代价巨大，过滤阶段耗时长，进而影响整体查询效率。因此，查询网格层级的确定需要在候选集生成代价（受查询处理的前两个步骤影响）和精筛代价（受精细查询步骤影响）之间取得平衡。

为了进一步提高时空范围查询效率，本书基于该方法进行并行化查询处理。如图 9.3 所示，在查询条件分解和转换阶段，每个线程负责一部分的空间范围，并行地生成该空间范围上的时空查询子条件。每个线程所生成的子条件会进行合并处理，即将连续的子条

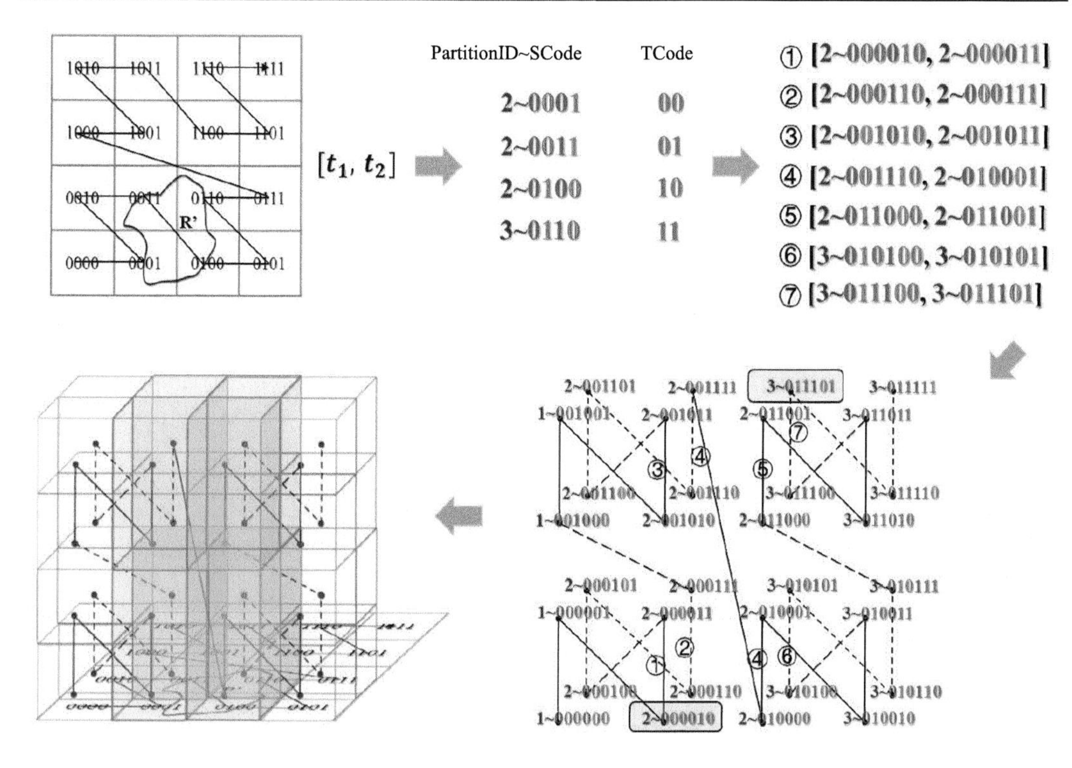


图 9.2　时空范围查询条件的分解与合并示例

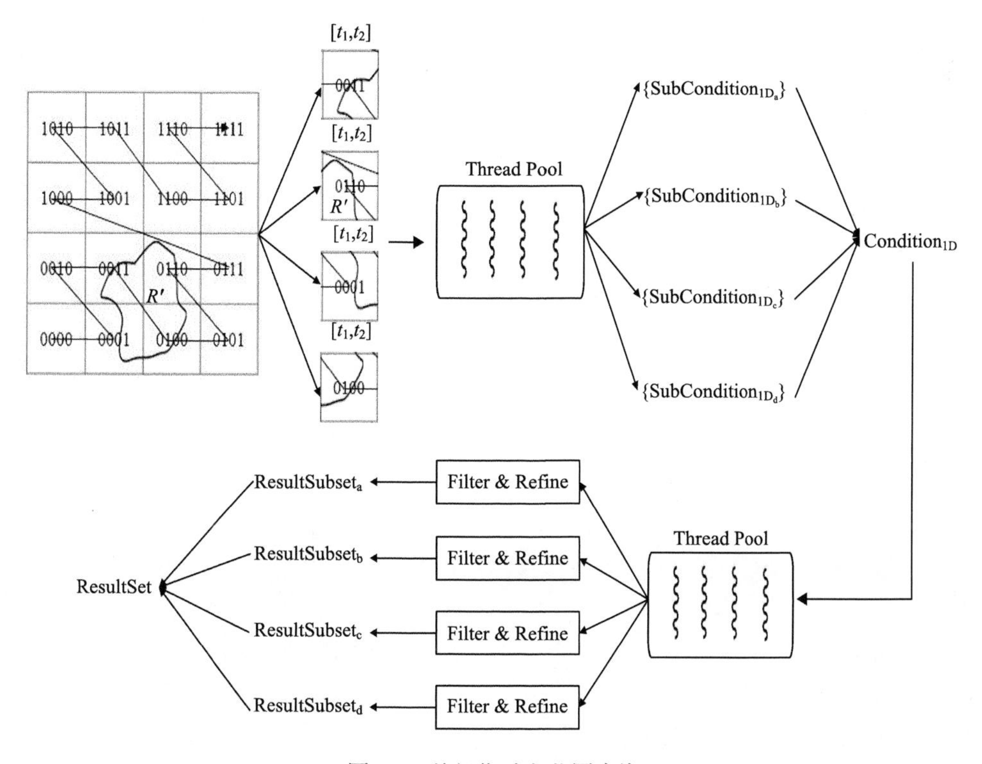


图 9.3　并行化时空范围查询

件进行合并，以减少范围扫描区间的个数。得到由子条件组成的$Condition_{1D}$之后，过滤和精细查询任务也将被并行地执行。将各线程返回的结果集加入最终结果集合，完成时空范围查询。

当要查询的时空范围较大时，在完成查询条件分解和转换后，可采用MapReduce框架并行地对数据库进行范围扫描，以提高查询处理效率。MapReduce在大规模查询中具有优势，但由于其并行操作需要在系统通信和任务调度方面耗费一定时间，一般用于大规模离线查询场景。

基于MapReduce进行时空范围查询的算法见表9.1，基本步骤如下：首先，在Map中，每个Map job读取一个时空范围查询子条件$SubCondition_{1D_k} = (PartitionID_{k1} \sim STCode_{k1}, PartitionID_{k2} \sim STCode_{k2})$，通过查询全局索引得到该子条件相应的基本存储单元。然后，对基本存储单元的键区间[$PartitionID_{k1} \sim STCode_{k1}, PartitionID_{k2} \sim STCode_{k2}$)进行范围扫描操作，得到候选数据对象。再次，根据候选数据对象的时空属性进行精细比较，输出属于原始查询条件$Condition_{3D}$的数据结果。最后，Reduce阶段接收Map的输出子结果集合，通过合并得到最终结果集。

**表9.1　基于MapReduce的时空范围查询算法**

| | **Algorithm Range Query using Map Reduce** |
|---|---|
| 1 | **Input:** $Range_{spatial}$, $I_{temporal}$, query Level |
| 2 | **Output:** Result Table |
| 3 | segments =Generate Sub Condition1Ds($Range_{spatial}$, $I_{temporal}$, queryLevel) |
| 4 | **Function** Map (key,value,context): |
| 5 | (startkey, endkey) = get Segment (value) |
| 6 | scan.set Start Row (startkey) |
| 7 | scan.set End Row (endkey) |
| 8 | **foreach** result in htable. get Scanner (scan) **do** |
| 9 | **If** filter Result (result) **do** |
| 10 | context.write (result.get RowKey (), build Put (result)) |
| 11 | **end If** |
| 12 | **end for** |
| 13 | **end Function** |

## 9.3　KNN查询

常见的时空KNN查询可分为两种类型：第一类时空KNN查询，返回给定时间区间内与输入点空间距离最近的$k$个近邻。在这一类时空KNN查询中，时间维度只作为约束条件，不参与邻近度的度量。第二类时空KNN查询，返回与输入点时空距离最近的$k$个近邻。与第一类时空KNN查询不同，第二类时空KNN查询的邻近度度量同时考虑空间维度和时间维度。较之前者，第二类时空 KNN 查询的主要区别在于，由度量函数变化而引起查询步长在空间维和时间维的改变。

**1. 第一类时空 KNN 查询**

给定一个经纬度坐标点 $P=(\text{Lat}, \text{Lon})$ 和一个时间区间 $I_{\text{temporal}}=[t_1, t_2]$，第一类时空 KNN 查询 $Q_{\text{STKNN}}(P, I_{\text{temporal}}, k)$ 将返回在时间区间 $I_{\text{temporal}}$ 内与点 $P$ 空间距离最近的 $k$ 个数据对象。

第一类时空 KNN 查询的基本步骤如下。

第一步　根据查询条件 $k$ 以及坐标点 $P$ 所在空间区域的数据密度，选择合适层级作为查询网格层级 queryLevel 。初始化结果集 $R$、已被查找的 GeoSOT 空间网格集合 PreSpatialGrids、当前查找区间集合 CurQueryRanges 以及待遍历空间网格集合 NextSpatialGrids，设为空。

第二步　计算输入的经纬度坐标点 $P$ 所在的 queryLevel 层级 GeoSOT 空间网格编码 $\text{SCode}_0$，将 $\text{SCode}_0$ 加入待遍历空间网格集合 NextSpatialGrids。根据本书中 GeoSOT-ST 编码方法，将输入时间区间 $I_{\text{temporal}}$ 转换为第 queryLevel 层级时间网格编码集合 $\text{TemporalGrids}=\{T\text{Code}_1, T\text{Code}_2, T\text{Code}_3, \cdots\}$。

第三步　判断结果集 $R$ 大小是否达到 $k$：若是，则返回结果集 $R$，算法终止；否则，执行以下步骤。

第四步，对 PreSpatialGrids 中空间网格实现一次向外扩展。向外扩展的方法是基于 GeoSOT 空间网格编码代数中邻域的求解，且将求得的邻域不包含已遍历的空间网格。将该次向外扩展得到的空间网格加入 NextSpatialGrids。

第五步　当|NextSpatialGrids|>0 时，NextSpatialGrids 中元素 $\text{nsg}_0$ 出栈，并加入 PreSpatialGrids。遍历 TemporalGrids，提取 $T\text{Code}_i$，与 $\text{nsg}_0$ 结合形成第 queryLevel 层的 GeoSOT-ST 时空网格编码 $\text{STCode}_i$，生成 CurQueryRanges，生成过程类似时空范围查询中子查询条件的合并过程，将在一维键空间上连续的网格编码合并在一起，以减少后续数据库访问次数，得到 $\text{CurQueryRange}=\{\text{range}_k \mid \text{range}_k=(\text{STCode}_{k1}, \text{STCode}_{k2})\}$。

第六步　提取 CurQueryRanges 中各 $\text{range}_k$，在数据库中查询行键范围内的数据对象，并将这些数据对象按照与输入点 $P$ 距离由小到大加入结果集 $R$，返回第三步。

图 9.4 给出了时空 KNN 查询中查询区域扩展的示例($k$=5)。

**2. 第二类时空 KNN 查询**

第二类时空 KNN 查询定义如下：给定一个经纬度坐标点 $P=(\text{Lat}, \text{Lon})$ 和一个时空距离函数 $F_{\text{ST}}$，时空 KNN 查询 $Q_{\text{STKNN}}(P, F_{\text{ST}}, k)$ 要求返回与点 $P$ 时空距离最近(由 $F_{\text{ST}}$ 定义)的 $k$ 个数据对象。

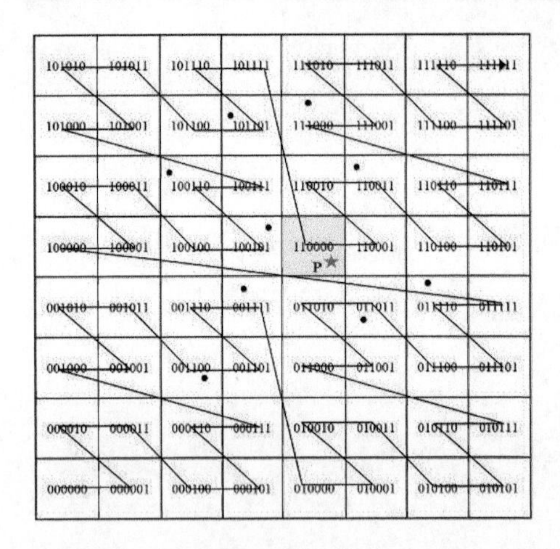

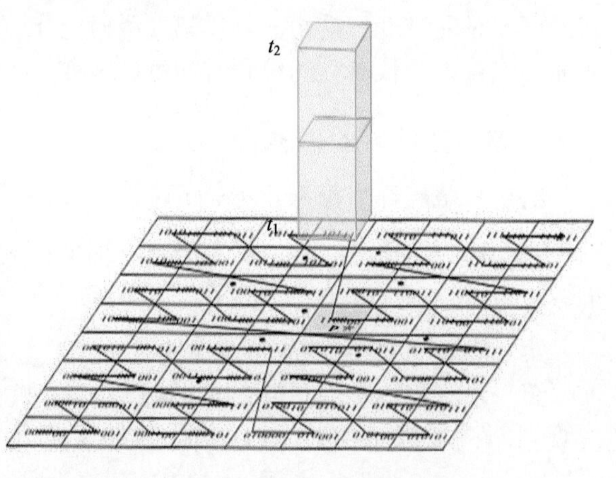


(a) 查询区域第一次扩展

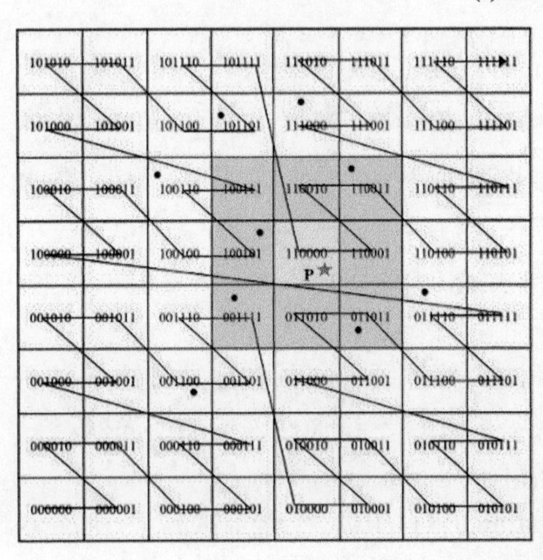

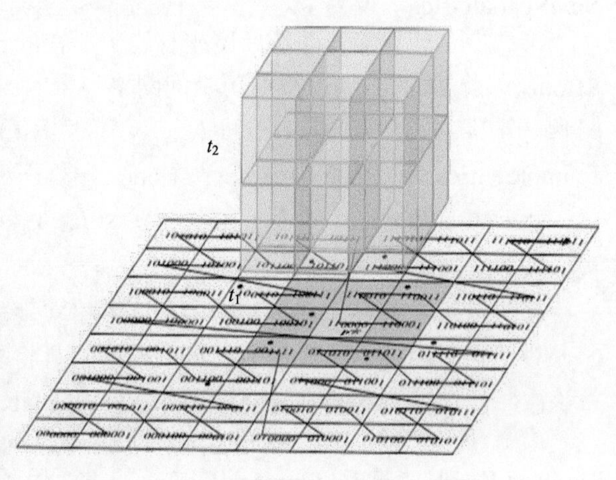


(b) 查询区域第二次扩展

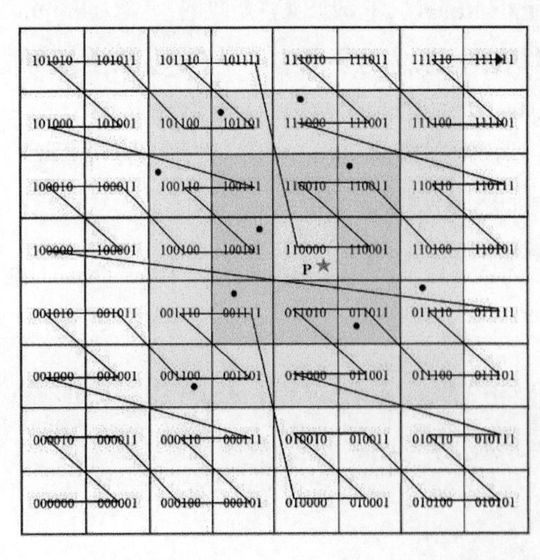

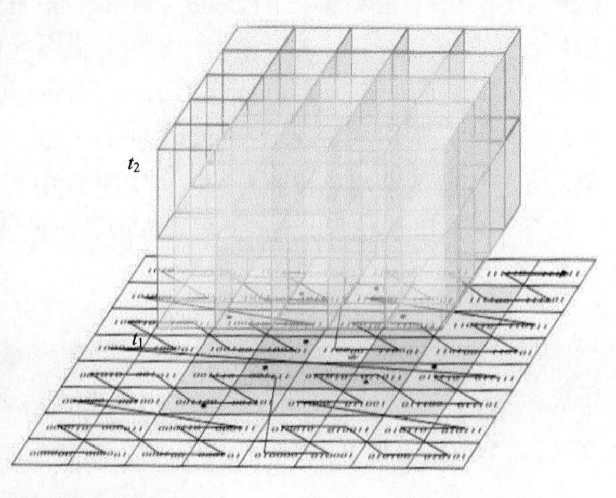


(c) 查询区域第三次扩展

图 9.4　时空 KNN 查询区域扩展

通过自定义时空距离函数 $F_{\mathrm{ST}}$，该时空 KNN 查询用于各应用领域的数据聚类等。设 $p_1$、$p_2$ 是具有时空属性的数据对象，本书对 $F_{\mathrm{ST}}$ 的定义如下：

$$F_{\mathrm{ST}}\left(p_1, p_2\right) = w \times \mathrm{dist}_S\left(p_1.\mathrm{loc}, p_2.\mathrm{loc}\right) + \left(1 - w\right) \times \mathrm{dist}_T\left(p_1.t, p_2.t\right) \tag{9.1}$$

式中，$w$ 和 $(1-w)$ 分别为空间距离、时间距离在时空距离度量中所占的权重（$0 \leqslant w \leqslant 1$）。当 $w=1$ 时，$F_{\mathrm{ST}}$ 只考虑空间距离；当 $w=0$ 时，$F_{\mathrm{ST}}$ 只考虑时间距离；当 $0<w<1$ 时，$F_{\mathrm{ST}}$ 由数据对象在空间维度和时间维度上的距离综合决定。

由于空间维度和时间维度的度量单位不同，不能直接加权求和，因此在定义空间距离和时间距离时，分别对两者进行归一化处理(normalization)，使得 $\mathrm{dist}_S, \mathrm{dist}_T \in [0, 1]$。本书对 $\mathrm{dist}_S$ 和 $\mathrm{dist}_T$ 定义如下：

$$\mathrm{dist}_S\left(p_1.\mathrm{loc}, p_2.\mathrm{loc}\right) = \frac{\mathrm{dist}_{\mathrm{euclidean}}\left(p_1.\mathrm{loc}, p_2.\mathrm{loc}\right)}{\theta_S} \tag{9.2}$$

$$\mathrm{dist}_T\left(p_1.t, p_2.t\right) = \frac{\left|p_1.t - p_2.t\right|}{\theta_T} \tag{9.3}$$

式中，$\mathrm{dist}_{\mathrm{euclidean}}$ 为两个经纬度坐标之间的欧式距离；$\theta_S$ 为可能产生数据的空间范围上两点坐标的最远距离，即该空间范围的对角线两点之间的距离；相应地，$\theta_T$ 为可能产生数据的时间区间上两个时刻的最远间隔。

基于 GeoSOT-ST 进行时空 KNN 查询之前，需要对 GeoSOT-ST 时空网格进行类似处理，得到归一化后的网格边长大小。给定一个第 level 层级的 GeoSOT-ST 时空网格 $\mathrm{STGrid}^{\mathrm{level}}$，其在时空三个维度上的归一化尺度大小定义为

$$\mathrm{NormScale}_{\mathrm{dim}}{}^{\mathrm{level}} = \frac{\mathrm{Scale}_{\mathrm{dim}}{}^{\mathrm{level}}}{\theta_{\mathrm{dim}}} \tag{9.4}$$

式中，$\mathrm{dim} \in \{\mathrm{latititude}, \mathrm{longitude}, \mathrm{time}\}$；$\mathrm{Scale}_{\mathrm{dim}}{}^{\mathrm{level}}$ 为第 level 层级时空网格在维度 dim 上的原始尺度，如第 14 层级时空网格 $\mathrm{STGrid}^{14}$ 在经度维度上原始尺度约 4 km，在时间维度上原始尺度为 1 h；$\theta_{\mathrm{dim}}$ 为该维度上可能产生的最大尺度范围。

归一化后的网格边长大小对后续时空 KNN 查询中，查询范围的向外扩展具有重要意义。在第一类时空 KNN 查询中，只涉及空间距离，时间区间只是约束作用，因此每次查询区域扩展采用的是直接将空间两个维度外扩一层。第二类时空 KNN 查询中，空间和时间距离均被作为时空距离的度量因素，由于度量单位的不同，不能直接将时空网格外扩，因为归一化后的网格边长大小在不同维度上不相等。与此同时，外扩的选择还与 $F_{\mathrm{ST}}$ 定义有关。对于三个维度 $\mathrm{Dim} = \{\mathrm{latititude}, \mathrm{longitude}, \mathrm{time}\}$，设第 level 层级时空网格在维度 $\mathrm{dim}\left(\mathrm{dim} \in \mathrm{Dim}\right)$ 上每一次外扩步长为 $\mathrm{Step}_{\mathrm{dim}}{}^{\mathrm{level}}$，计算方法如下：

$$\mathrm{Step}_{\mathrm{dim}}{}^{\mathrm{level}} = \frac{\mathrm{LCM}\left(w_{\mathrm{Dim}} \times \mathrm{NormScale}_{\mathrm{Dim}}{}^{\mathrm{level}}\right)}{\mathrm{NormScale}_{\mathrm{dim}}{}^{\mathrm{level}}} \times \mathrm{minMultiple} \tag{9.5}$$

式中，通过分母控制每一次外扩在各维度上产生相等的归一化距离，该距离除以网格的归一化尺度大小，即可得到各维度上网格外扩的步长。minMultiple 是使得各维度步长

$\text{Step}_{\text{Dim}}^{\text{level}} \geqslant 1$ 的最小整数。

示例 1 $F_{ST}$ 中空间距离权重 $w=1$，此时时空 KNN 查询退化为一般的空间 KNN 查询。由于经纬度两维的权重总是相等，故 $w_{\text{latitude}} = w_{\text{longitude}} = 0.5$。设第 16 层级时空网格经归一化后，经纬维度边长大小为 0.1×0.1。计算步长：

$$\text{Step}_{\text{lat/lon}}^{16} = \frac{\text{LCM}(0.5\times 0.1, 0.5\times 0.1)}{0.1} \times \text{minMultiple} = 0.5\times \text{minMultiple}$$

minMultiple 取 2，即可满足经/纬维步长都大于等于 1，此时 $\text{Step}_{\text{latitude}}^{16} = \text{Step}_{\text{longitude}}^{16} = 1$。

示例 2 $F_{ST}$ 中空间距离权重 $w=0.5$，时间权重为 0.5，由于经纬度两维的权重总是相等，故 $w_{\text{latitude}} = w_{\text{longitude}} = 0.25$。设第 16 层级时空网格经归一化后，经/纬/时三个维度边长大小为(0.1,0.1,0.2)。计算步长：

$$\text{Step}_{\text{lat/lon}}^{16} = \frac{\text{LCM}(0.25\times 0.1, 0.25\times 0.1, 0.5\times 0.2)}{0.1} \times \text{minMultiple} = 1\times \text{minMultiple}$$

$$\text{Step}_{\text{time}}^{16} = \frac{\text{LCM}(0.25\times 0.1, 0.25\times 0.1, 0.5\times 0.2)}{0.2} \times \text{minMultiple} = 0.5\times \text{minMultiple}$$

minMultiple 取 2，即可满足经/纬/时各维步长都大于等于 1，此时 $\text{Step}_{\text{latitude}}^{16} = \text{Step}_{\text{longitude}}^{16} = 2$，$\text{Step}_{\text{time}}^{16} = 1$。

虽然两类时空 KNN 查询过程中，查询区域扩展步长不同，但查询的流程类似，两类时空 KNN 查询算法统一如表 9.2 所示

**表 9.2 时空 KNN 查询算法**

| | **Algorithm KNNQuery** |
|---|---|
| 1 | **Input:** P, k, queryLevel, SStep, TStep |
| 2 | **Output:** ResultList |
| 3 | STCode = getSTCode (P, queryLevel ) |
| 4 | PQ = ∅ //PQ 为升序优先队列 |
| 5 | PQ.enqueue (STCode) |
| 6 | **While** PQ ≠ ∅ **do** |
| 7 |   e = PQ.dequeue () |
| 8 |   **If** e is typeof STCode **then** // 如果该元素为 STCode |
| 9 |     **foreach** point in htable.scan (e) **do** |
| 10 |       PQ.enqueue (point, dist (point,P)) |
| 11 |     **end for** |

## 9.4 本章小结

本章依托 GeoSOT-ST 时空一体化剖分网格编码模型，提出了地球剖分时空数据库时空范围查询策略。针对时空应用中常见的两类查询，即时空范围查询和时空 KNN 查询，提出相应的网格化查询策略。

# 第 10 章　地球剖分时空引擎原型及试验

## 10.1　地球剖分时空引擎原型设计

基于本书所提出的时空一体化剖分组织模型和云存储环境下时空数据剖分存储管理框架，设计并实现了相应的原型系统 GeoSOT-STDOM（a GeoSOT-ST based framework for spatio-temporal data organization and management），系统架构和功能模块如图 10.1 所示。

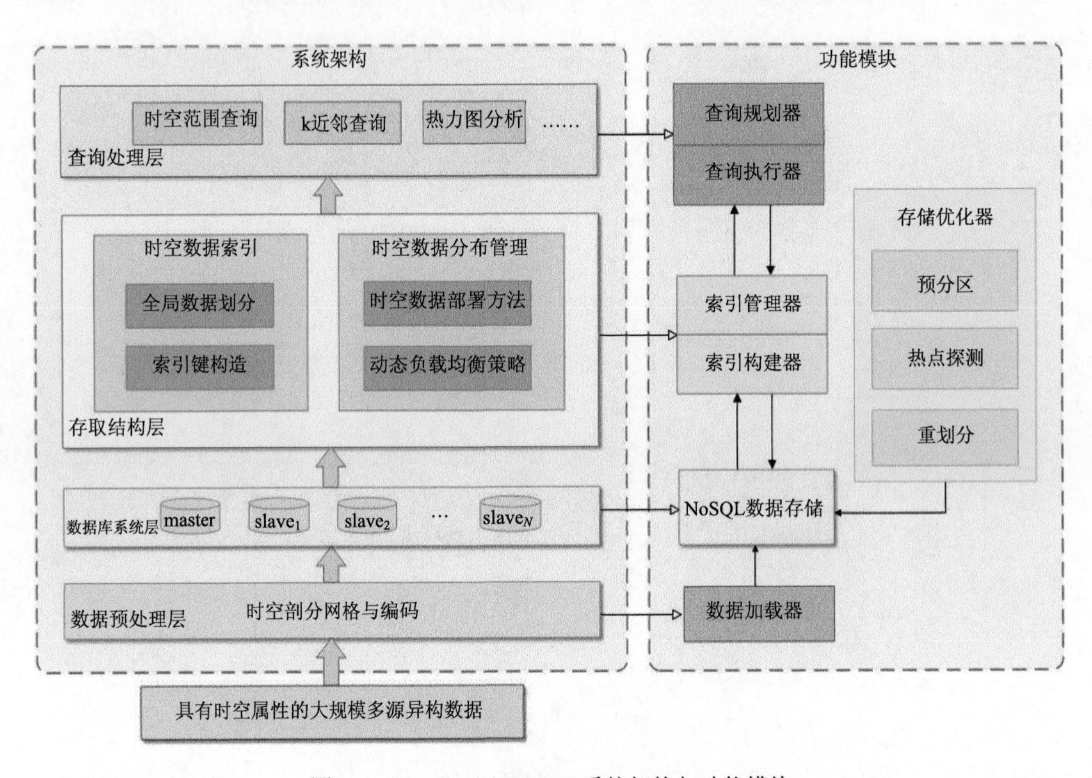


图 10.1　GeoSOT-STDOM 系统架构与功能模块

GeoSOT-STDOM 主要由四层构成：数据预处理层、数据库系统层、存取结构层和查询处理层。

### 1. 多源数据剖分预处理

剖分预处理层是 GeoSOT-STDOM 的基础。一方面，利用时空剖分编码可以将多维时空数据映射到一维空间，这既是基于现有“键-值”存储数据系统管理多维时空数据的必要条件，又使得时空维度上相近的数据点经映射变换后在一维键空间中仍尽可能相邻。

另一方面，时空剖分体系为具有时空属性的多源异构数据集成组织提供了可能。例如，图 10.2 中有车辆 GPS 轨迹数据、静态传感器感知数据、视频 GIS 产生的地理视频数据、带有地理标签的社交媒体数据等，虽然来源不同、数据结构与格式各异，但可以依据公共的时空属性进行统一组织。

| GeoSOT-ST Code$_1$ | OID<br>0001 | Latitude<br>39.216357 | Longitude<br>116.45016 | Timestamp<br>2019-01-08 17:01:03 | Speed<br>60 | |
|---|---|---|---|---|---|---|
| GeoSOT-ST Code$_2$ | OID<br>0001 | Latitude<br>39.231592 | Longitude<br>116.45849 | Timestamp<br>2019-01-08 17:01:28 | Speed<br>55 | Type<br>Van |
| GeoSOT-ST Code$_3$ | OID<br>0002 | Latitude<br>39.366714 | Longitude<br>116.43456 | Timestamp<br>2019-01-08 15:39:22 | | |
| … | … | … | … | … | … | |
| GeoSOT-ST Code$_i$ | OID<br>ss#301 | Latitude<br>40.009146 | Longitude<br>116.97480 | Timestamp<br>2019-01-08 16:00:00 | Temperature<br>18.7 | Humidity<br>55% |
| GeoSOT-ST Code$_{i+1}$ | OID<br>ss#004 | Latitude<br>40.011592 | Longitude<br>116.20849 | Timestamp<br>2019-01-08 17:45:14 | Video<br>/d:/r1.avi | |
| … | … | … | … | … | … | |
| GeoSOT-ST Code$_j$ | OID<br>User_9 | Latitude<br>41.289220 | Longitude<br>116.31054 | Timestamp<br>2019-01-09 08:03:28 | | |
| GeoSOT-ST Code$_{j+1}$ | OID<br>User_2 | Latitude<br>41.456103 | Longitude<br>116.68016 | Timestamp<br>2019-01-09 08:59:42 | Weibo<br>“There is heavy traffic on the roads.” | |
| … | … | … | … | … | … | |

图 10.2　基于 GeoSOT-STDOM 的多源异构数据集成组织

数据预处理层对应的系统功能模块为数据加载器(data loader)，数据加载器主要执行以下几个步骤(图 10.3)：

(1)抽取时空信息。对于多源异构数据，即抽取时空属性，包括经度、纬度和时间戳。

(2)根据数据分辨率和组织应用需求，确定时空剖分网格层级。

(3)时空属性、剖分层级作为输入参数，通过位运算计算在纬度、经度、时间三个维度上的二进制整型编码。

(4)由纬度、经度、时间交叉编码得到 GeoSOT-ST 时空网格编码。在 GeoSOT-ST 剖分至 26 层级截止的情况下，二进制三维编码可用三个最长为 26 位的二进制整型表示；在转换至二进制一维编码时，编码长度最长为 78 位，受到目前计算机存储的限制，二进制一维编码用字符串的形式存储。

(5)根据不同的应用需求，二进制一维编码可进一步转换为八进制一维编码、六十四进制一维编码等多种编码形式。

### 2. 多源数据存取模式

结合时空应用对数据存储的水平可扩展性、数据访问的高并发及数据处理的高效性需求，GeoSOT-STDOM 的数据库系统层依托云存储和 NoSQL 数据库技术构建，为大规模时空数据的存储管理提供底层支撑。

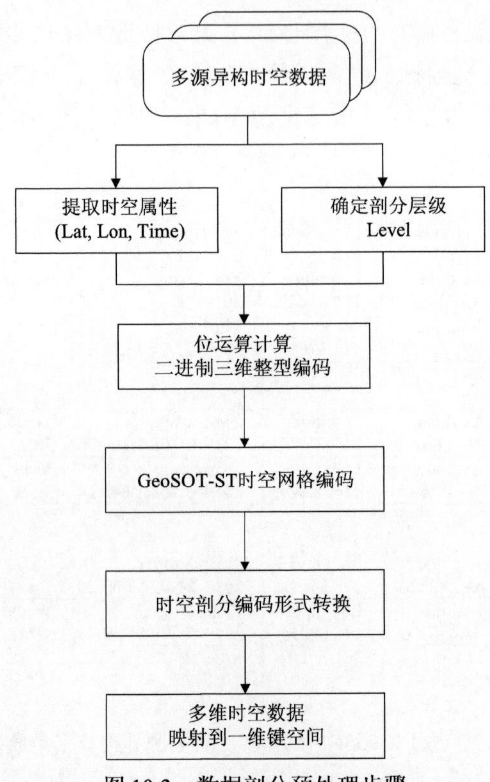


图 10.3　数据剖分预处理步骤

GeoSOT-STDOM 中数据库系统层采用 HBase，HBase 是基于键-值结构的、面向列族的数据库，作为 Google Bigtable 的开源实现，HBase 延续了 Bigtable 的许多设计理念，具有高可靠性、高性能、面向列、可伸缩、实时读写等诸多优异特性。

针对时空应用，GeoSOT-STDOM 专门存储一个原始数据的副本，即时空数据表。由于 GeoSOT-ST 时空网格编码没有包含年份信息，本书在设计时空数据表时，以年为单位，将同年的数据存储在一个表中，并以相应的年份为表命名，用于唯一标识相应的时空数据表。GeoSOT-STDOM 中时空数据表的逻辑视图如表 10.1 所示。

**表 10.1　逻辑视图**

| Rowkey | Column Family:STInfo | | | Column Family:Attri | | | |
|---|---|---|---|---|---|---|---|
| | Lat | Lon | Time | $A_1$ | $A_2$ | … | $A_m$ |
| $PartitionID_1$ ~ $GeoSOTSTCode_1$~$RecID_1$ | $lat_1$ | $lon_1$ | $t_1$ | $attr_{11}$ | $attr_{21}$ | … | $attr_{m1}$ |
| $PartitionID_1$ ~ $GeoSOTSTCode_2$~$RecID_2$ | $lat_2$ | $lon_2$ | $t_2$ | $attr_{12}$ | | … | |
| … | … | … | … | … | … | … | … |
| $PartitionID_j$ ~ $GeoSOTSTCode_k$~$RecID_n$ | $lat_n$ | $lon_n$ | $t_n$ | $attr_{1n}$ | | … | $attr_{mn}$ |

时空数据表是一个稀疏的大表，每一行有一个唯一的行键，该示例表中共有两个列族：存储时空信息的 STInfo 和存储其他属性的 Attri；STInfo 包含三个列标识符 Lat、Lon

和 Time；值由行键、列族和列标识符进行定位，如

$$(\text{PartitionID}_1 \sim \text{GeoSOTSTCode}_1 \sim \text{RecID}_1, \text{STInfo: Lat}) \to \{\text{lat}_1\}$$

在上述逻辑模型中，时空数据表由一系列行组成。实际上，时空数据表的数据在物理存储时是按列进行存储的，物理视图如图 10.4 所示。在物理模型中，表中的行根据行键的字典序排列，按照列族进行划分。

按行键字典序排列 ↓

| Rowkey | CF:STInfo |
|---|---|
| $\text{PurliliomID}_1$ ~$\text{GeoSOTSTCode}_1$ ~$\text{RecID}_1$ | Lat:$\text{lal}_1$ |
| $\text{PartitionID}_1$ ~$\text{GeoSOTSTCode}_1$ ~$\text{RecID}_1$ | Lon:$\text{lon}_1$ |
| $\text{PartitionID}_1$ ~$\text{GeoSOTSTCode}_1$~$\text{RecID}_1$ | Time:$t_1$ |
| $\text{PartitionID}_1$~$\text{GeoSOTSTCode}_2$ ~$\text{RecID}_2$ | Lat:$\text{lat}_2$ |
| $\text{PartitionID}_1$ ~$\text{GeoSOTSTCode}_2$ ~$\text{RecID}_2$ | Lon:$\text{lon}_2$ |
| $\text{PartitionID}_1$ ~$\text{GeoSOTSTCode}_2$ ~$\text{RecID}_2$ | Time:$t_2$ |
| … | … |
| $\text{PartitionID}_j$~$\text{GeoSOTSTCode}_k$ ~$\text{RecID}_n$ | Lat: $\text{lat}_n$ |
| $\text{PartitionID}_j$~$\text{GeoSOTSTCode}_k$ ~ $\text{RecID}_n$ | Lon:$\text{lon}_n$ |
| $\text{PartitionID}_j$~$\text{GeoSOTSTCode}_k$~ $\text{RecID}_n$ | Timc:$t_n$ |

| Rowkey | CF:Attri |
|---|---|
| $\text{PartitionID}_1$ ~$\text{GeoSOTSTCode}_1$ ~ $\text{RecID}_1$ | $A_1$ : $\text{attr}_{11}$ |
| $\text{PurlilionID}_1$ ~$\text{GeoSOTSTCode}_1$ ~ $\text{RecID}_1$ | $A_2$: $\text{attr}_{21}$ |
| … | … |
| $\text{PartitionlD}_1$ ~$\text{GeoSO'T'STCode}_1$ ~ $\text{RecID}_2$ | $A_m$: $\text{attr}_{m1}$ |
| $\text{PurlilionID}_1$~$\text{GeoSOTSTCode}_2$ ~ $\text{RecID}_2$ | $A_1$: $\text{attr}_{12}$ |
| … | … |
| $\text{PartitionID}_j$~ $\text{GeoSOT'STCode}_k$ ~ $\text{RecID}_n$ | $A_1$: $\text{attr}_{1n}$ |
| … | … |
| $\text{PartitionID}_j$~$\text{GeoSOT STCode}_k$ ~ $\text{RecID}_n$ | $A_m$: $\text{attr}_{mn}$ |

图 10.4　时空数据表物理视图

存取结构层是 GeoSOT-STDOM 的核心，主要由时空数据索引和时空数据分布管理两个部分组成，分别对应于索引构建与管理器、存储优化器两个功能模块。

通过全局数据划分算法和顾及差异访问模式的数据部署方法，将时空数据映射到 HBase 中不同的 Region 和 HRegionServer 上。首先，根据数据集的规模和 HRegion 大小设置，确定全局划分步骤期望生成的子划分单元数；根据全局数据划分算法获取逻辑划分方案，即构建全局划分分区映射表。其次，根据 HRegionServer 数目，利用顾及差异访问模式的数据部署方法，获取各子划分单元所分配的 HRegionServer，形成物理映射表。全局划分分区映射表和物理映射表都在 HMaster 内存中进行维护。

GeoSOT-STDOM 两层索引结构在 HBase 中的实现示例，如图 10.5 所示。HBase 中，.META 表保存了每个表行键范围与对应的 HRegion 的映射关系，以及相应 HRegion 地址。GeoSOT-STDOM 的.META 索引结构中，如表 YearInfo_Table1 中行键范围在 $[\text{PartitionID}_1 \sim \text{GeoSOTSTCode}_1 \sim \text{RecID}_1, \text{PartitionID}_1 \sim \text{GeoSOTSTCode}_8 \sim \text{RecID}_8)$ 的记录，由第一个 entry 索引指向 HRegionServer1 上的 HRegion1。该行键范围内的数据属于同一子划分单元，相同子划分单元的所有数据记录被存储到同一 HRegion 中。各个 HRegion 中，通过基于 GeoSOT-ST 时空编码的行键构造，有效地组织时空数据记录，实现同一子划分单元内的数据保持时空邻近性的存储顺序。

GeoSOT-STDOM 数据分布示例如图 10.6 所示。针对预处理后的数据集，对于其中每一条记录，根据 GeoSOT-ST 时空网格编码，提取 GeoSOT 空间网格编码，并通过查询全局划分分区映射表，获得记录所属的子划分单元，得到 PartitionID。对于每一个子划分单元，通过查询物理映射表，根据 PartitionID 与服务器节点之间的映射关系，将其部署到相应的 HRegionServer 上。

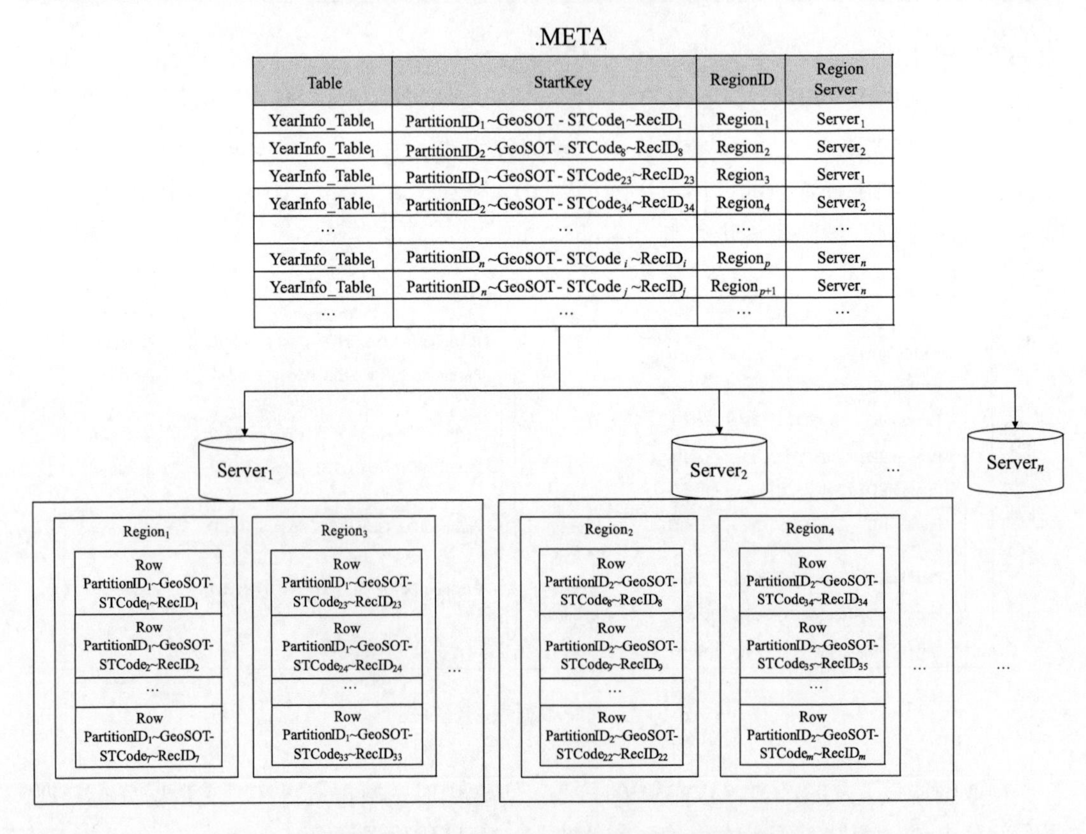


图 10.5　GeoSOT-STDOM 两层索引结构

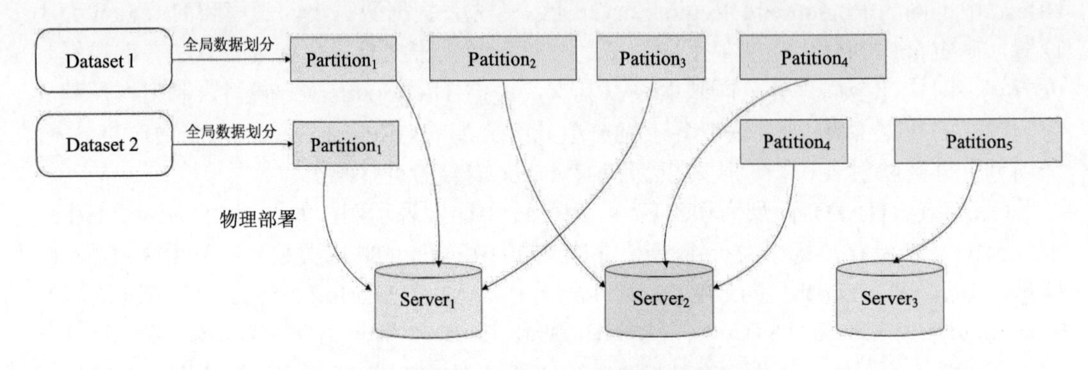


图 10.6　GeoSOT-STDOM 的数据分布示例

为了应对动态变化的数据访问需求，在 HRegion 层和 HRegionServer 层都设置有监视器，周期性采集负载监控指标，进行热点探测。存储优化器将在探测到热点出现的时候，根据数据重分布机制，对 HRegion 进行分裂与移动；而在 HRegion 数目过多时，将进行合并操作。

### 3. 多源数据查询处理

查询处理层是 GeoSOT-STDOM 进行高效时空应用的重要支撑，包括查询规划器和查询执行器两个功能模块。

给定一个时空查询，查询处理流程如图 10.7 所示。查询规划器，首先根据查询条件的设置，选择合适的查询网格层级。然后，查询规划器根据具体查询条件，选择合适的查询策略。在时空范围查询中，只有当时空窗口较大时，查询优化方法才能发挥优势，当时空窗口较小时，基本查询策略才更为适合。类似地，在时空 KNN 查询中，当 $k$ 值超过一定阈值时，并行化时空 KNN 查询才会具有性能提升优势，当 $k$ 值较小时，采用串行方法已经具有较好的查询性能。根据所选择的查询策略，查询规划器将三维时空查询条件转换到一维区间；当查询场景适合采用查询优化方法时，查询规划器将先完成查询条件的分解与合并，生成优化后的查询子条件，并实现线程的分配与调度。

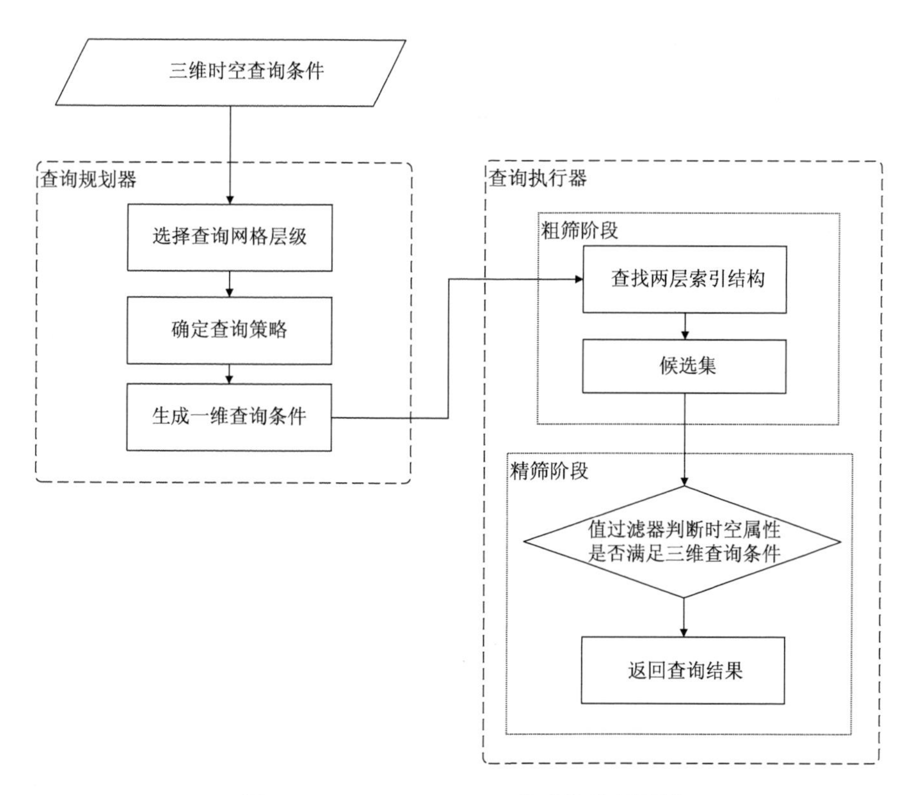


图 10.7　GeoSOT-STDOM 的查询处理流程

查询规划完成后，查询执行器首先将根据查询条件，访问 .META 表定位数据记录所在的一个或多个 HRegion 及其地址，然后访问对应的 HRegion，扫描行键范围内数据，利用 HBase 的值过滤器进行精筛，最终合并符合查询条件的结果并返回。

## 10.2　时空数据加载试验

### 1. 试验环境与数据

1) 硬件环境

采用云服务器 ECS（Elastic Compute Service）进行试验，搭建了一个由 7 个服务器节点构成的 Hadoop 集群，每个节点 CPU 为 Intel（R）Xeon（R）Platinum 8163 CPU @ 2.50GHz，双核，8GB 内存，1TB 硬盘。

2) 软件环境

试验基于 HBase 分布式数据库平台，HBase 版本为 1.2.6，Hadoop 版本为 2.7.6，Zookeeper 版本为 3.4.12；开发环境为 Eclipse 4.9.0；操作系统为 CentOS 7.4 64bit。

3) 试验数据

采用的试验数据集为北京共享单车真实历史轨迹数据，原始数据集格式如表 10.2 所示。将其拆分为两个数据集，分别对应数据量为 2500 万级别的 2017 年 12 月 19 日的数据集 *D*1，数据量为 1 亿级别的 2017 年 12 月 19～21 日的数据集 *D*2。

**表 10.2　原始数据集格式**

| 记录 ID | 共享单车编号 | 东经/(°) | 北纬/(°) | 时间 | 所属区域 |
| --- | --- | --- | --- | --- | --- |
| 69636848 | 8630474514 | 116.27446789906638 | 39.892644758750855 | 2017-12-19 21:27:39 | 北京中心城区内环 |
| 69636849 | 0100031045 | 116.27336918173442 | 39.89224198577566 | 2017-12-19 21:27:39 | 北京中心城区内环 |

### 2. 时空数据加载与入库试验

在数据入库时，采用第 26 层级时空剖分网格对数据进行编码，该层级网格尺度与数据粒度一致。对于两个数据集 *D*1 和 *D*2，分别在预分区和不进行预分区的条件下，依托 MapReduce 进行入库，记录耗时如图 10.8 所示。在采用的数据网格层级一致的情况下，入库耗时随着数据量的增加而增长。对于同一数据量，在无预分区的情况下，数据只写入一个 Region，直至发生分裂；前期随着 Region 不断分裂，伴随有父 Region 下线和子 Region 上线的过程；在这个过程中，写操作将处于阻塞状态，从而会造成写延迟的现象，使得数据入库效率低。在进行预分区后，不同数据会写入各自所属的子划分单元；由于全局数据划分生成子划分单元时，是以数据量的均衡性为目标，这为数据均匀写入 Region 提供了基础，减少了 Region 分裂次数，因此提高了数据入库效率。

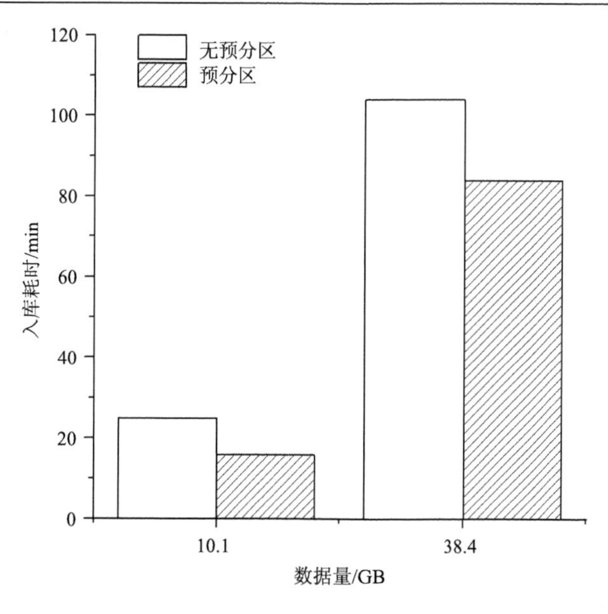


图 10.8　数据入库试验结果示意图

## 10.3　全局数据划分试验

全局数据划分试验的目的是，验证时空数据剖分存储管理框架中全局数据划分方法和物理部署方法的有效性。试验的节点数量为 5，基本步骤如下：在集群中分布数据集 *D*1，首先基于 GeoSOT-ST 空间剖分方法产生全局数据划分方案 $P=\{p_1,p_2,\cdots,p_n\}$，再通过物理映射将各子划分单元部署到服务器节点上。用于采样的历史数据集能否代表数据分布将影响试验结果，重点在于时空数据分布方法而非历史数据集的选择策略。因此，为了避免由历史数据集选择带来的影响，本节试验直接对 *D*1 进行采样，以确保当采样率充足时，采样数据集可以体现相应时空域上数据的分布规律。

根据现有研究结果，当采样率为 1%时，生成的采样数据集足以近似全局数据的分布情况。因此，本试验选取采样率 $r=1\%$，设预期产生的子划分个数为 $m$，利用采样数据集 $S$，基于 GeoSOT-ST 空间剖分对时空域进行划分，得到划分方案 $P=\{p_1,p_2,\cdots p_{m'}\}$。根据该划分方案，对全局数据集 *D*1 进行划分。试验对比了直接基于 GeoSOT-ST 空间剖分进行划分和划分后执行子划分单元合并操作的结果，如表 10.3 所示。其中，$n$ 为实际产生的子划分个数，$n_{\varnothing}$ 为产生的空节点个数，$\mathrm{CV}_D$ 为根据划分方案$P$对全局数据集进行划分时，各子划分内数据量的变异系数。

由表 10.3 可知，在不同的 $m$ 设定下，两种方法实际所产生的子划分个数都多于预期设定个数，但相比于利用 GeoSOT-ST 直接划分的方法，本书通过对子划分单元进行合并，大大减少了实际产生的子划分数，使其更接近预设值。与此同时，基于 GeoSOT-ST 直接划分将产生大量的空节点，且当 $m$ 越大时，产生的空节点数量越多，而通过对子划分进行合并，在各种 $m$ 设定下都消除了直接划分所产生的空节点，避免了某一子划分单元内数据量为 0 的情况出现。通过对比两种方法所产生的各子划分内数据量的变异系数，可以得到，相比于基于 GeoSOT-ST 的直接划分方法，划分后执行子划分单元合并操作将大大降低变异系数，即所产生的各子划分内数据量均衡程度得到了显著提高。

**表 10.3　全局数据划分试验（$r=1\%$）**

| 方法 | $m$ | $n$ | $n_{\varnothing}$ | $CV_D$ |
|---|---|---|---|---|
| GeoSOT 直接划分 | 10 | 36 | 12 | 0.880 |
| | 20 | 73 | 22 | 0.765 |
| | 40 | 109 | 47 | 0.792 |
| GeoSOT+子划分合并 | 10 | 14 | 0 | 0.237 |
| | 20 | 24 | 0 | 0.113 |
| | 40 | 54 | 0 | 0.187 |

图 10.9 给出了 $r=1\%$、$m=20$ 时，利用 GeoSOT-ST 空间剖分和子划分合并后实际产生的 24 个子划分内数据分布情况。从图 10.9 中可知，各个子划分单元所包含的数据量呈现大致均衡。

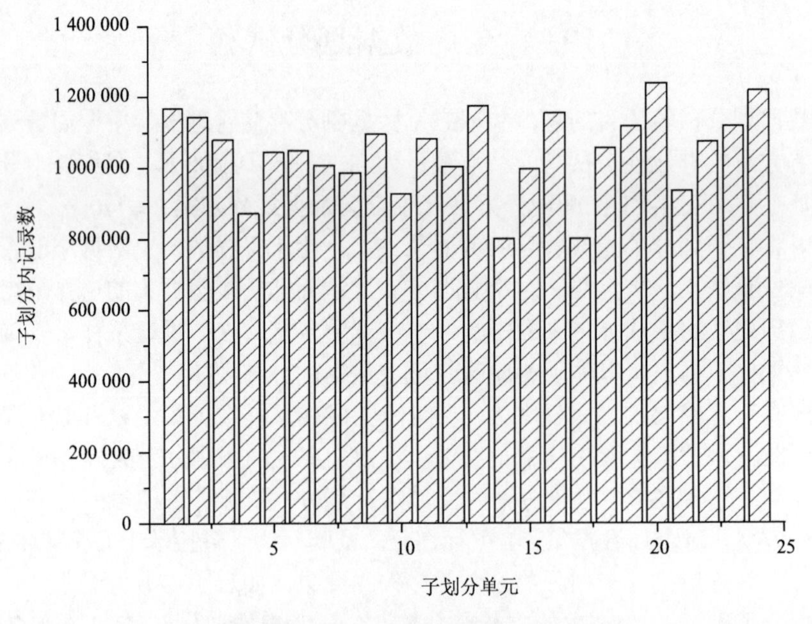


图 10.9　全局划分数据分布

## 10.4　时空数据部署试验

本节试验的目的是，验证时空数据剖分存储管理框架中物理部署方法的有效性。试验环境和配置与上节相同。

本节的时空数据部署试验将图中的 24 个子划分，分别通过基于取模运算的时空数据部署方法和顾及差异访问模式的时空数据部署方法，实际物理映射到集群的 5 个服务器节点上。

统计这些服务器节点上数据在一天内的访问时间分布结果，如图 10.10 所示。

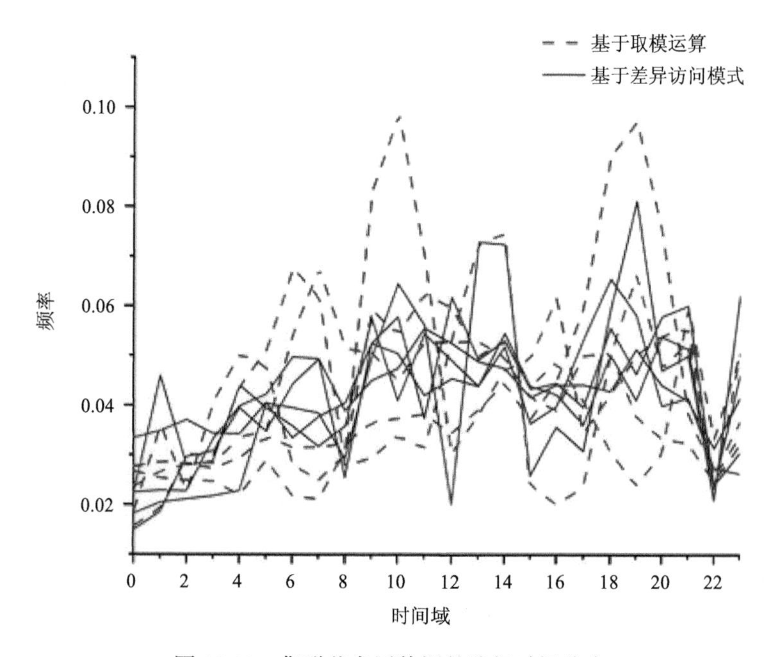


图 10.10　集群节点层数据的访问时间分布

从图 10.10 可以看到，本书提出的基于差异访问模式的时空数据物理部署方法能够减轻各服务器节点上数据访问在一天内的波动，同时缓解热点的出现。例如，基于取模运算的物理部署方法在 7 点、10 点、20 点会出现某些节点承载高峰访问的现象，而利用顾及差异访问模式的时空数据物理部署方法，使得这些节点在相应时间段承载的访问频率得以降低。

计算 5 个节点上数据的访问时间分布在 24 h 的频率的标准差，结果如图 10.11 所示。各节点实际承载的数据量如图 10.12 所示。

由图 10.11 可知，相比基于取模运算的物理部署方法，基于差异访问模式的方法使得集群的 5 个服务器节点上，24 h 内不同时间段的数据访问频率标准差都有所下降，即对于每个服务器节点，数据访问在各时间段分布都更均匀。可以看到，服务器节点 1、2、3 的标准差要小于节点 4、5，这是由于在进行子划分的聚类时，基于时间距离自底向上地进行簇的合并过程中，采用的是贪心策略，最先合并的为时间距离大，即时间分布更为互补的子划分，后续合并的为剩余簇中时间距离最大的，较之先合并的簇，这些后合并的簇上数据访问的时间分布互补程度降低。

利用顾及差异访问模式的方法进行数据物理部署，目的是使得数据访问在不同时间段内尽可能均衡，从而提高集群的资源利用率，并减轻热点问题。通过对集群节点层的数据量分布图(图 10.12)分析可知，虽然基于差异访问模式的物理部署方法在各节点数据量分布的均衡程度上略差于基于取模运算的物理部署方法。但利用差异访问模式进行物理部署后，各节点数据量差异也较小。这一方面是本书的子划分聚类过程采用的是广度优先搜索，使得最终所形成的各簇内，子划分单元数目相当；另一方面，全局数据划分阶段产生的各子划分单元内，数据量较为均衡，进而为物理部署阶段在集群节点层实现数据均衡分布提供了基础。

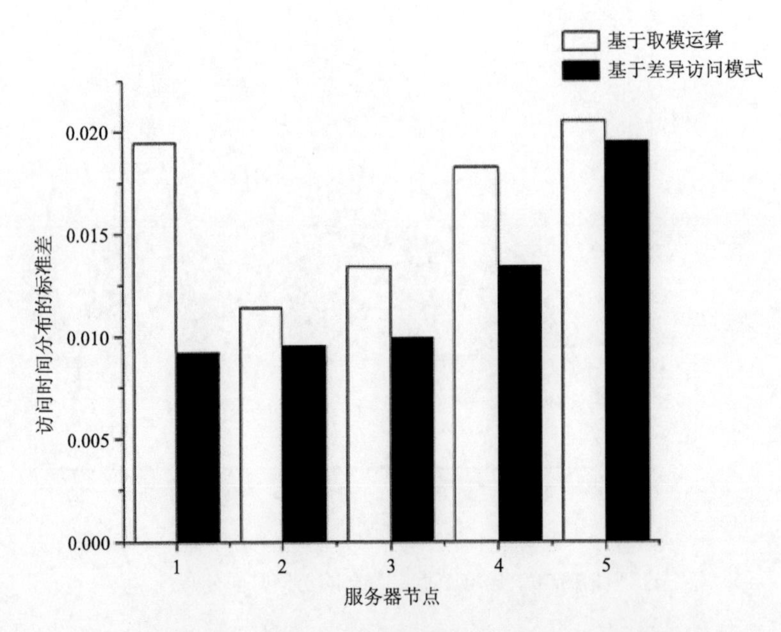


图 10.11　集群节点层数据的访问时间分布标准差

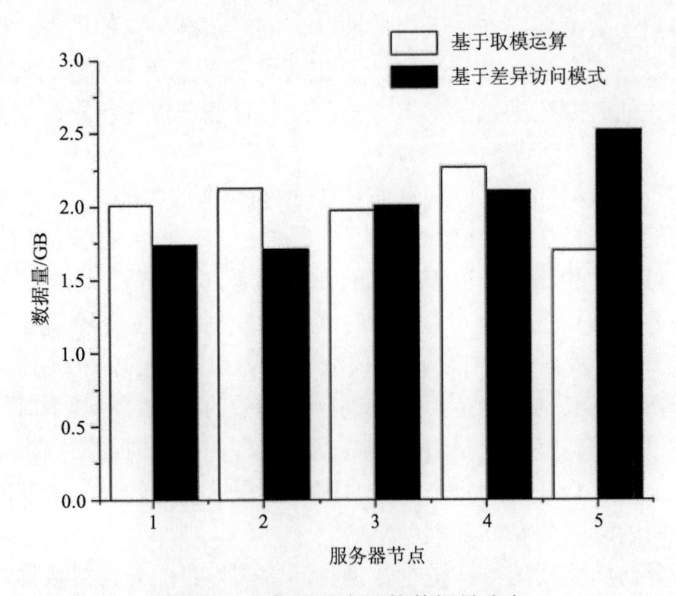


图 10.12　集群节点层的数据量分布

## 10.5　时空查询与分析试验

本节试验包括基本查询试验、不同方法对比查询试验、查询优化试验和不同集群规模对比试验四个部分。其中，基本查询试验是利用基本查询策略完成时空范围查询，验证基本查询策略的可行性；不同方法对比试验中，通过与两种常用范围查询策略对比，来验证本书基本查询策略的高效性；查询优化试验验证了本书的优化方法可以进一步提高基本查询策略的效率，并详细讨论了参数设置的影响；不同集群规模对比试验，验证了分布式云存储架构的优势，即通过添加节点提高查询性能。基本查询试验、不同方法对比试验和查询优化试验是基于 5 个节点的集群，不同集群规模对比试验所用的集群节点数量从 1 增至 7，节点数量为 1 时对应于 Hadoop 的伪分布式集群。

首先，对于一个时空范围查询条件 $Q_{\mathrm{ST}}\left(\mathrm{Range}_{\mathrm{spatial}}, I_{\mathrm{temporal}}\right)$，本书将该条件的选择率 selectivity 定义如下：

$$\mathrm{selectivity}=\frac{\mathrm{Area}\left(\mathrm{Range}_{\mathrm{spatial}}\right)}{\mathrm{Area}\left(\boldsymbol{D}_S\right)}\times\frac{\left|I_{\mathrm{temporal}}\right|}{\left|\boldsymbol{D}_T\right|}$$

式中，$\mathrm{Area}\left(\mathrm{Range}_{\mathrm{spatial}}\right)$ 为时空范围查询条件中空间范围对应的面积；$\mathrm{Area}\left(\boldsymbol{D}_S\right)$ 为全空间域的面积；$\left|I_{\mathrm{temporal}}\right|$ 为时空范围查询条件中时间区间对应的长度；$\left|\boldsymbol{D}_T\right|$ 为全时间域的长度。选择率 selectivity 代表了时空范围查询条件的查询窗口大小，选择率越高，则查询窗口越大，所涉及的数据对象越多。

### 1. 基本查询试验

利用基本查询策略完成时空范围查询，即将查询条件在三维空间的最小包络体的最大、最小三维坐标分别转换为相应的第 26 层级的一维时空网格编码，并与 ParitionID 拼接，得到范围扫描的 startkey 和 endkey；再根据查询条件设置用于精筛的值过滤器，最后执行 scan 操作，记录查询耗时。

表 10.4 给出了数据集 $D1$ 时空范围查询试验的结果。可以看到，变化选择率为 0.01%～10%，时空查询窗口从(1km, 1km, 1h)增大至(10km, 10km, 11h)，随着选择率的增大，查询窗口中涉及的结果数不断增加，不可避免地需要取回更多数量的行，基本查询的耗时随之不断增长。

**表 10.4　数据集 *D*1 的时空范围查询**

| 选择率 | 空间尺度/(km×km) | 时间尺度/h | 结果数/条 | 基本查询策略耗时/ms |
|---|---|---|---|---|
| 0.01% | 1×1 | 1 | 3 989 | 87 |
| 0.1% | 3×3 | 2.5 | 41 608 | 653 |
| 1% | 6×6 | 5 | 318 642 | 8 260 |
| 10% | 10×10 | 11 | 3 124 861 | 53 872 |

**2. 对比查询试验**

为验证 GeoSOT-ST 方法的高效性，将其与时空范围查询的两种常用方法进行对比。

第一种方法 Lat_Lon_Timestamp[HBaseSpatial][ ]将纬度、经度和时间戳拼接的作为主键，经度和纬度精确至小数点后 5 位(精度约 1 m)，如“39.25616_116.31564_20190329083000”，该方法所形成的行键中纬度、经度、时间三个维度的权重依次递减。第二种方法 Geohash_Timestamp 是以 Geohash 编码(9 位，精度约 4 m)和时间戳组合的形式作为行键，如“wx4ewb9u6_20190329083000”。该方法利用 Geohash 编码，使得经纬度在行键中具有同等权重，时间维的权重小于空间维。

三种方法分别进行范围查询的对比试验结果如图 10.13 所示。

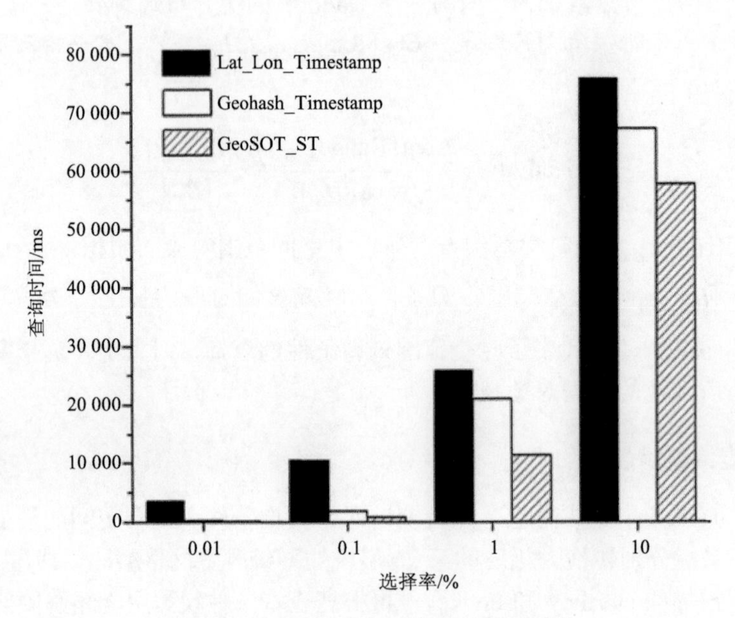


图 10.13　不同方法范围查询的耗时对比

随着选择率变大，三种方法的查询时间都增加。在各种选择率情况下，本书提出的基于时空网格编码 GeoSOT-ST 的方法效率最高；其次是基于 Geohash 编码和时间戳，效率最低的是基于纬度、经度和时间戳拼接的方法。这是由于在 HBase 中，行键的字典序决定了存储顺序。对于第一种方法，数据在 HBase 中存储顺序先按纬度排序，再按经度排序，最后按时间排序；对于第二种方法，数据优先按空间邻近排列(即先根据 Geohash 编码排序)，然后按时间排序。

因此，当在 HBase 中执行范围扫描时，第一种方法将先扫描属于查询窗口纬度范围的所有数据，从而产生大量经度、时间不属于查询窗口的无效数据扫描，类似地，第二种方法将先扫描属于查询窗口空间范围的所有数据，将产生大量时间不属于查询窗口的无效数据扫描，增加了额外的数据查询时间，降低了范围查询性能。而利用本书提出的 GeoSOT-ST 作行键，在各个子划分单元内，数据按照时空邻近性排列，执行范围查询时，大大减少了无效的数据扫描范围，使得查询效率得以提升。

三种方法在粗筛阶段得到的候选集对比如图 10.14 所示。Lat_Lon_Timestamp 无效扫描最多，因此候选集中记录数最多，其次是 Geohash_Timestamp，粗筛阶段得到候选集最小的是本书提出的 GeoSOT-ST 方法。

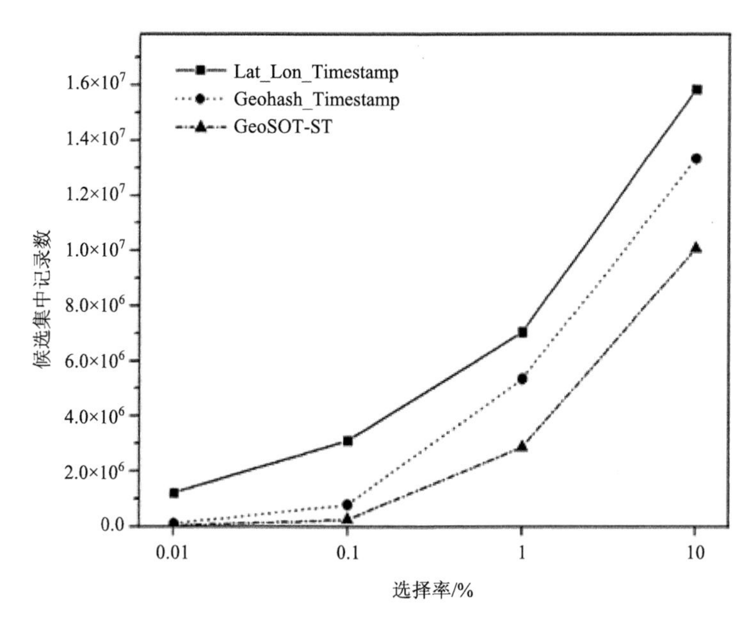


图 10.14　不同方法范围查询的候选集对比

### 3. 查询优化试验

上述试验验证了本书基本查询策略的高效性。针对前文提出的查询优化方法，即通过对时空范围查询条件的分解与合并，形成多个子查询条件，基于这些子查询条件进行并行查询。本节试验验证该查询优化方法可以进一步提高基本查询策略的效率，同时探讨查询优化过程中，不同参数设置的影响。

查询优化过程中，查询条件的分解和合并步骤需要根据查询范围的尺度，选择合适的 GeoSOT-ST 时空网格层级作为查询网格层级，本节试验的目的即探讨层级的选择对查询优化效果的影响。

本节试验在四种选择率情况下，变化查询网格的层级，生成相应层级的查询子条件，记录子条件生成时间，然后根据这些子条件执行并行查询，记录相应的查询时间。

图 10.15 为试验结果，图中查询优化方法的总耗时为子条件生成时间和查询时间之和。与查询优化进行对比的是基本查询策略，图中的对比虚线是由查询条件转为第 26 层级的 GeoSOT-ST 时空网格编码与 ParitionID 拼接，作为范围扫描起止键。

在四种选择率查询场景中，随着查询网格层级的增加，查询耗时首先迅速下降，达到最佳层级后，若继续增加网格层级，查询耗时将不降反升。查询优化方法在选择率较高的情况下，具有更好的优化效果，而当选择率太低时(如 0.01%)，总耗时比基本查询策略多。这是由于本书所提出的查询优化方法主要利用生成的子查询条件减少无效扫描，且通过并行执行子查询条件完成查询。当选择率太低时，基本查询策略所包含的无效扫描也很少，对无效扫描的减少作用较小，且需要额外的子查询条件生成时间。

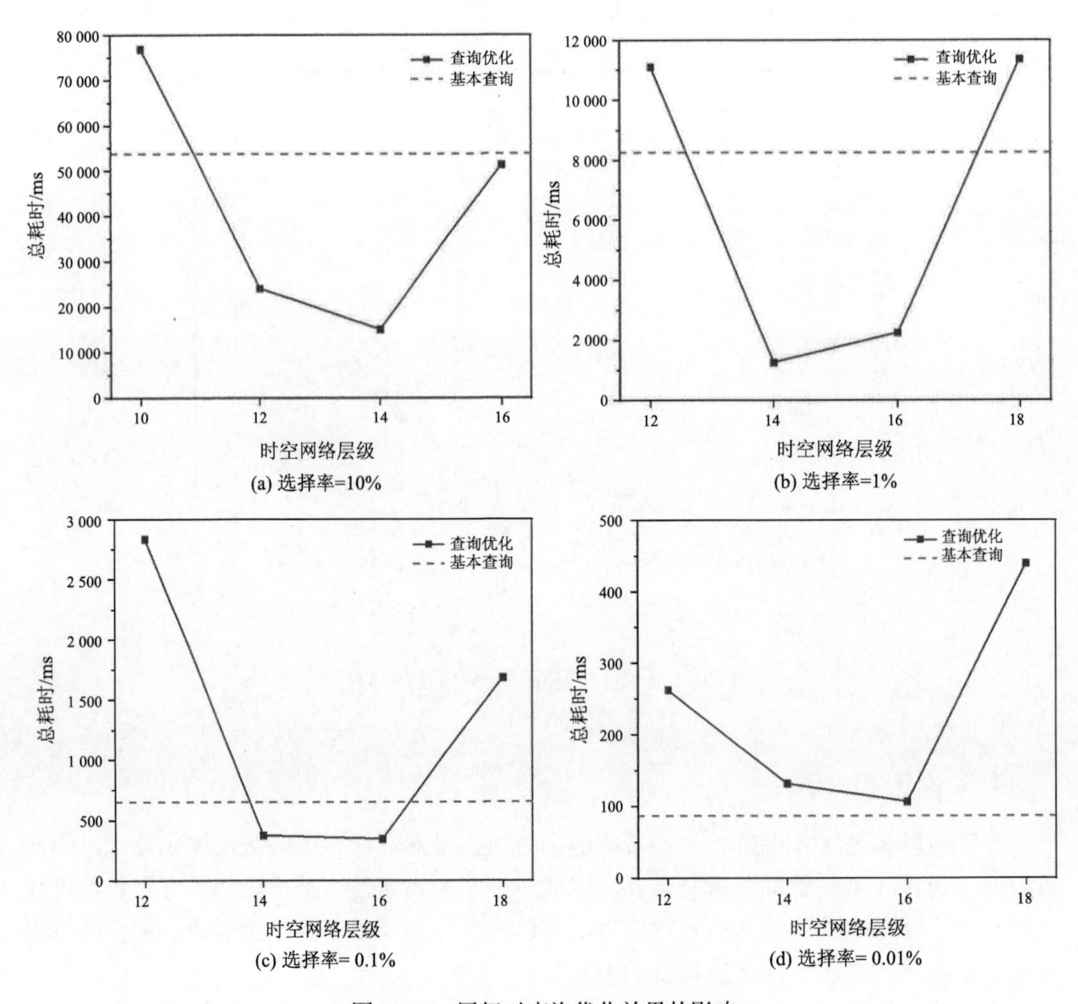


图 10.15　层级对查询优化效果的影响

当层级较小时，对应的时空网格较大，得到的子查询条件数量较少，查询耗时主要存在于扫描数据库。例如，分析表中 selectivity = 10%的详细试验结果，当查询网格层级为 10 时，只产生一个精度对应为第 10 层级的查询条件。而基本查询策略产生精度对应为第 26 层级的查询条件，因此当层级为 10 时，基于查询优化方法查询条件涵盖的候选集中的记录数比基于基本查询更多，包含更多的无效扫描，同时精筛过程耗时更多，因此，总耗时比基本查询更多。

随着层级变大时，对应的时空网格变小，得到的子查询条件数量开始增多。例如，表中当查询网格层级为 12 时，产生两个查询子条件，此时总耗时迅速下降，查询优化方法相对于基本查询策略的效率优势开始体现，一方面通过本书所提出的查询条件分解与合并消除了大量无效扫描；另一方面并行化查询两个查询子条件带来的优势。层级增大至 14 层时，查询优化效果达到最佳，相比于基本查询策略，耗时下降约 71%。而当层级继续增大至 16 层时，查询优化效果变差，这是由于此时将产生大量的查询子条件(表 10.5)，使得数据库通信代价高，从而影响了查询效率。当产生的子查询条件数量过多时，基于查询优化方法的总耗时将超过基本查询策略，优化方法查询耗时的主要是数据库通信，试验发现不同层级的子查询条件生成时间都很短，远少于查询耗时。

**表 10.5　层级选择的影响(selectivity = 10%)**

| 层级 | 子查询条件数量/个 | 子查询条件生成时间/ms | 查询时间/ms | 总耗时/ms |
|---|---|---|---|---|
| 10 | 1 | 12 | 76 843 | 76 855 |
| 12 | 2 | 10 | 24 194 | 24 204 |
| 14 | 46 | 24 | 15 192 | 15 216 |
| 16 | 769 | 127 | 51 344 | 51 471 |

通过与基本查询的对比可以发现，层级的选择对查询优化效果影响很大，合适的层级可以在减少无效扫描和降低数据库通信次数之间取得平衡。对于四种选择率场景，本书通过在第 10～第 16 层级间进一步试验寻找最佳层级，结果如表 10.6 所示。分析可知，当查询网格的时间和空间尺度稍小于查询窗口的相应尺度时，查询优化可以达到最佳效果。

**表 10.6　查询窗口尺度与最佳层级的查询网格尺度**

| 选择率 | 查询窗口尺度 | | 最佳层级 | 最佳层级查询网格尺度 | | 总耗时 |
|---|---|---|---|---|---|---|
| | 空间尺度 | 时间尺度 | | 空间尺度 | 时间尺度 | |
| 0.01% | 1 km×1 km | 1h | 16 | 1 km×1 km | 16 min | 107 ms |
| 0.1% | 3 km×3 km | 2.5h | 15 | 2 km×2 km | 32 min | 329 ms |
| 1% | 6 km×6 km | 5h | 14 | 4 km×4 km | 1 h | 1 273 ms |
| 10% | 10 km×10 km | 11h | 13 | 8 km×8 km | 4 h | 14 891 ms |

尽管层级的选择对查询优化效果影响很大，不同尺度的查询窗口有对应的最佳层级，但事实上，所提出的查询优化方法并不需要严格指定最佳层级，一个固定层级可在诸多场景达到较好的优化效果。图 10.16 给出了固定查询网格为第 16 层，分别变化查询窗口的空间尺度和时间尺度，得到优化效果。

#### 4. 不同集群规模对比试验

在四种选择率查询场景下，通过变化集群节点数量，验证集群规模对时空范围查询性能的影响。图 10.17 给出了随集群节点增加，时空范围查询耗时的变化情况。

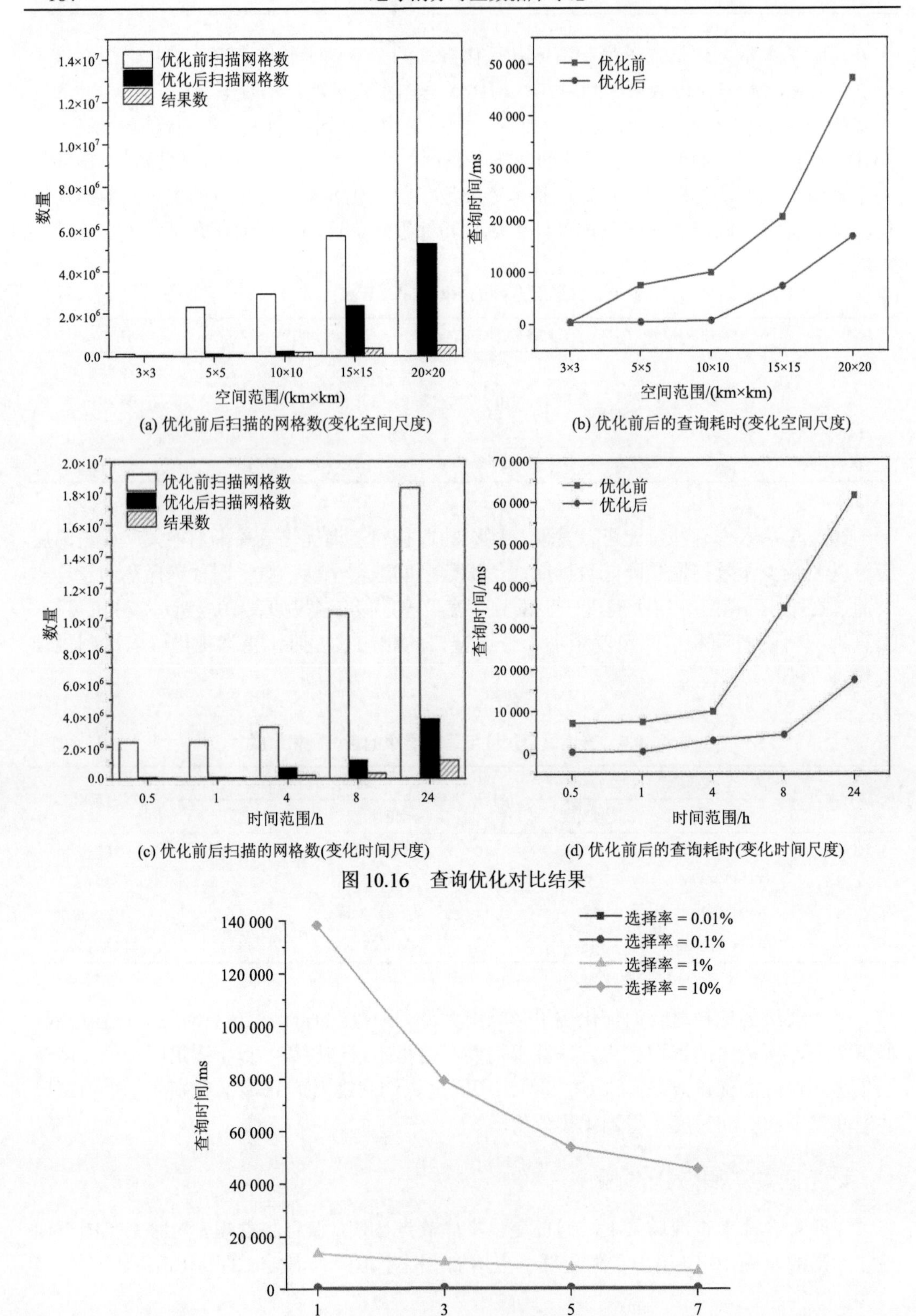


(a) 优化前后扫描的网格数(变化空间尺度)　　(b) 优化前后的查询耗时(变化空间尺度)

(c) 优化前后扫描的网格数(变化时间尺度)　　(d) 优化前后的查询耗时(变化时间尺度)

图 10.16　查询优化对比结果

图 10.17　集群规模对时空范围查询的影响

由图 10.17 可知，集群规模的变化在选择率较高、查询窗口较大、所涉及的数据对象较多时，产生的影响更为显著。

在选择率相同的情况下，随着集群节点数量的增加，时空范围查询耗时不断减少，节点数量刚开始增加时，查询时间降幅较大，当集群规模继续增大时，查询时间的降幅变得缓慢。这是节点数目的增加，带来了计算资源的增多，查询负载被分散，查询性能得到提升，而当节点数量增加至足以应对查询请求时，查询耗时也会逐渐趋向稳定，性能提升趋于平缓。因此，在面对规模不断增长的时空数据查询需求时，可以通过直接添加集群服务器节点数，扩大集群规模，提高查询效率，应对快速查询处理需求。

## 10.6　时空统计生成试验

以网格热力图生成为例开展了时空统计生成试验。MapReduce 计算模式在数据集的大规模批量查询方面具有优势，由于热力图生成过程中所涉及的时空窗口范围通常较大，基于 MapReduce 并行化查询过程能够有效提高热力图生成效率。

给定一个时空数据集，利用 GeoSOT-STDOM 结合 MapReduce 的热力图生成基本流程如图 10.18 所示。

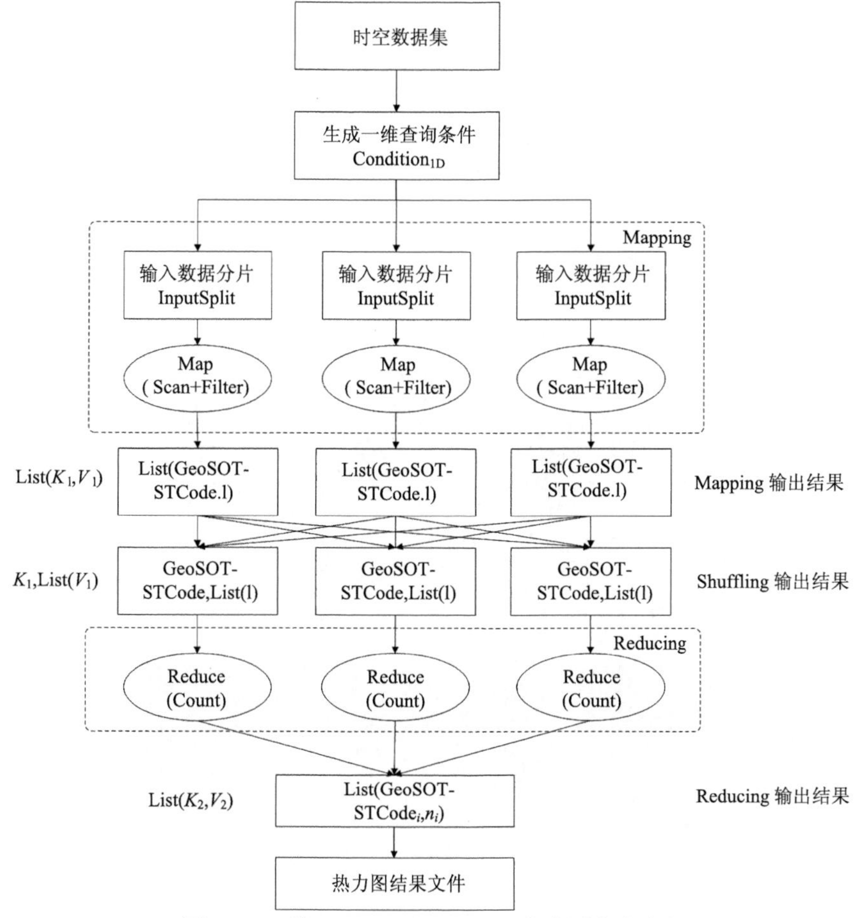


图 10.18　基于 GeoSOT-STDOM 热力图生成流程

(1) 首先根据热力图的时空范围 $Condition_{3D}$ 生成相应的一维查询条件 $Condition_{1D}$。

(2) Mapping 阶段：对输入时空数据集进行分片，分到 $m$ 个 Map 任务中。每个 Map 任务基于 $Condition_{1D}$ 在 HBase 中进行 scan 操作，同时利用由 $Condition_{3D}$ 设置的过滤器筛选符合查询时空范围内的数据对象。在查询范围内，提取数据对象所在时空网格编码，并输出 List(GeoSOT-ST Code, 1)。

(a) level=16, $|I_{temporal}|$= 1 天

(b) level=16, $|I_{temporal}|$= 16 min

图 10.19 热力图生成应用示例

(3) Shuffling 阶段：将 Mapping 阶段的输出结果数据进行混洗，将 GeoSOT-ST Code 相同的发送至同一节点，进行合并，输出 GeoSOT-ST Code, List(1)。

(4) Reducing 阶段：基于 Shuffling 阶段的输出结果进行规约操作，对各个 GeoSOT-ST Code 的 value，即 List(1)，统计个数。Reducing 阶段输出为 List(GeoSOT-ST Code, *n*)，即由时空网格编码和该网格内数据对象个数组成的列表。

(5) 最终写入结果集文件，完成热力图的生成。

以北京市共享单车轨迹数据集为输入时空数据集，基于上述方法，生成的热力图如图 10.19 所示，其中，图 10.19 (a) 为 2017 年 12 月 13 日全天的数据，图 10.19 (b) 为 2017 年 12 月 13 日 18:00～18:16 的数据。

图 10.19 (a) 和图 10.19 (b) 均以第 16 层级 GeoSOT-ST 时空剖分网格(空间粒度约 1 km×1 km，时间粒度约 16 min) 作为查询网格和可视化基础。图 10.19 (a) 中，对于全天的数据，网格密度以颜色区分，网格高度只表示该网格的时间区间，以便于分析不同空间区域上数据密度随时间的变化规律。图 10.19 (b) 中，网格密度以颜色和网格高度区分，以便于分析该时间段内数据密度随空间的变化规律。

## 10.7　时空伴随模式挖掘试验

泛在感知系统的普及使得连续地监控目标对象的地理位置成为可能。因此，时空查询的应用需求也从经典的时空范围查询、时空 KNN 查询，开始向移动对象聚集行为分析与挖掘发展。基于轨迹数据，挖掘出给定时间段内成组一同移动的对象具有重要价值，其已广泛应用于城市交通规划、公共安全管理、动物迁徙模式研究等许多领域。例如，利用车辆轨迹数据探测城市交通拥堵状况，通过人的轨迹数据发现聚集移动的可疑人群等。

面向这一新需求，研究人员针对移动对象的聚集模式或群组行为模式探测，发展出诸多新的课题，如 moving cluster、flock pattern、convoy pattern、swarm pattern 等，用以识别给定时间范围内，在空间上彼此具有强联系的、共同移动的对象集合。Kalnis 等提出了移动聚类的概念，用于描述一种簇序列的发现，在这种簇中，不同的移动对象可能会在某些时刻进入簇其他时刻离开簇，但这些移动对象在大部分时间内一起移动。Jeung 等提出的 convoy 模式的定义为一定数量的移动对象共同运动至少 $k$ 个连续时间切片，convoy 模式对空间聚集的形状没有约束。相比于 convoy 模式，flock 模式的定义更加严格，要求各个时间切片上的空间聚集模式均包含在一个固定大小的圆形区域内。

现有研究在进行移动聚集模式挖掘时，多采用时空分治策略，即首先在每个时间快照上进行空间聚类，发现各个时间切片上的空间簇，然后通过比较不同时间切片的空间簇，判断是否符合各自定义的移动对象聚集模式。这样的时空分治策略具有以下局限性：由于移动对象空间位置的采样时间通常具有差异，在时间切片上进行空间聚类将导致挖掘结果的准确度不够，如原本存在聚集模式的移动对象 $MO_1$ 和 $MO_2$，可能由于采样时间不一致，使得轨迹点不在同一时间切片上而无法被探测出。与此同时，基于时空分治思想的移动对象聚集模式挖掘算法由于多次聚类而导致效率较低，较适合于小数据集场景，但难以处理大规模时空数据。

针对上述局限性，基于GeoSOT-STDOM，利用其时空一体化组织优势，以移动聚集模式的重要一类，即伴随模式挖掘为例，提出相应的应用方法。不同于在各个时间切片上进行空间聚类的时空分治思想，伴随模式挖掘以 GeoSOT-STDOM 框架中的时空网格邻域查为基础，能够有效地提高伴随候选集的生成效率。同时，利用 GeoSOT-STDOM 框架的可扩展性和并行计算优势，进一步应对大规模时空数据背景下的移动聚集挖掘效率问题。

基于船舶轨迹数据挖掘伴随模式，识别伴随船。伴随模式的定义如下：对于任一船舶 MO，若至少存在 $m$ 个船舶与其共同运动时长超过 $\theta_{\text{duration}}$，则称 MO 存在伴随模式。

基于 GeoSOT-STDOM 的伴随模式挖掘包括网格轨迹生成、时空网格索引构建、频繁模式挖掘和伴随模式判断等几个基本步骤。先利用 FP-Growth 算法，从时空网格索引表中识别频繁出现在相同时空网格的移动对象集，再通过判断这些频繁项集的时空网格编码是否符合伴随模式阈值条件来进行精筛，具体过程如下：

(1) 给定原始轨迹 $\text{Traj} = \langle p_1, p_2, \cdots, p_n \rangle$（其中，$p_i = (\text{lat}_i, \text{lon}_i, t_i)$ 且 $t_1 < t_2 < \cdots < t_n$），通过考虑数据精度和伴随模式阈值设置，选择合适的数据网格层级，将其转化为相应的时空网格轨迹序列 $\text{GTraj} = \langle \text{STG}_1, \text{STG}_2, \cdots, \text{STG}_n \rangle$（表 10.7）。

表 10.7　时空网格轨迹序列表

| Obj_IDs | GTraj |
|---|---|
| O1 | <000101010010, 000101011010, 000101011101, 100101010010, 111101010000, 111101010010> |
| O2 | <000101010010, 000101010011, 000101010100, 000101011010, 010001010010, 111101010000, 111101010010> |
| O3 | <000101010100, 000101011101, 010001010010, 100101010010, 111101010000, 111101010010> |
| O4 | <000101010011, 000101011010> |
| O5 | <000101010010, 111101010000> |
| O6 | <000101011101> |

(2) 构建时空网格索引表，索引项由时空网格编码和该时空网格中移动对象的列表构成（表 10.8）。

表 10.8　时空网格索引表

| GeoSOT-ST Codes | List of Obj_IDs |
|---|---|
| 000101010010 | {O1, O2, O5} |
| 000101010011 | {O2, O4} |
| 000101010100 | {O2, O3} |
| 000101011010 | {O1, O2, O4} |
| 000101011101 | {O1, O3, O6} |
| 010001010010 | {O2, O3} |

续表

| GeoSOT-ST Codes | List of Obj_IDs |
|---|---|
| 100101010010 | {O1, O3} |
| 111101010000 | {O1, O2, O3, O5} |
| 111101010010 | {O1, O2, O3} |

(3)给定上述时空网格索引表，基于 FP-Growth 算法挖掘频繁项集的步骤如下。

对各个项(即移动对象)进行支持度的统计，过滤支持度小于阈值的项。例如，设伴随时长阈值 $\theta_{\text{duration}}$ =30 min，设表 10.8 中时空网格层级为 16，其对应时间尺度为 16 min，则支持度计数阈值应为 2，据此进行过滤，并按照支持度计数由大至小对项进行排序，过滤并排序后得到频繁 1-项集及对应项的支持度统计，如表 10.9 所示，即对任一移动对象，至少应在 2 个时空网格中出现，否则一定不属于频繁项集，不满足伴随模式条件，如表 10.9 中 O6 由于支持度为 1 而被过滤。

**表 10.9　频繁 1-项集及对应项的支持度统计**

| Obj_IDs | Sup.count |
|---|---|
| O2 | 7 |
| O1 | 6 |
| O3 | 6 |
| O4 | 2 |
| O5 | 2 |

再次利用时空网格索引表 10.8 构造 FP 树(图 10.20)。首先创建树的根节点，记为 null。对表 10.7 中每一条记录进行处理，添加到 FP 树中的一个分支。构造过程中按表 10.9 的顺序对每条记录排序，对于排序后记录中的项，如果项是首次遇到则创建该节点，并在项的头表中添加一个指向该节点的指针；否则根据路径找到该项对应的节点，并更新节点的支持度。

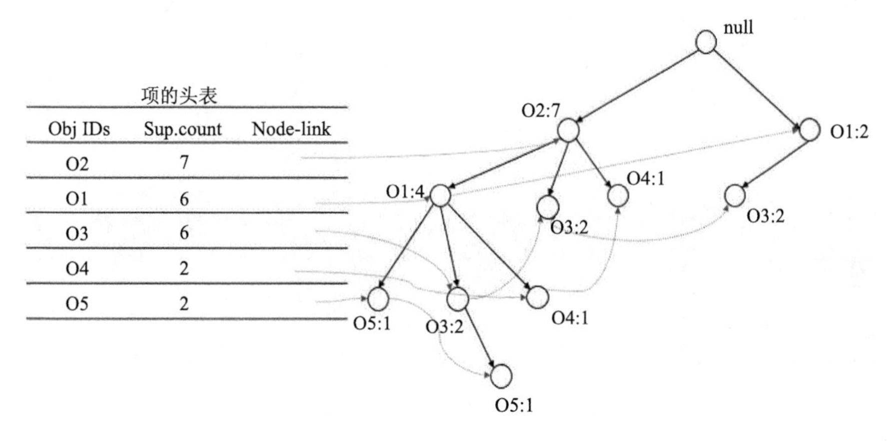


图 10.20　FP 树的构造

FP 树构造完成后，即可基于 FP 树挖掘频繁项集。遍历表 10.8，构建每个项的条件模式基，通过它的前缀路径构建条件 FP 树，再根据项的头表自底向上进行递归挖掘，链接后缀模式与条件 FP 树所生产的频繁模式为最终的频繁项集(表 10.10)。

**表 10.10　基于 FP 树挖掘频繁项集**

| Obj_IDs | 条件模式基 | 条件 FP 树 | Sup.count |
|---|---|---|---|
| O5 | {{O2,O1:1},{O2,O1,O3:1}} | <O2:2, O1:2> | {O2,O5:2},{O1,O5,2},{O2,O1,O5:2} |
| O4 | {{O2,O1:1},{O2:1}} | <O2:2> | {O2,O4:2} |
| O3 | {{{O2,O1:2},{O2:2},{O1:2}} | <O2:4,O1:2>,<O1:2> | {O2,O3:4},{O1,O3:4},{O2,O1,O3:2} |
| O1 | {{O2:4}} | <O2:4> | {O2,O1:4} |

(4)精筛阶段对所挖掘的频繁项集，从步骤(1)中时空网格轨迹序列获取频繁项集中各对象的时空网格，求交后得到频繁项集中各移动对象共同出现的网格集合，最后利用集合中各时空网格编码判断是否满足伴随模式条件。例如，对于频繁项集{O2,O1}，由表 10.10 获取〖GTraj〗_O1=<000101010010, 000101011010, 000101011101, 100101010010, 111101010000, 111101010010>，〖GTraj〗_O2=<000101010010, 000101010011, 000101010100, 000101011010, 010001010010, 111101010000, 111101010010>，则〖GTraj〗_O1∩〖GTraj〗_O2={000101010010, 000101011010, 111101010000, 111101010010}。将交集中各一维时空网格编码转换为三维网格编码，判断是否符合伴随模式的时空阈值条件，从而完成精筛。

设 $m$=1，$\theta$_duration=30min，基于 GeoSOT-STDOM 的船舶伴随模式部分挖掘结果如图 10.21 所示，图中浅色为普通轨迹点，深色为存在伴随模式的轨迹点。

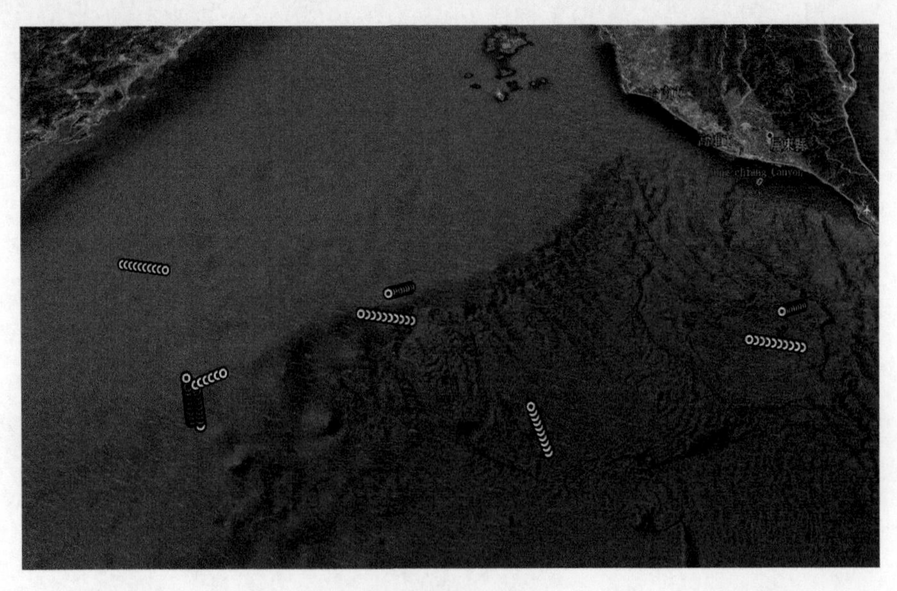

图 10.21　船舶伴随模式挖掘应用示例

## 10.8　本 章 小 结

本章在时空数据剖分存储管理的基础上，设计实现了原型系统 GeoSOT-STDOM，主要由数据预处理层、数据库系统层、存取结构层和查询处理层构成。数据预处理层基于时空剖分网格与编码 GeoSOT-ST，为 GeoSOT-STDOM 提供组织基础；数据库系统层基于云存储和 NoSQL 数据库技术，为大规模时空数据的存储管理提供底层支撑；存取结构层由时空数据索引和时空数据分布管理两部分组成，是 GeoSOT-STDOM 的核心；查询处理层为基于 GeoSOT-STDOM 进行高效时空应用的重要支撑。

在此基础上，针对两个典型应用分别给出了应用方法，即基于 GeoSOT-STDOM 的热力图生成应用和伴随模式挖掘应用。在热力图生成应用中，利用 GeoSOT-STDOM 的分布式存储管理架构，结合 MapReduce 的大规模数据批量处理优势，并行化查询过程，以提高热力图生成效率。在伴随模式挖掘应用中，利用 GeoSOT-STDOM 时空一体化组织优势，以时空网格的邻域查询为基础，有利于提高伴随候选集的生成效率。

# 参 考 文 献

贲进, 童晓冲, 张衡, 等. 2006. 基于六边形网格的球面 Voronoi 图生成算法[J]. 测绘科学技术学报, 23(5): 328-330.

陈军, 侯妙乐, 赵学胜. 2007. 球面四元三角网的基本拓扑关系描述和计算[J]. 测绘学报, 36(2): 176-180.

成波, 关雪峰, 向隆刚, 等. 2017. 一种面向时空对象及其关联关系动态变化表达的概念数据模型[J]. 地球信息科学学报, 19(11):1415-1421.

程承旗, 任伏虎, 濮国梁, 等. 2012. 空间信息剖分组织导论[M]. 北京: 科学出版社.

邓敏, 赵彬彬, 徐震, 等. 2011. GIS 空间目标间距离表达方法及分析[J]. 计算机工程与应用, (01).

房庆. 1998. 谈日期时间表示的标准化[J]. 中国标准化, (12): 10-11.

付仲良, 胡玉龙, 翁宝凤, 等. 2016. M-Quadtree 索引：一种基于改进四叉树编码方法的云存储环境下空间索引方法[J]. 测绘学报, 45(11): 1342-1351.

龚健雅. 1997. GIS 中面向对象时空数据模型[J]. 测绘学报, 26 (4):289-298.

金培权, 柳建平, 赵振西, 等. 2004. 一种基于对象关系模型的时空数据库管理系统体系结构[J]. 小型微型计算机系统, 25(1):108-111.

雷德龙, 郭殿升, 陈崇成. 2014. 基于 MongoDB 的矢量空间数据云存储与处理系统[J]. 地理信息科学学报, 16(4): 507-516.

李东, 王晔, 彭宇辉. 2009. 基于动态网格的移动对象索引[J]. 计算机工程与科学, 31(2):69-72.

李冬, 房俊. 2017. 基于 HBase 的交通数据区域查询方法[J]. 计算机与数字工程, 45(2): 230-234.

李清泉, 李德仁. 2014. 大数据 GIS[J]. 武汉大学学报（信息科学版）, 39(6): 641-644.

李少华, 李闻昊, 蔡文文. 2017. 云 GIS 技术与实践[M]. 北京: 科学出版社.

李天峻. 1997. 分布式地理空间对象模型研究[D] . 北京: 北京大学.

李甜甜, 于戈, 王智, 等. 2017. 一种改进的数据库 Sharding 方法[J]. 小型微型计算机系统, (12): 2766-2771.

廖理. 2015. 基于 Neo4J 图数据库的时空数据存储[J]. 信息安全与技术, 6(8):43-45.

刘朝辉, 李锐, 王璟琦. 2017. 顾及语义尺度的时空对象属性特征表达[J]. 地球信息科学学报, 19(9):1185-1194.

鲁小丫, 宋志豪, 徐柱, 等. 2012. 利用实时路况数据聚类方法检测城市交通拥堵点[J]. 地球信息科学学报, 14(6):775-780.

陆婷, 房俊, 乔彦克. 2015. 基于 HBase 的交通流数据实时存储系统[J]. 计算机应用, 35(1): 103-107.

马林. 2009. 数据重现：文件系统原理精解与数据恢复最佳实践[M]. 北京: 清华大学出版社.

马义松, 武志刚. 2016. 基于 Neo4J 的电力大数据建模及分析[J]. 电工电能新技术, 35(2): 24-29.

芮建勋, 张发勇, 鲍曙明, 等. 2015. 面向台风事件与灾害影响评估的时空数据管理模式[J]. 灾害学, (3):43-46, 53.

申德荣, 于戈, 王习特, 等. 2013. 支持大数据管理的 NoSQL 系统研究综述[J]. 软件学报, (8): 1786-1803.

舒红, 陈军, 杜道生, 等. 1997. 时空拓扑关系定义及时态拓扑关系描述[J]. 测绘学报, (4): 20-27.

唐常杰, 吴子华, 张天庆, 等. 1994. 时态数据库的变粒度时间轴[C]. 武汉: 第十二届全国数据库学术会议.

唐新明, 汪汇兵, 史绍雨, 等. 2009. 时空数据库技术及其在基础地理信息管理中的应用[J]. 中国科技成果, 10(12):10-11.
唐玄之. 1983. 时间计量单位的发展[J]. 自然杂志, 1: 15.
田帅. 2013. 一种基于 MongoDB 和 HDFS 的大规模遥感数据存储系统的设计与实现[D]. 杭州: 浙江大学.
童晓冲. 2010. 空间信息剖分组织的全球离散格网理论与方法[D]. 郑州: 解放军信息工程大学.
童晓冲, 王嵘, 王林, 等. 2016. 一种有效的多尺度时间段剖分方法与整数编码计算[J]. 测绘学报, 45(s1):66-76.
王浩, 潘少明, 彭敏, 等. 2010. 数字地球中影像数据的 Zipf-like 访问分布及应用分析[J]. 武汉大学学报(信息科学版), 35(3): 356-359.
王林. 2016. 时间剖分编码模型研究[D]. 北京：北京大学.
王延斌, 何政伟, 粟曦违. 2008. 空间对象精确网格索引的实现[J]. 测绘科学, 33(6): 168-169.
王映辉. 2003. 一种 GIS 自适应层次网格空间索引算法[J]. 计算机工程与应用, 39(9):58-60.
肖伟器, 冯玉才, 缪勇武. 1994. 空间对象数据库的网格索引机制[J]. 计算机学报. (10): 736-742.
谢忠, 叶梓, 吴亮. 2007. 简单要素模型下多边形叠置分析算法[J]. 地理与地理信息科学, 23(3):19-23.
徐战亚, 熊艳, 高仁刚. 2018. 微博签到数据的时空热点挖掘——以北京为例[J]. 测绘工程, (5): 10-16.
薛存金、周成虎、苏奋振, 等. 2010. 面向过程的时空数据模型研究[J]. 测绘学报, 39(1): 95-101.
闫密巧, 王占宏, 王志宇. 2017. 基于 Redis 的海量轨迹数据存储模型研究[J]. 微型电脑应用, 33(4):9-11.
杨阳. 2015. 云计算环境下时空轨迹伴随模式挖掘研究[D]. 南京: 南京师范大学.
杨宇博, 程承旗, 宋树华. 2013. 面向地理对象多尺度表达的剖分编码方法研究[J]. 地理与地理信息科学,(5):38-41.
应倩岚. 2015. 基于蜂窝网实测数据的基站位置与业务空间分布研究[D]. 杭州: 浙江大学.
袁一泓, 高勇. 2008. 面向对象的时空数据模型及其实现技术[J]. 地理与地理信息科学, 24(3):41-44.
张飞龙. 2016. 基于 MongoDB 遥感数据存储管理策略的研究[D]. 开封: 河南大学.
张景云. 2013. 基于 Redis 的矢量数据组织研究[D]. 南京: 南京师范大学.
张山山. 2001. 地理信息系统时空数据建模研究及应用[D]. 成都: 西南交通大学.
张晓兵. 2016. 基于 HBase 的弹性可视化遥感影像存储系统[D]. 杭州: 浙江大学.
赵学胜. 2002. 基于 O-QTM 的球面 VORONOI 图的生成算法. 测绘学报, 31(2): 157~163.
赵学胜, 贲进, 孙文彬, 等. 2016. 地球剖分格网研究进展综述[J]. 测绘学报, 45(S1): 1-14.
郑坤, 付艳丽. 2015. 基于 HBase 和 GeoTools 的矢量空间数据存储模型研究[J]. 计算机应用与软件, 32(3):23-26.
郑宇. 2015. 城市计算概述[J]. 武汉大学学报（信息科学版）, 40(1): 1-13.
郑玉明, 廖湖声, 陈镇虎. 2004. 空间数据库引擎的 R 树索引[J]. 计算机工程, (5):38-39, 97.
钟运琴, 方金云, 赵晓芳. 2013. 大规模时空数据分布式存储方法研究[J]. 高技术通讯, 23(12): 1219-1229.
左亚尧, 汤庸, 舒忠梅, 等. 2010. 时态的粒度刻画及演算问题研究[J]. 计算机科学, 37(12): 114-119.
Ajao O, Bhowmik D, Zargari S. 2018. Content-aware tweet location inference using quadtree spatial partitioning and jaccard-cosine word embedding[A]//IEEE/ACM International Conference on Advances in Social Networks Analysis and Mining (ASONAM) [C]. IEEE: 1116-1123.
Alarabi L. 2017. St-hadoop: A mapreduce framework for big spatio-temporal data[C]. Proceedings of the 2017 ACM International Conference on Management of Data.
Alis C, Boehm J, Liu K. 2016. Parallel processing of big point clouds using Z-Order-based partitioning[A]// International Archives of the Photogrammetry, Remote Sensing and Spatial Information Sciences-ISPRS Archives[C]. International Society of Photogrammetry and Remote Sensing (ISPRS), 41: 71-77.

Allen J F. 1990. Maintaining Knowledge about Temporal Intervals [M]. San Francisco: Morgan Kaufmann.

Ameya N, Poriya A, Poojary D. 2013. Type of NOSQL databases and its comparison with relational databases[J]. International Journal of Applied Information Systems, 5(4): 16-19.

An L, Tsou M H, Crook S E S, et al. 2015. Space-time analysis: Concepts, quantitative methods, and future directions[J]. Annals of the Association of American Geographers, 105(5): 891-914.

Arnold T. 2015. An entropy maximizing geohash for distributed spatiotemporal database indexing[J]. arXiv preprint arXiv.

Augenbaum M. 1985. On the construction of the voronoi mesh on a sphere. Computational Physics, 59: 177~192.

Aydin B, Akkineni V, Angryk R A. 2016. Modeling and Indexing Spatiotemporal Trajectory Data in Non-relational Databases[M]. Managing Big Data in Cloud Computing Environments, 133-162.

Azqueta-Alzúaz A, Patiño-Martinez M, Brondino I, et al. 2017. Massive data load on distributed database systems over HBase[A]//Proceedings of the 17th IEEE/ACM International Symposium on Cluster, Cloud and Grid Computing[C]. IEEE Press: 776-779.

Beckmann N, Kriegel H P, Schneider R, et al. 1990. The R*-tree: An efficient and robust access method for points and rectangles[J]. ACM SIGMOD Record, 19(2):322-331.

Belayadi D, Hidouci K W, Bellatreche L, et al. 2018. Cost effective load-balancing approach for range-partitioned main-memory resident data[A]//International Conference on Database and Expert Systems Applications[C]. Cham: Springer: 239-249.

Botea V, Mallett D, Nascimento M A, et al. 2008. PIST: An efficient and practical indexing technique for historical spatio-temporal point data[J]. GeoInformatica, 12(2): 143-168.

Breunig M, Türker C, Böhlen M H, et al. 2003. Architectures and Implementations of Spatio-temporal Database Management Systems[M]. Berlin: Springer Berlin Heidelberg.

Campbell A T, Eisenman S B, Lane N D, et al. 2008. The rise of people-centric sensing[J]. IEEE Internet Computing, 12(4):12-21.

Chang F, Dean J, Ghemawat S, et al. 2008. Bigtable: A distributed storage system for structured data[J]. ACM Transactions on Computer Systems, 26(2):1-26.

Chen X Y, et al. 2015. Spatio-temporal queries in HBase[A]//2015 IEEE International Conference on Big Data (Big Data) [C]. IEEE.

Cheng C, Tong X, Chen B, et al. 2016. A subdivision method to unify the existing latitude and longitude grids[J]. International Journal of Geo-Information, 5(9):161.

Cheng T, Wicks T. 2014. Event detection using Twitter: A spatio-temporal approach[J]. PloS One, 9(6): e97807.

Dijst M. 2013. Space-time integration in a dynamic urbanizing world: Current status and future prospects in geography and GIScience: Space-time integration in geography and GIScience[J]. Annals of the Association of American Geographers, 103(5): 1058-1061.

Eldawy A, Alarabi L, Mokbel M F. 2015. Spatial partitioning techniques in SpatialHadoop[J]. Proceedings of the VLDB Endowment, 8(12): 1602-1605.

Engelbrecht J, Booysen M J, Bruwer F J, et al. 2015. Survey of smartphone-based sensing in vehicles for intelligent transportation system applications[J]. IET Intelligent Transport Systems, 9(10):924-935.

Estrin D. 2006. Participatory sensing[A]//Proceedings of the SenSys'06 Workshop on World Sensor Web[C]. eScholarship, University of California.

Fan J, Yan J, Ma Y, et al. 2017. Big data integration in remote sensing across a distributed metadata-based spatial infrastructure[J]. Remote Sensing, 10(1): 7.

Ferreira K R, And G C, Monteiro A M V. 2014. An algebra for spatiotemporal data: From observations to events[J]. Transactions in GIS, 18(2):253-269.

Fisher D. 2007. Hotmap: Looking at geographic attention[J]. IEEE Transactions on Visualization and Computer Graphics, 13(6): 1184-1191.

Fox A, Eichelberger C, Hughes J, et al. 2013. Spatio-temporal indexing in non-relational distributed databases[A]//IEEE International Conference on Big Data[C]. IEEE.

GeoMesa. 2019. [EB/OL]. https://www. geomesa. org/. [2019-04-07].

Gessert F, Wingerath W, Friedrich S, et al. 2017. NoSQL database systems: A survey and decision guidance[J]. Computer Science-Research and Development, 32(3-4):353-365.

Ghemawat S, Gobioff H, Leung S T. 2003. The Google file system[J]. Proceedings of SOSP 2003, Operating Systems Review, 37(5): 29-43.

Gold C M, Edwards G. 1992. The Voronoi spatial data model:2d and 3d applications in image analysis. ITC Journal, (1): 11-19.

Gorelick N, Hancher M, Dixon M, et al. 2017. Google Earth Engine: Planetary-scale geospatial analysis for everyone[J]. Remote Sensing of Environment, 202: 18-27.

Gourav B, Rani R, Aggarwal H. 2018. Comparative study of NoSQL databases for big data storage[J]. International Journal of Engineering & Technology, 7(26): 83.

Graça J, JNdOe S. 2016. GeoSharding: Optimization of Data Partitioning in Sharded Georeferenced Databases[D]. Instituto Superior Técnico.

Guan X, Bo C, Li Z, et al. 2017. St-hash: An efficient spatiotemporal index for massive trajectory data in a nosql database[A]//The 25th International Conference on Geoinformatics[C]. IEEE: 1-7.

Guan X, van Oosterom P, Cheng B. 2018. A parallel N-dimensional space-filling curve library and its application in massive point cloud management[J]. ISPRS International Journal of Geo-Information, 7(8): 327.

Guo B, Yu Z, Zhou X, et al. 2014. From participatory sensing to mobile crowd sensing[A]//Pervasive Computing and Communications Workshops (PERCOM Workshops) [C]. 2014 IEEE International Conference on. IEEE: 593-598.

Güting R H, Böhlen M H, Erwig M, et al. 2000. A foundation for representing and querying moving objects[J]. ACM Transactions on Database Systems (TODS), 25(1): 1-42.

Guttman A. 1984. R-trees: A Dynamic Index Structure for Spatial Searching[C]. In Proc. of ACM SIGMOD Conf. on Management of Data.

Ham Y J, Han K K, Lin J J, et al. 2016. Visual monitoring of civil infrastructure systems via camera-equipped Unmanned Aerial Vehicles (UAVs): A review of related works[J]. Visualization in Engineering, 4(1):1.

Han D, Stroulia E. 2013. HGrid: A Data Model for Large Geospatial Data Sets in Hbase[C]. 2013 IEEE Sixth International Conference on Cloud Computing.

Han J , Pei J , Yin Y . 2000. Mining Frequent Patterns Without Candidate Generation[C]. Dallas, Texas, USA: Proceedings of the 2000 ACM SIGMOD International Conference on Management of Data.

Han J, Haihong E, Guan L, et al. 2011. Survey on NoSQL database[A]//Pervasive Computing and Applications (ICPCA) [C]. The 6th international conference on. IEEE.

Hughes J N, Annex A, Eichelberger C N, et al. 2015. GeoMesa: A Distributed Architecture for Spatio-temporal Fusion[C]. Geospatial Informatics, Fusion, and Motion Video Analytics V.

Jeung H , Yiu M L , Zhou X , et al. 2010. Discovery of convoys in trajectory databases[J]. Computer Science, 1(1):1068-1080.

Ježek J, Kolingerová I. 2014. Stcode: The text encoding algorithm for latitude/ longitude/time[A]// Huerta J,

Schade S, Granell C. Connecting a Digital Europe Through Location and Place[C]. Cham: Springer, 163-177.

Jing W P, Tian D X. 2018. An improved distributed storage and query for remote sensing data[J]. Procedia Computer Science, 238-247.

Kaliyar K R. 2015. Communication & Automation-Graph databases: A survey[A]//IEEE International Conference on Computing, Communication & Automation (ICCCA) [C]. Greater Noida, India, 785-790.

Kalnis P , Mamoulis N , Bakiras S . 2005. On discovering moving clusters in spatio-temporal data[J]. Proc. intl. symp. on Spatial & Temporal Databases, 3633:364-381.

Karamjit K, Rani R. 2013. Modeling and querying data in NoSQL databases[A]//IEEE International Conference on Big Data[C]. IEEE.

Kostakos V, Ojala T, Juntunen T. 2013. Traffic in the smart city: Exploring city-wide sensing for traffic control center augmentation[J]. IEEE Internet Computing, 17(6):22-29.

Kwoczek S, Di Martino S, Nejdl W. 2014. Predicting and visualizing traffic congestion in the presence of planned special events[J]. Journal of Visual Languages & Computing, 25(6): 973-980.

Laube P, Imfeld S. 2002. Analyzing relative motion within groups of trackable moving point objects[A]. Egenhofer M, Mark D. Proceeding of GIScience. Lecture Notes in Computer Science[C]. Berlin: Springer: 132-144.

Lee K, Ganti R K, Srivatsa M, et al. 2014. Efficient spatial query processing for big data[C]. Acm Sigspatial International Conference on Advances in Geographic Information Systems.

Li R, Ruan S, Bao J, et al. 2017. A Cloud-based Trajectory Data Management System[C]. Proceedings of the 25th ACM SIGSPATIAL International Conference on Advances in Geographic Information Systems. ACM, 96.

Li S, Cheng C, Chen B, et al. 2016. Integration and management of massive remote-sensing data based on GeoSOT subdivision model[J]. Journal of Applied Remote Sensing, 10(3): 1-15.

Li Z, Ding B, Han J, et al. 2010. Swarm: mining relaxed temporal moving object clusters[J]. Proceedings of the Vldb Endowment, 3(1-2):723-734.

Liang Y, Wu D, Huston D, et al. 2018. Civil infrastructure serviceability evaluation based on big data[J]. Springer, Cham, 26: 295-325.

Liu Y, Liu X, Gao S, et al. 2015. Social sensing: A new approach to understanding our socioeconomic environments[J]. Annals of the Association of American Geographers, 105(3): 512-530.

Lourenço, João Ricardo, et al. 2015. Choosing the right NoSQL database for the job: A quality attribute evaluation[J]. Journal of Big Data, 2(1): 18.

Lum V, Dadam P. 1984. Designing DBMS support for the temporal dimension[A]//Proceedings SIGMOD'84 conference[C]. Boston:USA SIGMOD Record: 115- 130.

Maillot P G. 1992. A new, fast method for 2D polygon clipping: Analysis and software implementation[J]. ACM Transactions on Graphics, 11(3): 276-290.

Mark H. 2017. Leading the IoT, Gartner insights on how to lead in a connected world[J]. Gartner Research: 1-29.

Matos L, Moreira J, Carvalho A. 2012. A spatiotemporal extension for dealing with moving objects with extent in Oracle 11g[J]. ACM SIGAPP Applied Computing Review, 12(2):7-17.

Mokbel M, Ghanem T, Aref W. 2003. Spatio-temporal access methods[J]. IEEE Data Eng. Bull., 26: 40-49.

Mongo D B. 2019. MongoDB Case Study: Foursquare[EB/OL]. https://www. mongodb. com/post /15400944604/ mongodb-case-study-foursquare. [2019-04-07].

Moniruzzaman A B M, Hossain S A. 2013. NoSQL database: New era of databases for big data analytics-classification, characteristics and comparison[J]. International Journal of Database Theory & Application, 6: 1.

Nishimura S, Das S, Agrawal D, et al. 2013. HBase: Design and implementation of an elastic data infrastructure for cloud-scale location services[J]. Distributed and Parallel Databases, 31 (2) : 289-319.

Octavian Procopiuc. 2007. Geometry on the Sphere: Google's S2 Library[EB/OL]. https://docs. google. com/presentation/d/1Hl4KapfAENAOf4gv-pSngKwvS_jwNVHRPZTTDzXXn6Q/view#slide=id. i22.

Ogden P, Thomas D, Pietzuch P. 2016. AT-GIS: Highly parallel spatial query processing with associative transducers[A]//Proceedings of the 2016 International Conference on Management of Data[C]. ACM, 1041-1054.

Pritchett D. 2008. Base: An acid alternative[J]. Queue, 6 (3) : 48-55.

Robert R. 1997. Delaunay triangulation and voronoi diagram on the surface of a sphere. ACM Transactions on Mathematical Software, 23(3): 416~434.

Robert R. 1997. Delaunay triangulation and voronoi diagram on the surface of a sphere. ACM Transactions on Mathematical Software, 23 (3) : 416~434.

Rosswog J , Ghose K . 2013. Detecting and tracking coordinated groups in dense, systematically moving, crowds[J]. SDM.

Scitovski R, Scitovski S. 2013 . A fast partitioning algorithm and its application to earthquake investigation[J]. Computers & Geosciences, 59: 124-131.

Sellis T K, Roussopoulos N, Faloutsos C. 1987. The R+-Tree: A Dynamic Index for Multi-Dimensional Objects[C]. International Conference on Very Large Data Bases. Morgan Kaufmann Publishers Inc.

Senaratne H, Bröring A, Schreck T, et al. 2014. Moving on Twitter: Using episodic hotspot and drift analysis to detect and characterise spatial trajectories[A]//Proceedings of the 7th ACM SIGSPATIAL International Workshop on Location-Based Social Networks[C]. ACM: 23-30.

Simoes R E O, Queiroz G R D, Ferreira K R, et al. 2016. PostGIS-T: Towards a spatiotemporal PostgreSQL database extension[A]//Proceedings XVII GEOINFO[C]. November 27-30, Campos do Jord˜ao, Brazil.

Snodgrass R, Ahn I. 1985. A taxonomy of time in databases[A]//Proc of the SIGMOD'85 Conference[C]. New York:ACM: 236-245.

Srivastava M, Abdelzaher T, Szymanski B. 2012. Human-centric sensing[J]. Phil. Trans. R. Soc. A, 370 (1958) : 176-197.

Strauch C, Sites U L S, Kriha W. 2011. NoSQL databases[D]. Stuttgart: Stuttgart Media University.

Strozzi C. 2019. NoSQL-A Relational Database Management System[EB/OL]. http://www. strozzi. it/cgi-bin/CSA/tw7/I/en_US/nosql/Home%20Page. [2019-04-07].

Takasu A. 2015. An Efficient Distributed Index for Geospatial Databases[A] //International Conference on Database and Expert Systems Applications[C]. Cham: Springer: 28-42.

Tao Y, Papadias D. 2001. MV3R-Tree: A Spatio-Temporal Access Method for Timestamp and Interval Queries[C]. VLDB, 1: 431-440.

Tudorica B G, Bucur C, Tudorica B G, et al. 2011. A comparison between several NoSQL databases with comments and notes[A]//Roedunet International Conference[C]. IEEE.

Van L H, Takasu A A. 2015. Scalable spatio-temporal data storage for intelligent transportation systems based on hbase[A]//IEEE 18th International Conference on Intelligent Transportation Systems[C]. IEEE, 2733-2738.

Van Le H, Takasu A. 2018. Parallelizing top-k frequent spatiotemporal terms computation on key-value stores[A]//Proceedings of the 26th ACM SIGSPATIAL International Conference on Advances in Geographic Information Systems[C]. ACM: 476-479.

Veen J S V D, Waaij B V D, Meijer R J. 2012. Sensor data storage performance: SQL or NoSQL, physical or virtual[A]//IEEE International Conference on Cloud Computing[C]. IEEE.

Wang Y, Li C, Li M, et al. 2017. HBase storage schemas for massive spatial vector data[J]. Cluster Computing, 20(4): 3657-3666.

Wei L Y, Hsu Y T, Peng W C, et al. 2014. Indexing spatial data in cloud data managements[J]. Pervasive & Mobile Computing, 15(3):48-61.

Whitby M A, Fecher R, Bennight C. 2017. GeoWave: Utilizing distributed key-value stores for multidimensional data[J]. Springer, Cham, 2017.

Wing B P, Baldridge J. 2011. Simple supervised document geolocation with geodesic grids[A]//Proceedings of the 49th Annual Meeting of the Association for Computational Linguistics: Human Language Technologies-Volume 1[C]. Association for Computational Linguistics: 955-964.

Worboys M F. 1992. Object-oriented models of spatio-temporal information[A]//Proceedings of GIS/LIS'92[C]. Atlanta GA: ACSM: 825-834.

Yang W P. 1997. The design of a dynamic Voronoi map object(VMO) model for sustainable forestry data management[D]. Laval University, Quebec.

Yao X, Li G. 2018. Big spatial vector data management: A review[J]. Big Earth Data, 2(1): 108-129.

Yao X, Zhu D, Yun W, et al. 2017. A WebGIS-based decision support system for locust prevention and control in China[J]. Computers and Electronics in Agriculture, 140: 148-158.

Yuan M, Mcintosh J. 2003. GIS rep resentation for vis ualizing and mining geographic dynamics [J]. Transactions in GIS, 3 (2):3-10.

Zhao L, et al. 2011. Developing an oracle-based spatio-temporal information management system[A]// International Conference on Database Systems for Advanced Applications[C]. Brlin: Springer Berlin Heidelberg.

Zheng K, Gu D, Fang F, et al. 2017. Data storage optimization strategy in distributed column-oriented database by considering spatial adjacency[J]. Cluster Computing, 20(4): 2833-2844.

Zhong R, Li G, Tan K L, et al. 2015. G-Tree: An efficient and scalable index for spatial search on road networks[J]. IEEE Transactions on Knowledge and Data Engineering, 27(8): 2175-2189.

Zhu D J. 2017. Cloud parallel spatial-temporal data model with intelligent parameter adaptation for spatial-temporal big data[J]. Concurrency & Computation Practice & Experience.